“创新设计思维”
数字媒体与艺术设计类新形态丛书

全｜彩｜微｜课｜版

3ds Max+VRay
三维建模设计案例教程

互联网 + 数字艺术教育研究院 策划
王东辉 主编
王玉 付明远 韩朔 杜晓轩 副主编

人民邮电出版社
北京

图书在版编目（CIP）数据

3ds Max+VRay三维建模设计案例教程 ： 全彩微课版 / 王东辉主编. -- 北京 ： 人民邮电出版社, 2023.2 （2024.7重印）
（“创新设计思维”数字媒体与艺术设计类新形态丛书）
ISBN 978-7-115-60525-2

Ⅰ. ①3… Ⅱ. ①王… Ⅲ. ①三维动画软件—教材 Ⅳ. ①TP391.414

中国版本图书馆CIP数据核字(2022)第221885号

内 容 提 要

本书主要讲解使用3ds Max和VRay进行三维建模设计的基础知识与操作方法，精心选用行业内前沿的案例，系统地介绍计算机效果图、生长特效、漫游动画的制作方法与技巧。全书共8章，内容包括三维建模概述、3ds Max 2022简介、VRay渲染器、家具三维模型的制作、建筑三维效果图的制作、景观三维效果图的制作、室内效果图的制作、三维基础动画的制作。

本书可作为普通高校视觉传达设计、数字媒体艺术、产品设计、风景园林、公共艺术等专业的教材，也可作为艺术设计行业从业人员的参考书。

◆ 主　　编　王东辉
副 主 编　王　玉　付明远　韩　朔　杜晓轩
责任编辑　许金霞
责任印制　王　郁　陈　犇
◆ 人民邮电出版社出版发行　　北京市丰台区成寿寺路 11 号
邮编　100164　　电子邮件　315@ptpress.com.cn
网址　https://www.ptpress.com.cn
临西县阅读时光印刷有限公司印刷
◆ 开本：787×1092　1/16
印张：11　　2023 年 2 月第 1 版
字数：278 千字　　2024 年 7 月河北第 4 次印刷

定价：69.80 元

读者服务热线：(010)81055256　印装质量热线：(010)81055316
反盗版热线：(010)81055315
广告经营许可证：京东市监广登字 20170147 号

前言

从“互联网+”到全面数字化，以数字经济为代表的新一轮科技革命和产业变革正在重构全球的创新版图，重塑全球经济的结构。数字化时代为计算机辅助设计带来了新的挑战，也为数字化呈现提出了前所未有的新要求。

3ds Max在广告、建筑、装潢、工业造型、园林景观、影视、教育等领域有着广泛的应用。因此，熟练掌握3ds Max已经成为对学习三维模型制作和动画渲染的高校学生及相关从业者的基本技能要求。编者作为常年从事软件教学的教师，在产教融合的教学实践中切实地感受到各行业对数字化呈现模式的要求在不断提升，以往的很多教学内容所包含的基础建模及渲染知识已经不能满足目前的行业要求。随着数字化时代的到来，3ds Max也与时俱进，很多新增功能都需要通过案例进行较为详细的解读，为此，编者结合多年的教学经验，从实用的角度出发编写了本书。

本书有以下3个主要特点。

1. 顺应数字化时代要求，引入前沿知识体系。本书基于3ds Max 2022和VRay 5.13编写。与以往的3ds Max教材不同，本书弥补了之前教材中没有同时涵盖计算机效果图、全景效果图、动画等知识的缺憾，对三维模型设计的视觉呈现更加全面、立体。

2. 精练教学内容，以案例带动知识点的学习。本书的教学是依托一系列实操案例的详解来进行的，将知识点由简到繁融入其中。此外，本书结合了编者多年的教学实践，采用工作手册式的编写思路，体现了“做中学”的原则。本书精心挑选有代表性的项目作为案例，系统地展示了使用3ds Max和VRay渲染器制作计算机效果图、生长特效、漫游动画的过程。

3.配备立体化教学资源，满足个性化的学习需求。本书配备了完整的学习方案，有助于提升读者的学习效果。每章均配有相关教学资源，包括素材文件、效果图、案例讲解视频等，可以帮助读者轻松、快捷地学会相关知识，从而达到学以致用的目的。读者可登录人邮教育社区（www.ryjiaoyu.com），在本书页面中下载教学资源。

本书由王东辉担任主编，王玉、付明远、韩朔、杜晓轩担任副主编。全书共分为8章，第1章和第8章由王玉编写，第2章和第3章由韩朔编写，第4章由宋艳彬编写，第5章由王玉和刘永刚共同编写，第6章由付明远编写，第7章由杜晓轩编写，各章导读由张莹莹编写。全书由王玉统稿，王东辉审核。由于编者水平有限，书中难免出现疏漏或处理不当之处，恳请读者批评指正！

编者

2022年12月

目录

第1章 三维建模概述

第2章 3ds Max 2022简介

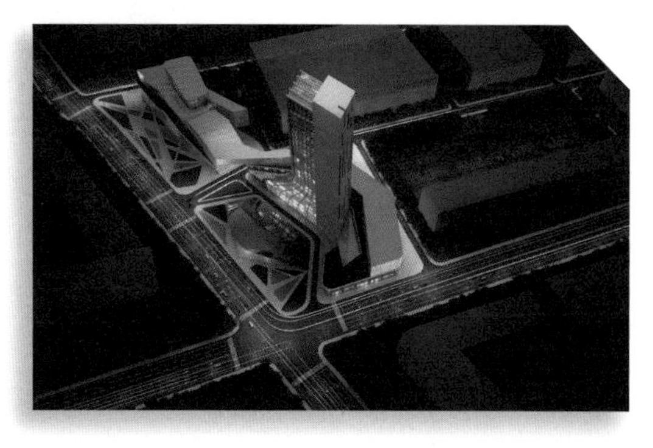

第3章 VRay渲染器

第4章 家具三维模型的制作

第5章 建筑三维效果图的制作

第6章 景观三维效果图的制作

第7章 室内效果图的制作

第8章

三维基础动画的制作

三维建模概述

学习目标

通过对本章的学习，读者可以了解三维模型的应用领域，掌握三维建模和3ds Max建模的基础知识。本章可以帮助读者了解什么是三维模型，了解三维模型制作的流程与方法，具备三维建模的基础理论知识。

学习要求

知识要求	能力要求
1.三维模型基础	1.了解三维模型的基本概念
2.三维建模基础	2.了解三维建模的流程及方法
3.3ds Max建模基础	3.具备三维建模的基础理论知识

思维导图

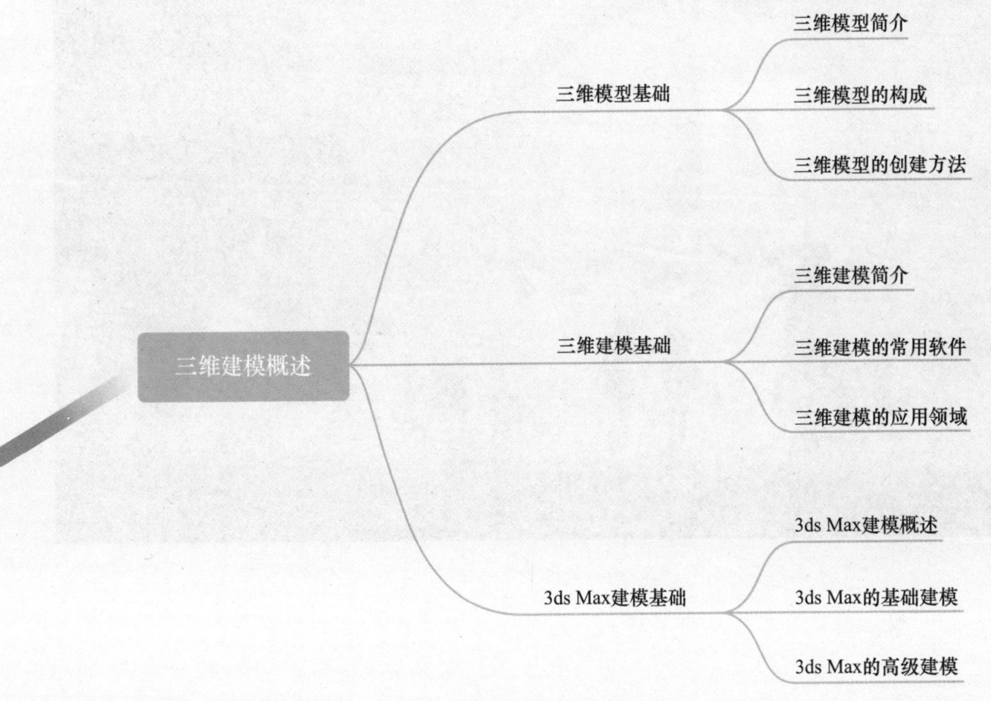

本章导读

元宇宙与三维建模

元宇宙（Metaverse）是利用科技手段进行链接与创造的、与现实世界映射和交互的虚拟世界，存在一定的潜在风险，是具备新型社会体系的数字生活空间。元宇宙可以理解为整合多种新技术而产生的虚实相融的互联网应用和社会形态。它基于扩展现实技术提供沉浸式体验，依托数字孪生技术生成现实世界的镜像，通过区块链技术构建经济体系，将虚拟世界与现实世界在经济系统、社交系统、身份系统上密切融合，并且允许每个用户进行内容的生产和编辑。元宇宙的主要核心技术之一是扩展现实技术，包括虚拟现实（Virtual Reality，VR）和增强现实（Augment Reality，AR）。扩展现实技术可以提供沉浸式的体验，并解决手机解决不了的问题。

元宇宙涉及非常多的技术，包括人工智能、数字孪生、区块链、云计算、扩展现实、机器人、脑机接口、5G等，元宇宙的生态版图中有底层技术支撑、前端设备平台和场景内容入口。元宇宙强调虚实相融，但是最终是走向更加虚拟化还是反哺现实社会，主要看VR和AR这两种技术中的哪一种技术发展得更加迅速。考虑到VR是偏虚拟化的，而AR可以增强人们在现实世界中的观察力，所以我们在元宇宙的概念中加入虚实相融，如图1-1所示。随着大家做的元宇宙应用的类型越来越多之后，这就形成了一种社会形态。

元宇宙是一个不断演变、不断发展的概念，这其中提到的虚拟现实、增强现实、扩展现实等技术与三维建模息息相关。我们要用发展的眼光去看待元宇宙，更要用积极的心态去学习新事物。在学习软件的过程中，相信大家能够有所收获。

图1-1

1.1 三维模型基础

1. 了解三维模型；
2. 了解三维模型的构成；
3. 了解三维模型的创建方法。

知识导读

技术发展让传统文化故事散发新魅力

近年来，随着科技的发展，游戏与动漫之间的联系愈发紧密，游戏行业的迅速发展带动了我国3D技术的进步，不少项目体现出的业务能力达到了国际领先水平，体现了当下国产动漫技术的高水准。

随着我国动漫在制作水平、产业规模、人才培养等方面的积极探索，国产动漫电影的制作越来越精良，人物建模、场景画面、动作设计等都自然逼真，并且特效制作得十分炫酷，营造出“沉浸式”的视听体验，备受观众追捧。《俑之城》动作场景炫酷，打斗场面精彩；《济公之降龙降世》这部3D动画片的视觉效果非常令人震撼，画面也很精彩；《白蛇2：青蛇劫起》剧本打磨得很好，再加上国产动漫顶级的3D技术，做出了撼人心魄的画面……从这些动漫的评价中，我们可以发现国产动漫在技术层面上取得的成就。2015年《西游记之大圣归来》走红后，多部优质国产动漫电影陆续出圈，尤其是《哪吒之魔童降世》的火爆，更是引发了人们对国产动漫崛起的广泛讨论。图1-2所示为《哪吒之魔童降世》的剧照。

图1-2

在技术进步的前提下，中国风动漫并非原样复刻传统文化，更不是点缀式地使用传统元素，而是以符合现代人审美的叙事方式重新讲述传统故事，并赋予文化形象以新的内涵。这种方式更加容易被传统文化的传承人（即当代年轻人）所接受，从而使传统文化借助新的媒介形式散发出了新的魅力。

1.1.1 三维模型简介

三维模型是物体的多边形表示，通常用计算机或者其他设备进行显示，它可以是现实世界中的实体，也可以是虚构的物体。任何自然界存在的东西都可以用三维模型表示。

三维模型通常用三维建模软件生成，但是也可以用其他方法生成。作为点和其他信息集合的数据，三维模型可以手动生成，也可以按照一定的算法生成。尽管三维模型通常按照虚拟的方式存在于计算机或者计算机文件中，但是在纸上描述的类似模型也可以认为是三维模型。三维模型广泛应用在任何需要使用三维图形的地方。许多计算机游戏使用预先渲染的三维模型图像作为贴图进行实时渲染，如图1-3所示。

图1-3

三维模型可以根据简单的线框在不同细节层次上进行渲染，或者用不同方法进行明暗描绘使其可见。对于许多三维模型来说，通常都使用纹理对其进行覆盖，将纹理排列放到三维模型上的过程称作纹理映射。纹理就是一个图像，它可以让模型更加细致且看起来更加真实，如图1-4所示。

图1-4

除了纹理之外，其他一些效果也可以用于三维模型以增强真实感。例如，可以调整曲面法线以实现不同的明暗效果，也可以对一些曲面使用凹凸纹理映射方法或其他的立体渲染技巧，如图1-5所示。

图1-5

三维模型经常用于动画中，例如，在电影及计算机游戏中常大量使用三维模型。为了便于生成动画，通常要在模型中加入一些额外的数据。例如，一些人物或者动物的三维模型中有完整的骨骼系统，这样它们在运动时会看起来更加真实，并且可以通过关节与骨骼控制运动，如图1-6所示。

图1-6

1.1.2 三维模型的构成

1. 网格

网格是由物体的众多点云组成的，可通过点云形成三维模型网格。点云包括三维坐标、激光反射强度（Intensity）和颜色信息（RGB）。网格通常由三角形、四边形或者其他的简单多边形组成，这样可以简化渲染过程。物体可以由带有空洞的普通多边形组成，如图1-7所示。

图1-7

2. 纹理

纹理既包括通常意义上物体表面的纹理，即让物体表面呈现凹凸不平的沟纹，也包括附着在物体光滑表面上的彩色图案（也称纹理贴图）。把纹理按照特定的方式映射到物体表面上能使物体看上去更真实。纹理映射技术是将图形变得更加真实的重要技术之一。它是将物体被拍摄后所得到的图像进行加工，制作成纹理图像，如图1-8所示，再把纹理图像映射到三维模型表面上的一种技术手段。

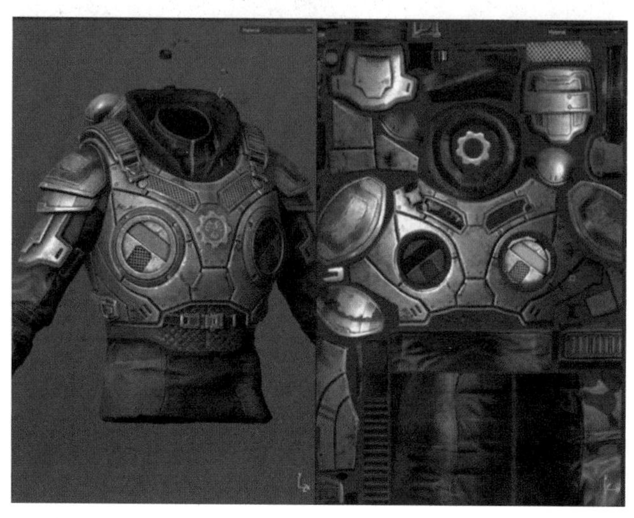

图1-8

1.1.3 三维模型的创建方法

目前，三维模型的构建方法大致上分为 3 种：第一种方法是利用三维软件建模；第二种方法是利用仪器设备建模；第三种方法是基于图像建模。

1. 利用三维软件建模

目前，在市场上可以看到许多优秀的建模软件，如3ds Max、Softimage、Maya、UG及AutoCAD等。它们的共同特点是利用一些基本的几何元素（如立方体、球体等），通过一系列几何操作（如平移、旋转、拉伸及布尔运算等）来创建复杂的几何场景。利用建模软件创建三维模型的方法主要包括几何建模（Geometric Modeling）、行为建模（Kinematic Modeling）、物理建模（Physical Modeling）、对象特性建模（Object Behavior Modeling）及模型切分（Model Segmentation）等。其中，几何建模的创建与描述是虚拟场景造型的重点。

2. 利用仪器设备建模

三维扫描仪（3 Dimensional Scanner）又称为三维数字化仪（3 Dimensional Digitizer），它是当前使用的对实物进行建模的重要工具之一。三维扫描仪能快速、方便地将真实世界的立体彩色信息转换为计算机能直接处理的数字信号，从而为实物数字化提供了有效的手段。三维扫描仪与传统的平面扫描仪、摄影机、图形采集卡相比有很大不同：首先，三维扫描仪的扫描对象不是平面图案，而是立体的实物；其次，通过扫描，可以获得物体表面每个采样点的三维空间坐标，彩色三维扫描仪还可以获得每个采样点的色彩信息，某些扫描设备甚至可以获得物体内部的结构数据，而摄影机只能拍摄物体的某一面，且会丢失大量的深度信息；最后，三维扫描仪输出的不是二维图像，而是包含物体表面每个采样点的三维空间坐标等信息的数字模型文件，可以直接用于计算机辅助设计或三维动画制作，彩色三维扫描仪还可以输出物体表面色彩纹理贴图。早期用于三维测量的是坐标测量机（Coordinate Measuring Machine，CMM）。它将一个探针装在3自由度（或更多自由度）的伺服装置上，驱动探针沿3个方向移动，当探针接触物体表面时，测量其在3个方向上的移动量，就可以知道物体表面这一点的三维坐标。控制探针在物体表面移动和触碰，可以完成物体表面的三维测量。这种方法的优点是测量精度高；缺点是价格昂贵、测量速度慢、无色彩信息，以及物体形状复杂时的操作难度大。后来，人们借助雷达原理，用激光、超声波等媒介代替探针进行深度测量。测距器向被测物体表面发出信号，依据信号的反射时间或相位变化，推算出物体表面的空间位置，这称为“飞点法”或“图像雷达”，如图1-9所示。

图1-9

3. 基于图像建模

基于图像的建模和绘制（Image-Based Modeling and Rendering，IBMR）技术是当前计算机图形学中一个极其活跃的研究领域。同传统的基于几何的建模和绘制相比，IBMR技术具有许多独特的优点。IBMR技术提供了获得照片真实感的一种自然方式。采用IBMR技术，建模变得更快、更方便，可以获得很快的绘制速度和很不错的真实感。IBMR技术的研究已经取得了许多丰硕的成果，并有可能从根本上改变我们对计算机图形学的认识和理解。由于图像本身包含着丰富的场景信息，因此可以从图像中获得照片般逼真的场景模型。基于图像建模的主要目的是由二维图像恢复景物的三维几何结构。与传统的利用三维软件或者仪器设备构建三维模型的方法相比，基于图像建模的方法成本低，真实感强，自动化程度高，具有广泛的应用前景，如图1-10所示。

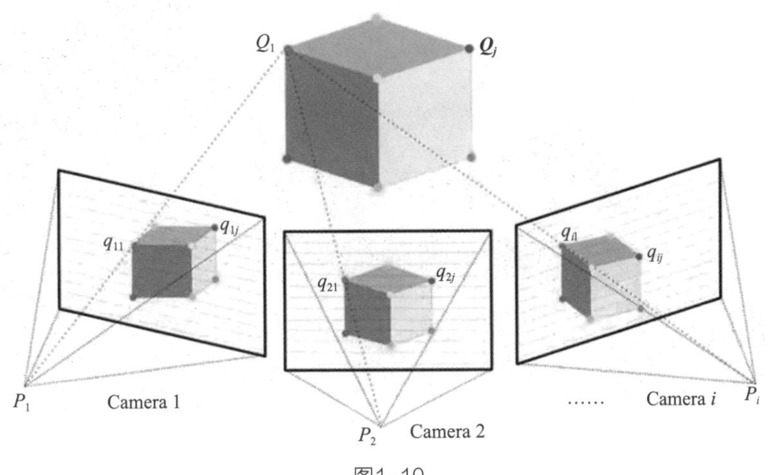

图1-10

三维建模基础

1. 了解三维建模；
2. 了解三维建模的常用软件；
3. 了解三维建模的应用领域。

知识导读

历代岳阳楼数字复建

岳阳楼坐落在岳阳市洞庭湖畔，相传其前身为三国时期吴国鲁肃使用的水军阅兵台。朝代更替，世事沧桑，阅兵台后由军事防御设施变为当地的代表性景点。北宋年间，滕子京请守巴陵郡时重修岳阳楼，并修书好友范仲淹为其作楼赋，于是有了脍炙人口、千古传诵的《岳阳楼记》，有了“先天下之忧而忧，后天下之乐而乐”的忧乐精神。从此，岳阳楼成为世人心中忧乐精神的象征。岳阳楼后来又历经元、明、清多个朝代，因火灾、战乱等多种原因，楼身多次被毁，又被历代官员重修补葺。1988年，岳阳楼被列为国家重点保护文物单位。

三维动画技术作为数字媒体时代的重要技术之一，结合了影视艺术视听语言的表达优势，又有着精确的虚拟三维空间体系。凭借历代岳阳楼的图文资料，完全可在三维动画软件中搭建并还原出历代的岳阳楼建筑，如图1-11所示。借助动画，观众可以轻易地穿梭千年，直观地了解岳阳楼的历史。此外，动画形式还可以打破国界、民族的限制，扩大宣传范围。

图1-11

1.2.1 三维建模简介

三维建模也常被称为3D建模。在平面上显示的三维图像与现实世界有所区别，真实的三维空间有真实的距离感，而计算机中的只是看起来很像真实世界。因此在计算机中显示的三维图像只是看上去像真的一样。人眼观看物体有一个特性是近大远小，这样就会形成立体感。计算机屏幕是二维的，我们之所以能欣赏到三维图像，是因为图像显示在计算机屏幕上时其色彩灰度的不同会使人眼产生视觉错觉而将二维图像感知为三维图像。基于色彩学的有关知识可知，三维物体边缘的凸出部分一般呈现高亮度色，而凹下去的部分由于受光线的影响呈现暗色。这些知识被广泛应用于网页或其他应用中按钮、三维线条的绘制。例如，要绘制三维文字，在文字上显示高亮度颜色，而在其左下或右上等位置用低亮度颜色勾勒出文字上轮廓，这样在视觉上便会产生三维文字的效果。具体实现时，可用完全一样的字体在不同的位置分别绘制两个不同颜色的二维文字，只要这两个文字的坐标合适，就完全可以在视觉上产生不同的三维文字效果，如图1-12所示。

三维建模通俗来讲就是利用三维模型制作软件通过虚拟三维空间创建出具有三维数据的模型。三维建模大概可分为两类：NURBS和多边形网格。

NURBS建模对于创建要求精细、复杂的模型有较好的应用，适合量化生产，如图1-13所示。

图1-12

图1-13

多边形网格建模是以拉面的方式建立三维模型的，适合制作效果图与复杂的场景动画，如图1-14所示。

图1-14

1.2.2 三维建模的常用软件

1. 3ds Max

3D Studio Max，常简称为3ds Max，是Discreet公司（后被Autodesk公司合并）开发的基于计算机操作系统的三维动画渲染和制作软件。其前身是基于DOS的3D Studio系列软件，截至本书编写时最新版本是3ds Max 2022。在Windows NT出现以前，工业级的CG制作被SGI工作站所垄断。3ds Max+Windows NT组合的出现一下子降低了CG制作的门槛，这一组合首先运用在计算机游戏中的动画制作，后来开始用于影视片的特效制作，例如《X战警II》《最后的武士》等。

2. Maya

Maya是Autodesk公司出品的三维动画软件，常用来制作专业的影视广告、角色动画、电影特效等。Maya功能完善、操作灵活、易学易用、制作效率极高、渲染效果真实感极强，是电影级别的高端制作软件。

Maya集成了Alias/Wavefront先进的动画及数字效果技术。它不仅包括一般三维和视觉效果制作的功能，还与先进的建模、数字化布料模拟、毛发渲染、运动匹配技术相结合。Maya可在Windows、macOS X、Linux与IRIX操作系统上运行。在目前市场上用来进行数字和三维制作的工具中，Maya 通常是首选。

3. Softimage XSI

数字媒体开发、生产企业AVID公司于1998年并购了Softimage以后，于1999年年底推出了全新的一款三维动画软件Softimage XSI。后来，Softimage及旗下的XSI、CAT、Face Robert均被Autodesk公司收购。

Softimage是由加拿大国家电影理事会制片人丹尼尔·兰格洛瓦（Daniel Langlois）于1986年创建的。丹尼尔·兰格洛瓦致力于创建一套由艺术家自己开发并设计三维动画的系统，该系统的基本内容就是如何在业内创建视觉特效。Softimage曾经长时间垄断好莱坞电影特效的制作，在业界一直以其优秀的角色动画系统而闻名。1999年年底，全新一代三维动画软件Softimage XSI以其非线性动画的特色及大量的技术改进，使业界为之惊喜。它完全改变当时的动画制作流程，极大地提高创作人员的效率。

Softimage XSI的知名部分之一是它的Mental Ray超级渲染器。Mental Ray图像渲染软件由于有丰富的算法，渲染出的图像质量优良，成为业界的主流，但只有Softimage XSI和Mental Ray可以无缝集成在一起，别的软件就算能通过接口模块转换，Preview（预调）所见的效果都不是最终效果，只有选择Softimage XSI作为主平台才能解决此问题。

4. Rhino

Rhino是美国Robert McNeel & Assoc公司开发的三维造型软件，它可以广泛地应用于三维动画制作、工业制造、科学研究及机械设计等领域。它能轻易整合3ds Max与Softimage的模型功能部分，对要求精细、复杂的NURBS模型有“点石成金”的效能。Rhino能输出OBJ、DXF、IGES、STL、3DM等不同格式的文件，并适用于几乎所有三维软件，尤其对增加整个3D工作团队的模型生产力有明显效果，故使用3ds Max、AutoCAD、Maya、Softimage、Houdini、Lightwave等的设计人员不可不学习此软件的使用。

5. ZBrush

ZBrush是一个数字雕刻和绘画软件，它以强大的功能和直观的工作流程彻底改变了整个三维行业。在一个简洁的界面中，ZBrush为当代数字艺术家提供了非常先进的工具。其以实用的思路开发出的功能组合在激发艺术家创作力的同时，能让艺术家在操作时感到非常顺畅。ZBrush能够雕刻高达10亿多条边的模型，可以说限制只取决于艺术家自身的想象力。

ZBrush能让艺术家感到无约束、创作自由。它的出现完全颠覆了传统三维设计软件的工作模式，解放了艺术家的双手和思维，并告别了过去那种依靠鼠标和参数来进行创作的模式，完全尊重设计师的传统工作习惯。

6. Cinema 4D

Cinema 4D的字面意思是4D电影，它也是一款3D表现软件，由德国Maxon Computer公司开发，该软件以极快的运算速度和强大的渲染插件著称，很多模块的功能在同类软件中代表科技前沿成果，并且在用其描绘的各类电影中表现突出。随着其技术越来越成熟，该软件受到越来越多电影公司的重视。

Cinema 4D应用广泛，在广告、电影、工业设计等方面都有出色的表现，例如，影片《阿凡达》中就有使用Cinema 4D制作的部分场景。Cinema 4D已经走向成熟，它正成为许多艺术家和电影公司的首选。

7. Blender

Blender是一款免费、开源的三维图形软件，提供从建模、动画、材质、渲染到音频处理、视频剪辑等一系列动画短片制作解决方案。

Blender拥有方便在不同工作中使用的多种用户界面，内置绿屏抠像、摄影机反向跟踪、遮罩处理、后期节点合成等高级影视解决方案。Blender内置有Cycles渲染器与实时渲染引擎Eevee，它还支持多种第三方渲染器。

Blender为全世界的媒体工作者和艺术家而设计，可以被用来进行三维可视化，同时也可以创作广播和电影级品质的视频；另外，其内置的实时渲染引擎，让制作三维互动内容成为可能。

8. Modo

Modo是一款集建模、雕刻、3D绘画、动画制作与渲染于一体的综合性三维软件，由Luxology公司设计并维护。该软件具备许多高级技术，如N-Gons（允许存在边数为4以上的多边形），以及多层次的3D绘画与边权重工具，可以运行在苹果的macOS与微软的Windows操作平台上。

9. SketchUp

SketchUp是一套直接面向设计方案创作过程的设计软件，其不仅能够充分表达设计师的思想，而且能够完全满足与客户即时交流的需要。它让设计师可以直接在计算机上进行十分直观的构思，是进行三维建筑设计方案创作的优秀工具。

SketchUp是一个极受欢迎且易于使用的三维设计软件，官方网站将它比作电子设计中的“铅笔”。它的主要卖点就是使用简便，人人都可以快速上手。

1.2.3 三维建模的应用领域

从简单的几何模型到复杂的角色模型、从静态单个产品的显示到动态复杂场景的显示都离不开三维建模。许多行业都需要三维建模，如影视动画、游戏设计、工业设计、建筑设计、室内设计、产品设计、景观设计等。

1. 游戏建模

游戏建模主要分为三维场景建模和三维角色建模。三维场景建模师根据原画设置和规划要求制作符合要求的三维场景模型；三维角色建模师根据游戏角色的原画设计图纸创建游戏角色的三维模型，如图1-15所示。

图1-15

2. 影视建模

影视建模师根据影视原画设计师给出的影视剧中的人物、动物、怪物、道具、机械、环境等制作相应的模型，图1-16所示为影视场景模型。

3. 工业建模

工业建模分为室内和室外两种。与游戏建模相比，制作工业模型的过程更简单，更注重尺寸标签和制造标准，图1-17所示为工业产品模型。

图1-16

图1-17

4. 二代场景建模

二代场景建模师需熟练使用3ds Max、Maya、Photoshop，根据项目要求中的文字描述和场景原画制作高精度的三维静物模型，如图1-18所示。

5. 医学和VR模型

医学从业人员和VR模型师可根据实际需要制作三维模型，如人体器官三维模型或VR游戏模型。

图1-18

1.3 3ds Max建模基础

1. 了解3ds Max建模；
2. 了解3ds Max的基础建模；
3. 了解3ds Max的高级建模。

知识导读

3D生物打印技术

3D生物打印技术是医学组织工程领域中最先进的技术之一，包含材料科学与生物科技领域中最先进技术，已经被用于替换和修复受损的组织或器官。3D生物打印技术与普通的3D打印技术类似，均用以自上而下、逐层构建的方法生成复杂且精确的立体结构。不同的是，3D生物打印技术的最终目的是要逐层构建组织或器官。

3D生物打印技术可以帮助患者实现个性化定制康复器械，例如仿生手、助听器等。图1-19所示为利用3D生物打印技术打印的全血管化迷你人类心脏。对于像助听器一类的医疗器械，3D生物打印无须根据患者耳道模型做出注塑模型，而是直接通过扫描的CAD文件在3D打印机上进行操作，相对来说生产的周期更短，也更适合患者本身，打印康复器械的效率也会更高。3D生物打印技术对模型的构建及材料的选择要求都更加严苛，它的完善还需要走很长的一段路。即便如此，我们仍然能看到科技造福人类的实例。未来，3D生物打印技术将给人们带来更加优质的生活体验。

图1-19

1.3.1 3ds Max建模概述

三维建模是三维设计的第一步，是三维世界的核心和基础。没有好的模型，就很难实现好的效果。3ds Max内置了多种建模方法，除内置模型建模、二维图形建模、挤出建模、车削建模、放样建模及复合模型建模等基础建模方法外，还有多边形建模、面片建模、NURBS建模等高级建模方法。

1. 建模基本技术

（1）二维建模

我们可以利用样条线和图形创建二维图形。二维图形是用两个坐标表示的图形对象。创建方法为：利用“创建”面板创建简单的二维图形，调整“修改”面板中的参数创建较为复杂的二维图形；对二维图形进行挤出、旋转、放样可以创建三维模型。

（2）三维建模

我们可以利用基础模型、面片、网格、细化及变形来创建三维模型。创建方法为：利用内置的标准几何体、扩展几何体创建基本模型；利用模型的组合创建复合模型；用多边形网格、面片、NURBS创建复杂模型。

（3）二维放样

先创建模型的横截面并沿一定路径放置，再沿横截面接入一个表面或表皮来创建三维模型。

（4）模型组合

把已有的模型组合起来构成新的模型。其中布尔运算和图形合并是重要的生成技术。

2. 模型参数及修改

在3ds Max中，所有的几何模型都是参数化的。除模型对象外，其余所有的对象都是非参数化的。

（1）参数化对象

参数化对象是以数学方式定义的，其几何体由参数控制，修改这些参数值就可以修改对象的几何形状。参数化对象的优点是灵活性强。

（2）非参数化对象

非参数化对象是指参数值不能修改的对象，如网格对象、面片对象、NURBS对象等。当把模型对象转换成网格对象、面片对象、NURBS对象后，该对象便失去了参数化本质而变成非参数化对象。非参数化对象不能通过“修改”面板中的参数来改变几何体形状，而要通过编辑修改器进行修改。非参数化对象的基本特点是：可对次对象（如网格的节点、边、面）及任何参数化对象不能编辑的部分进行编辑。

（3）编辑修改器

编辑修改器的作用是：对所创建的模型及其次对象进行任意修改、调整、变形及扭曲等操作。

（4）常用参数化修改器

常用的参数化修改器有弯曲、锥化、扭曲、噪波、拉伸。

（5）模型的次对象

次对象是构成模型的基本元素，包括节点、边、面、元素等。3ds Max中的大多数建模技术都提供了使用次对象的功能。我们可用工具栏中的变换工具对次对象进行变换。

3. 建模辅助对象

（1）虚拟对象

虚拟对象是一个中心处有基准点的立方体，它没有参数，不能被渲染，只充当变换对象时所基于的对象。它主要用于动画中。我们可以创建一个虚拟对象作为当前对象的父对象，当虚拟对象沿路径移动时，其子对象也同步移动。

（2）点对象

点对象是空间中的一个点，由轴（x轴、y轴、z轴）的交叉点确定，不能被渲染，有两个可修改的参数。点对象主要用于在场景中标明空间位置。

（3）卷尺对象

卷尺对象用于测量对象之间的距离。使用方法为：单击卷尺工具，在任何视图中将卷尺的三角标志放在开始拖动的起始位置，按住鼠标左键，移动鼠标指针至终点位置，释放鼠标左键。

（4）量角器对象

量角器对象用于测量对象之间的夹角。

（5）罗盘对象

罗盘对象用于确定平坦的星形对象上的东、南、西、北方向，常用于日光系统。

1.3.2 3ds Max的基础建模

1. 内置模型建模

内置模型建模是指将系统提供的标准几何体和扩展几何体进行组合来创建三维模型。该方法是3ds Max三维建模中最基本、最简单的建模方法。利用内置模型可以创建简单的三维模型，同时也是创建复杂模型的基础。通过对内置模型的编辑可以创建出复杂模型，如图1-20和图1-21所示。

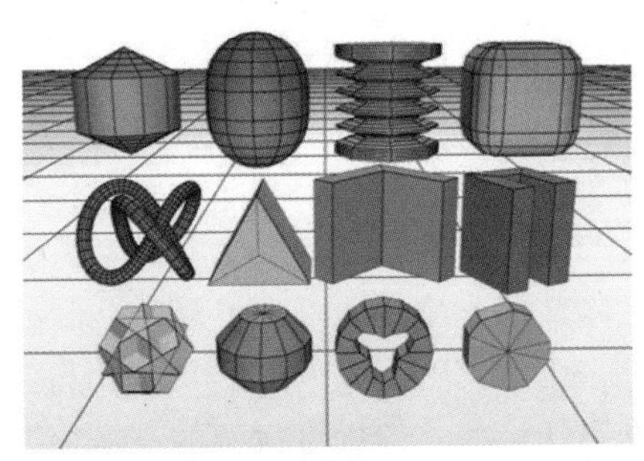

图1-20

图1-21

内置模型建模的思路如下。

内置模型属于多边形对象，由不同尺寸、不同方向的三角形排列而成。现实世界中的物体形状各异，但可以将其看作系统提供的标准几何体、扩展几何体的组合和变形。因此，从理论上说，任何复杂的物体都可以拆分成多个标准的内置模型；反之，多个标准的内置模型也可以合成任何复杂的物体模型。

简单的物体模型可以用内置模型以类似搭积木的方法进行创建，通过调节参数值调整其大小、比例和位置。要创建更为复杂的物体，我们可以先用内置模型进行创建，再利用编辑修改器进行弯曲、扭曲等变形操作，最后生成所需的模型。

2. 二维图形建模

二维图形建模是指创建具有两个坐标值、由样条线和形状组成的图形。样条线是一种符合数学法则的特殊类型线条；形状是各种成形的标准图形，3ds Max中有圆形、椭圆形、矩形等。二维图形建模方法在3ds Max中的地位十分重要：可以用样条线创建动画路径、进行放样建模和创建NURBS对象，也可以把二维图形通过挤出、车削等操作转换为三维模型。所以我们必须熟练掌握二维图形的创建、编辑等基本操作，重点掌握图形中线的编辑和“编辑样条线”修改器的使用。

（1）创建二维图形

创建二维图形的方法为：可以利用3ds Max提供的图形直接创建，也可以导入CorelDRAW、FreeHand、Illustrator等矢量软件创建的二维图形。

3ds Max提供了13种标准图形：线、圆、椭圆、圆环、弧、矩形、多边形、文字、螺旋线、截面、卵形、星形、徒手。

（2）二维图形的编辑

二维图形的编辑是通过“编辑样条线”修改器把样条线转换为可编辑曲线后进行的。编辑操作有改变形状（如改变节点控制柄）和改变性质（如合并、连接等）两种。

次对象的使用：要编辑样条线形状时，必须先选择次对象的级别。样条线分为3级次对象：节点、线段、曲线。

曲线编辑器的使用：曲线编辑器提供了对曲线进行任意调整的各种工具，如几何卷展栏有次对象创建合并、节点编辑等工具。常用工具有创建线条、断开、多重连接、焊接、连接、插入、倒圆角、倒直角、布尔运算、镜像、修剪、延伸。

（3）布尔运算

布尔运算是计算机图形学中描述物体结构的一个重要方法，也是一种特殊的建模形式。布尔运算的前提是两个形体必须为封闭曲线，且具有重合部分。布尔运算可以在二维图形和三维模型的创建上运用，其作用是通过对两个形体的并集、交集、差集运算产生新的物体形态。

并集：两个形体相交，形体的重合部分变为一体，使两个形体变为无重合的一个形体。

交集：两个形体相交，只保留重合部分。

差集：一个形体减去另一个形体，保留剩余部分。

3. 挤出建模

现实世界中有许多横截面相同的物体，如立体文字、桌子、书架、浮雕、凹凸形标牌、墙面、地形表面等。这些物体都可以通过沿其截面曲线法线方向拉伸或挤出得到。挤出建模的基本原理是以二维图形为轮廓，制作出形状相同、但厚度可调的三维模型。从理论上说，凡是横截面形状沿某一个方向不变的三维物体，都可以采用挤出建模的方法创建。

挤出建模的思路：先绘制模型的截面曲线，利用曲线编辑器对图形进行修改或布尔运算；在确定拉伸高度后，使截面图形沿其法线方向挤出，从而生成三维模型，如图1-22所示。挤出建模也称挤出放样，它是将二维图形转换为三维模型的基本方法之一。

4. 车削建模

现实世界中的许多物体或物体的一部分结构是对称的，如花瓶、茶杯、饮料瓶及各种柱子等。这些物体的共同点是可通过其自身某一截面曲线绕中心旋转而成，如图1-23所示。

车削建模的思路：先从一个轴对称物体分解出一个剖面曲线，然后绘制该曲线的一半，绘制时可用曲线编辑器对曲线进行修改或布尔运算。在确定旋转的轴向和角度后使截面曲线沿中心轴旋转，从而生成一个对称的三维模型。车削建模也称旋转放样，与挤出建模的过程相似，它是将二维图形转换为三维模型的基本方法之一。

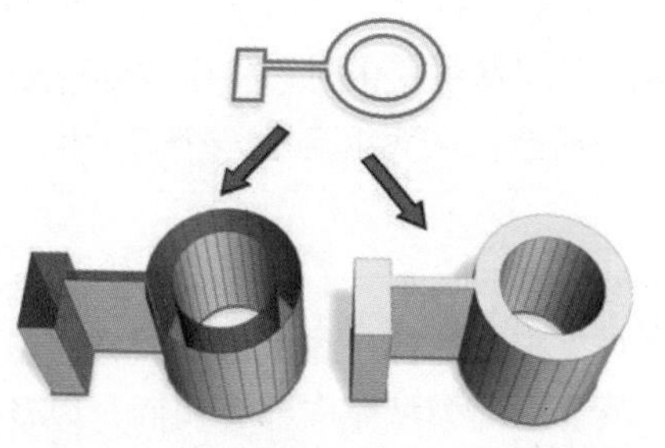
图1-22

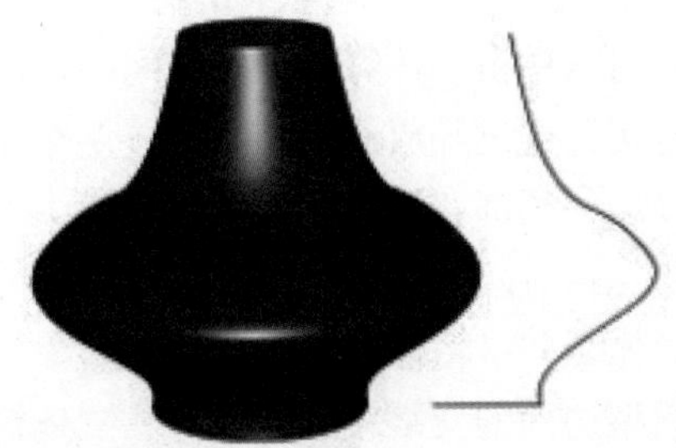
图1-23

5. 放样建模

放样（Loft）是一种古老而传统的建模方法。古希腊的工匠们在造船时，为了确保船体的尺寸合适，通常是先制作出主要船体的横截面，再利用支架将船体固定进行装配。横截面在支架中逐层搭高，船体的外壳则蒙在横截面的外边缘平滑过渡。一般把横截面逐渐升高的过程称为放样。

放样建模是一种将二维图形转换为三维模型的建模方法，比挤出建模、车削建模的应用更广。它将两个或两个以上的二维图形组合为一个三维模型，即通过一个路径对各个截面进行组合来创建三维模型，其基础技术是创建路径和截面。

在3ds Max中，放样至少需要两个以上的二维曲线：一个是用于放样的路径，定义放样物体的深度；另一个是用于放样的截面，定义放样物体的形状。路径可以是开口的图形，也可以是闭合的图形，但必须是唯一的线段。截面也可以是开口的曲线或闭合的曲线，在数量上没有任何限制，更灵活的是可以用一条或是一组各不相同的曲线。在放样过程中，通过截面和路径的变化可以生成复杂的模型，如图1-24所示。而挤出建模是放样建模的一种特例。放样建模可以创建极为复杂的三维模型，在三维建模中的应用十分广泛。

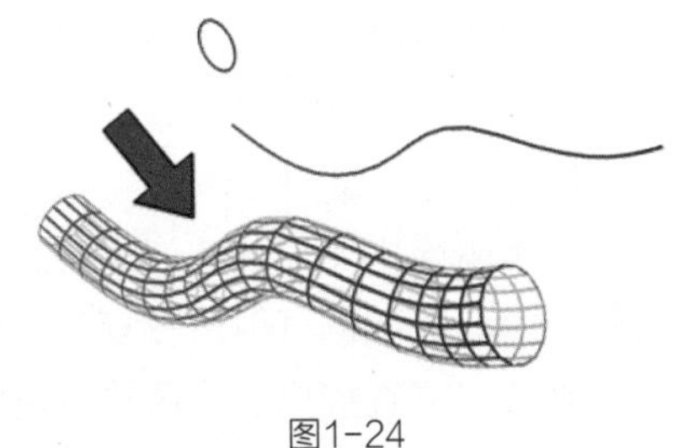
图1-24

放样有两种方法：一种是先选择截面，单击“放样”按钮，再单击“获取路径”按钮，生成放样三维模型；另一种是先选择路径，单击“放样”按钮，再单击“获取截面”按钮，生成放样三维模型。

3ds Max提供了5种放样编辑器，让用户可以利用形状创建更复杂的三维模型。编辑器在“修改”面板最下面的“变形”卷展栏中。

缩放：在放样的路径上改变放样截面在x轴和y轴两个方向上的尺寸。

扭曲：在放样的路径上改变放样截面在x轴和y轴两个方向上的扭曲角度。

摇摆：在放样的路径上改变模型的角度，以达到某种变形效果。

倒角：使模型的转角处平滑。

拟合：不是利用变形曲线控制变形程度，而是利用模型的顶视图和侧视图来描述模型的外表形状。

6. 复合模型建模

复合模型是指包含各种建模类型的混合群体，也称组合形体。复合模型建模是指将已有的三维模型组合起来构成新的三维模型。

复合模型生成的方法有以下几种。

变形："变形"对象可以应用在两个或多个模型上，通过对基础模型拾取一个与基础模型顶点数相同但形态不同的另一个模型，其中一个模型的形态会逐渐趋近于另一个模型，此时软件自动计算两个模型间的插值，当插值随时间发生变化时，将生成变形动画。

连接：通过开放面或空洞连接两个带有开放面的模型，从而组合成一个新的模型。连接的模型必须都有开放面或空洞。

布尔：对两个或多个相交的模型进行布尔运算，从而生成另一个单独的新模型。

形体合并：将样条线嵌入网格对象中或从网格对象中去掉样条线区域。该方法常用于生成模型边面的文字镂空、花纹、立体浮雕效果，从复杂面模型截取部分表面，以及一些动画效果等。

包裹：将一个模型的节点包裹到另一个模型的表面，从而塑造一个新模型。该方法常用于给模型添加几何细节。

地形：使用代表海拔等高线的样条线创建地形。

离散：将模型的多个副本散布到屏幕上或定义的区域内。

水滴网格：将粒子系统转换为网格对象。

1.3.3 3ds Max的高级建模

3ds Max有3种高级建模方法：多边形建模、面片建模、NURBS建模。

1. 多边形建模

多边形建模是一种传统、经典的建模方法。3ds Max的多边形建模方法比较简单，非常适合初学者学习，并且在建模的过程中用户有更多的想象空间和可修改余地。3ds Max中的多边形建模主要有两个命令：可编辑网格（Editable Mesh）和可编辑多边形（Editable Poly）。几乎所有的几何体类型都可以塌陷为可编辑多边形，曲线也可以塌陷，封闭的曲线可以塌陷为曲面，这样就得到了多边形建模的"原料"——多边形曲面。如果不想使用塌陷操作（因为塌陷操作会影响被塌陷对象的修改历史），我们可以给要操作的对象指定一个"编辑多边形"修改器。

可编辑网格建模的兼容性极好，其优点是创建模型占用的系统资源少，运行速度快，在较少的面数下也可创建较复杂的模型。它将多边形划分为三角形面，可以使用"编辑网格"修改器或直接把物体塌陷成可编辑网格。其中涉及的技术主要是推拉表面创建基本模型，最后增加"平滑网格"修改器，进行表面的平滑度和精度的提升。这种技术大量使用点、线、面的编辑操作，对空间控制能力要求比较高，适合创建复杂的模型。

可编辑多边形是在可编辑网格的基础上发展起来的一种多边形编辑技术，其原理与可编辑网格非常相似，它将多边形划分为四边形的面，只是换了另一种模式。此外，也可以使用对应的"编辑多边形"修改器，这样编辑效率更高。

可编辑多边形和可编辑网格的参数大都相同，但是可编辑多边形更适合模型的创建。3ds Max几乎每一次升级都会对可编辑多边形进行技术上的提升，力求将它打造得更为完美，它的很多功能都超越了可编辑网格技术，该技术已成为多边形建模的主要技术。

2. 面片建模

面片建模是在多边形建模的基础上发展而来的，它解决了多边形表面不易进行弹性编辑的难题，可以使用类似编辑贝塞尔曲线的方法来编辑曲面。面片与样条线的原理相同，同属贝塞尔方式，并可通过调整表面的控制柄来改变面片的曲率。面片与样条线的不同之处在于，面片是三维的，因此控制柄有x、y、z这3个方向，如图1-25所示。

面片建模的优点是编辑的顶点较少，可用较少的细节制作出光滑的物体表面和表皮的褶皱。它适用于创建生物模型。

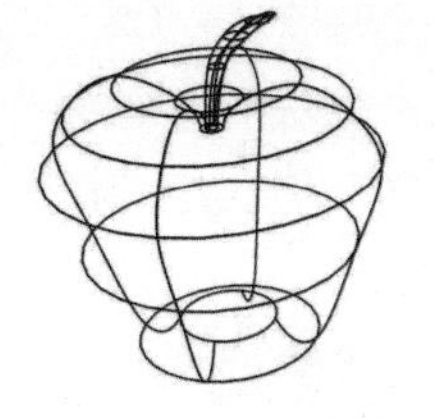

图1-25

面片建模的两种方法：一种是雕塑法，“编辑面片”修改器用于调整面片的次对象，通过移动节点、调整节点的控制柄，将一块四边形面片塑造成模型；另一种是蒙皮法，类似糊灯笼、扎风筝，即先绘制模型的基本线框，然后编辑其次对象，最后添加一个“编辑多边形”修改器，生成三维模型。面片可由系统提供的四边形面片或三边形面片直接创建，或者将创建好的几何模型塌陷为面片，但塌陷得到的面片的结构过于复杂，而且容易出错。

3. NURBS建模

NURBS是建立在数学公式基础上的一种建模方法。它通过控制节点调节表面曲度，自动计算出表面精度。相对面片建模，NURBS建模可使用更少的控制点来表现相同的曲面，但由于曲面的表现是由曲面的算法来决定的，而NURBS函数相对高级，因此对计算机的要求也较高。

NURBS曲线可以说是一种特殊的样条线。相对普通样条线，其控制更为方便，创建的模型更为平滑。若配合放样、挤出和车削操作，基于NURBS曲线可以创建各种形状的曲面模型。NURBS建模特别适合描述复杂的有机曲面对象，适用于创建复杂的生物表面和呈流线型的工业产品外观，如动物、汽车等，而不适合创建规则的机械或建筑模型。

NURBS建模的思路：先创建若干个NURBS曲线，然后将这些曲线连接起来形成所需的曲面模型，或是利用NURBS创建工具对一些简单的NURBS曲面进行修改，从而得到较为复杂的曲面模型。

NURBS曲面有两种类型：点曲面和可控制点曲面。两者分别以点或可控制点来控制线段的曲度，它们的最大区别是：“点”是附着在曲线上的，调整曲线上点的位置可使曲线形状得到调整；而“可控制点”则没有附着在曲线上，它是在曲线周围，类似磁铁一样控制曲线的变化，精度较高。

创建NURBS曲线有两种方法：一种是先创建样条线再将其转换为NURBS曲线；另一种是直接创建NURBS曲线。

在NURBS建模中，应用最多的有U轴放样技术和CV曲线车削技术。U轴放样与样条线的曲线放样相似，先绘制物体若干横截面的NURBS曲线，再用U轴放样工具给曲线包上表皮而生成模型；CV曲线车削与样条线车削相似，先绘制物体的CV曲线，再对曲线进行车削而生成模型。

4. 特殊建模

（1）置换贴图建模

在三维建模方法中，置换贴图建模是最特别的，它可在物体或物体的某一面上进行贴图置换，它以图片的灰度为依据，“白凸黑不凸”，即白色处凸出，黑色处凹陷。

（2）动力学建模

动力学建模是一种新型建模方法，它的原理就是依据动力学计算来分布对象，达到非常真实的随机效果。例如，将一块布料盖在一些凌乱的几何体上以形成一片连绵的山脉。动力学建模适用于一些手工建模比较困难的情况。

（3）使用毛发系统建模

使用3ds Max中的毛发系统（Hair and Fur）实际上也是一种特殊的建模方法，可以快速制作出生物表面的毛发效果，或者类似于草地等植被的效果，而且这些对象还可以实现动力学随风摇曳的效果。

（4）使用布料系统建模

使用3ds Max的布料系统（Cloth）也算是一种特殊的建模方法，可以快速地通过样条线来生成服装的版型，然后用缝合功能将版型缝制成衣服，从而快速地制作出桌布、窗帘、床单等布料模型，并模拟出它们的动态效果。

知识延展

以前，互联网的形态一直都是二维模式的。随着三维技术的不断进步，在未来的5年时间里，越来越多的互联网应用将会以三维的方式呈现给用户，包括网络视讯、电子阅读、网络游戏、虚拟社区、电子商务、远程教育等。对于旅游业，三维互联网也能够起到推动作用，一些世界名胜、雕塑、古董将在互联网上以三维的形式进行展现，让用户体验，这种体验给人的真实感要远超二维环境。

以发展势头迅猛的电子商务为例，海量的商品需要在互联网上展示，特殊化、个性化、真实化地展示商品显得尤为重要。由于受三维模型制作成本的制约，这些需求只能暂时以二维照片的形式来满足，从而造成传递给消费者的商品或物体信息不够全面、翔实、逼真的情况，在一定程度上降低了消费者的购买欲望和购买准确度。使用三维商品展示技术可以在网页中将商品以三维的形式进行交互展示，消费者可以全方位观看商品特征，直观地了解商品信息，其效果和消费者直接面对商品相差无几。目前很多商家采取了伪三维效果（序列照片旋转）来临时代替三维模型的展示，由此可见市场对三维建模这一技术的需求是很迫切的，该技术在未来有广阔的发展前景。

本章总结

本章介绍了三维模型应用的行业领域、三维模型的创建方法、三维建模常用的软件、3ds Max建模理论基础。3ds Max具有的建模方法包括内置模型建模、二维图形建模、挤出建模、车削建模、放样建模及复合模型建模、多边形建模、面片建模、NURBS建模等。通过对本章的学习，读者能够熟悉3dx Max基础知识，为后续章节的学习打下扎实的基础。

本章习题

【填空题】

1. 三维模型是由__________和__________构成的。
2. 目前高级的建模方法有3种：___________、___________、___________。
3. 三维建模大概可分为两类：___________、___________。

【选择题】

1. 以下属于二维图形建模的是（　　）。

A. 布尔运算　　B. 挤出建模　　C. 面片建模　　D. 放样建模

2. 以下不属于三维建模软件的是（　　）。

A.Softimage XSI　　B.Blender　　C.Photoshop　　D.ZBrush

3. 以下不属于3ds Max高级建模方法的是（　　）。

A. 多边形建模　　B. 复合模型建模　　C. 面片建模　　D.NURBS建模

【简答题】

1. 简述三维建模常用的软件。

2. 简述3ds Max的基础建模方法。

3ds Max 2022简介

学习目标

通过对本章的学习，读者可以了解3ds Max涉及的领域，掌握3ds Max 2022的新增功能和3ds Max 2022的基本操作。本章可以帮助读者了解3ds Max 2022的基本操作知识并将其应用到实际的案例制作中，使读者具备基本的软件操作能力。

学习要求

知识要求	能力要求
1. 3ds Max涉及的领域	1. 熟悉3ds Max的应用情况
2. 3ds Max 2022的新增功能	2. 了解3ds Max 2022的新增功能
3. 3ds Max 2022的基本操作	3. 具备使用软件制作简单三维模型的能力

思维导图

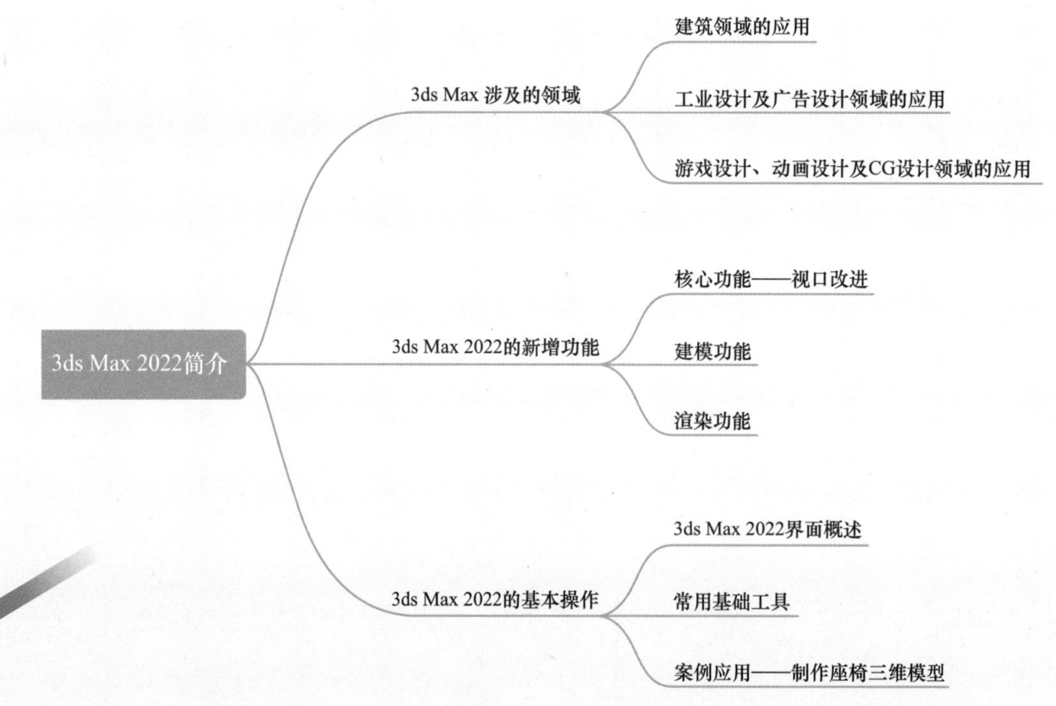

本章导读

Autodesk公司与CADC

3ds Max是Autodesk公司（欧特克公司）旗下的产品。Autodesk公司是世界领先的软件设计和数字内容创作公司，其产品广泛用于建筑、生产、公共设施、通信、媒体和娱乐等领域。该公司创建于1982年，提供设计软件、Internet门户服务、无线开发平台及定点应用，帮助150多个国家和地区的用户推动业务、保持竞争力。

Autodesk中国应用开发中心（China Application Development Center，CADC）于2003年10月29日在上海成立。由此，我国不再只是Autodesk产品的销售地，也是Autodesk公司重要的研发基地，直接负责Autodesk公司主流软件产品的研发。CADC的成立旨在促进中外软件技术的交流，开发符合中国用户需求的软件产品。CADC集中了我国一批年轻的行业精英和海外学成归国的优秀人才，他们研发的第一批成果已随公司的软件产品进入了国际市场。

2.1 3ds Max涉及的领域

1. 了解3ds Max在建筑领域的应用；
2. 了解3ds Max在工业设计及广告设计领域的应用；
3. 了解3ds Max在游戏设计、动画设计及CG设计领域的应用。

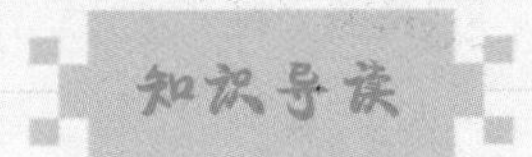

3ds Max代表作品

3ds Max + Windows NT组合首先运用于计算机游戏的动画制作，例如《刺客信条》《魔兽世界》等；后来开始用于影视片的特效制作，主要用于场景的建模及特效呈现方面，如两次获得奥斯卡提名的《疯狂约会美丽都》就是主要由3ds Max制作的。此外，还有一些经典特效，如电影《后天》中被冰雪覆盖及破损的房屋、《迷失》中坠毁的815客机，以及《钢铁侠》《守望者》《51号星球》《拆弹部队》《阿凡达》等，都有3ds Max的参与。

2.1.1 建筑领域的应用

室内设计、环境艺术、建筑设计等工作都需要大量使用3ds Max来制作逼真的效果图。图2-1、图2-2所示为室内效果图作品和建筑效果图作品。

图2-1

图2-2

2.1.2 工业设计及广告设计领域的应用

在工业设计及广告设计领域中，3ds Max的使用频率也非常高，其重点表现在模型细节的制作及材质质感的刻画上，图2-3、图2-4、图2-5和图2-6所示为3ds Max在工业设计及广告设计领域中的作品。

图2-3

图2-4

图2-5

图2-6

2.1.3 游戏设计、动画设计及CG设计领域的应用

在游戏设计、动画设计及CG设计领域，3ds Max经常用于制作大型场景类模型，也常用于制作原创的CG作品等，图2-7和图2-8所示为3ds Max在这些领域内的作品。

图2-7

图2-8

2.2 3ds Max 2022的新增功能

1. 了解3ds Max 2022的核心功能；
2. 了解3ds Max 2022的建模功能；
3. 了解3ds Max 2022的渲染功能。

知识导读

创新是进步的动力源泉

我国知名画家齐白石面对已经取得的成功，他并不满足，而是不断汲取历代画家的长处，不断改变自己的作品风格。他在60岁以后创作的作品明显不同于他在60岁以前创作的。70多岁时，他的画风又变了一次。80岁以后，他的画风再度变化。齐白石一生，曾五易画风。正因为齐白石在成名后，能仍然持续地改变、创新，所以他晚年的作品要比早期的作品更完美、成熟，也形成了他自己独特的流派与风格。他认为，画家要“我行我道，我有我法”。也就是说，在学习别人的长处时，创作者不能照搬照抄，而要创造性地运用，不断发展，这样才会赋予艺术鲜活的生命力。图2-9所示为齐白石的照片。

图2-9

软件版本的更迭是为了满足使用者新的需求，同时也是突破己身的一种创新。创新是让我们的世界进步的动力源泉，青年人更应该不断地突破自己，努力使自己不断进步，变大、变强。

2.2.1 核心功能——视口改进

在3ds Max 2022中，改进后的视口拥有更多的环境光遮蔽控制和能够浮动控制的窗口。我们可以使用“视口设置和首选项”对话框中的设置来控制视口环境光，可以使用视口的“常规”菜单或按Ctrl+空格键来全屏无边框显示浮动视口。

2.2.2 建模功能

1. 智能挤出增强功能

智能挤出能够剪切穿过同一网格上的多个边实体，同时添加额外支持以贯穿切割非平面多边形和多边形面，从而能够执行比以往更复杂的建模操作。按住Shift键，在可编辑多边形或“编辑多边形”修改器上按住鼠标左键并移动鼠标指针可执行挤出操作，如图2-10所示。

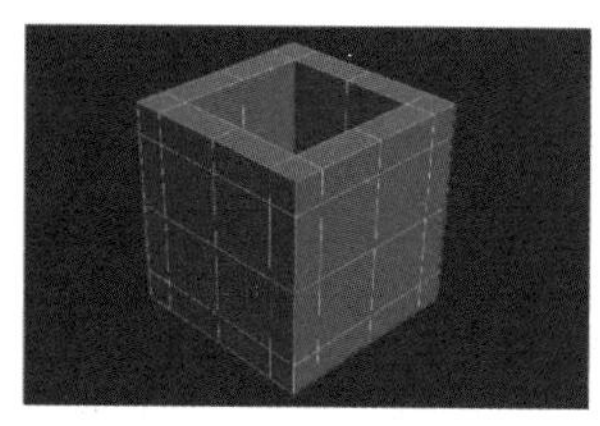

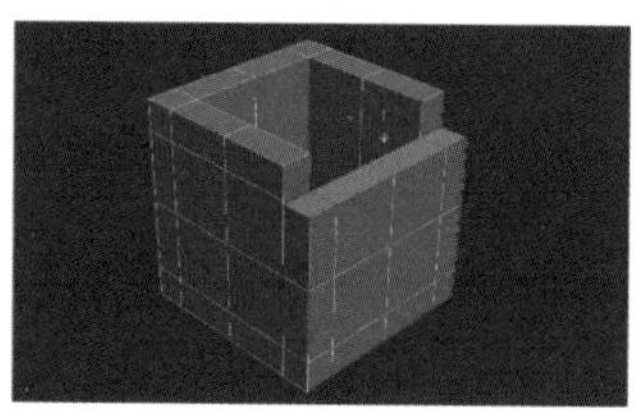

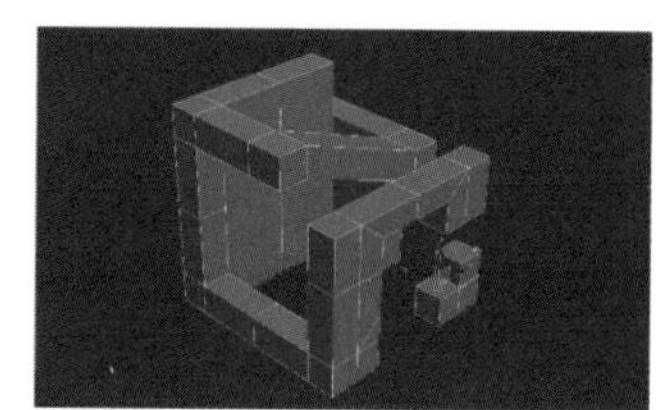

图2-10

智能挤出提供的两个新操作如下。

（1）向内挤出：智能挤出可以切割和删除网格任意部分的面，结果将完全延伸到该面上。此操作和布尔减法运算类似，但需要在多边形组件上执行。

（2）向外挤出：如果向外挤出的结果全部进入网格任意元素的另一面，则相交结果将缝合在一起以形成清晰的结果。此操作和布尔并集运算类似，但需要在多边形组件上执行。

建模功能1

建模功能2

2. “切片”修改器增强功能

“切片”修改器增强功能可以在网格对象和多边形对象上自动封闭因切片操作创建的孔洞。新增的“径向切片”类型是基于最小和最大角度来控制切片。使用x、y和z对齐的切割器（Gizmo），可以在一次操作中对模型执行多轴向平面的复合切片效果。新增的对齐选项可以拾取场景中的其他模型，切片面与被拾取模型的面对齐，原始模型将受被拾取模型变换的影响。切片操作处理速度比以前更快，如图2-11所示。

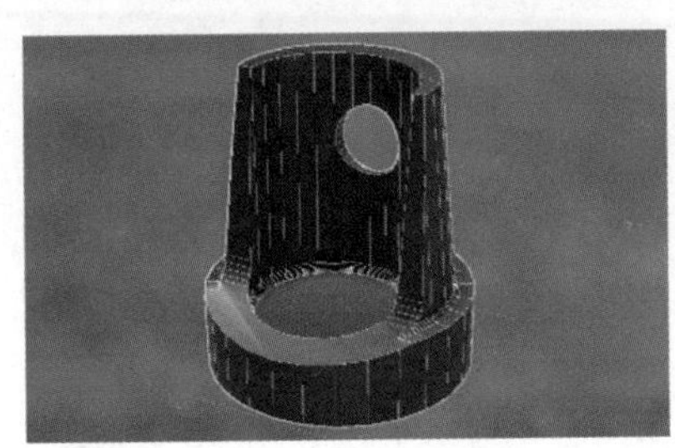

图2-11

3. “对称”修改器增强功能

“对称”修改器增强功能能让模型在视口中更快显示结果，并实现更多的交互。平面对称现在可以在一次操作中支持多个对称平面。我们可以围绕Gizmo中心快速复制和重复几何体，从而快速创建新变体并增强工作流，如图2-12所示。

图2-12

4. “松弛”修改器增强功能

“松弛”修改器中的“保留体积”选项在处理包含大量不需要的细微曲面细节的数据时（例如用扫描和雕刻数据看到的内容）非常有用。使用“松弛”修改器可以减少这些噪波数据，如图2-13所示，从而缩短适用于3ds Max的重新拓扑工具的处理时间。

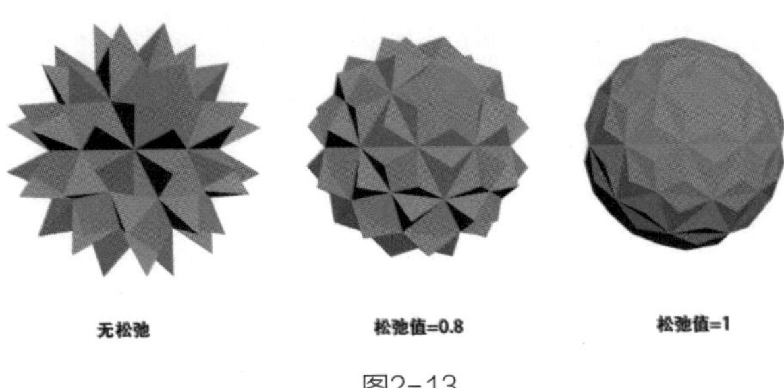

图2-13

5. “挤出”修改器增强功能

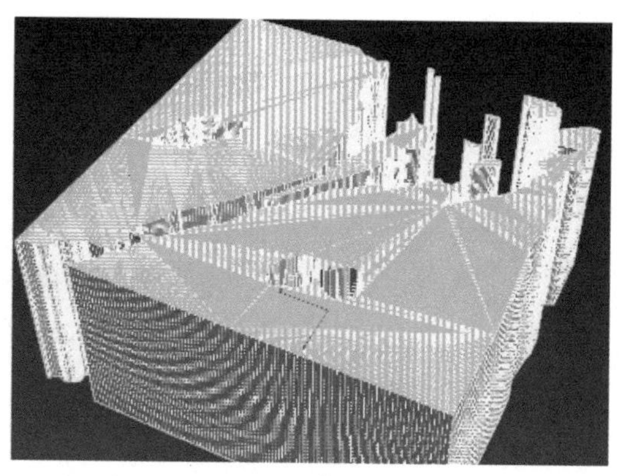

图2-14

“挤出”修改器改进后，能以交互方式快速呈现更好的结果。与以前的版本相比，改进后的“挤出”修改器的性能提高了很多，即使是处理复杂的样条线形状，也可以快速确定正确挤出量。除此之外，当前版本还改进了封口输出的计算，如图2-14所示。

6. 自动平滑功能改进

自动平滑功能得到显著改进，无论是平滑1000个面还是100万个面，其性能相比之前版本都有了提高。使用“平滑网络”“切角”“编辑网格”“编辑多边形”“ProOptimizer”等修改器及许多其他功能时，可以在较短时间内生成新的平滑数据。在调整网格、多边形或样条线等对象类型的平滑数据时，这些改进还将提高性能。

2.2.3 渲染功能

1. 烘焙到纹理

烘焙到纹理包括一些预配置的贴图，可简化频繁的烘焙操作。新贴图包括环境光阻挡、美景、颜色、发射、材质ID、材质输入、金属度、法线、不透明度、粗糙度、圆角、顶点颜色。经过烘焙到纹理处理的模型效果如图2-15所示。

图2-15

2. Arnold渲染器——MAXtoA

MAXtoA是Arnold渲染视图提供的成像器，它可以通过混合灯光、去除噪波和添加光晕来调整图像光线，并且在渲染时提供了自动将纹理转换为TX格式的选项。

3. 渲染改进

“渲染设置”窗口采用的是完全基于Qt的用户界面，因此速度更快。“Quicksilver渲染配置”窗口也是基于Qt的，因此速度更快、反应更迅捷。此外，还可以将视口光晕设置与Quicksilver硬件渲染器设置同步。视口配置设置中添加了“视口环境光阻挡（AO）”采样值。

2.3 3ds Max 2022的基本操作

1. 了解3ds Max 2022的工作界面；
2. 掌握常用基础工具的使用方法；
3. 能将软件工具的使用方法应用到座椅模型的制作中。

知识导读

我们自己的“鸿蒙”来了

优秀的用户界面在于将用户与机器交流的语言变成了更便于操作的界面，简化、降低用户使用计算机的流程、难度。例如，华为鸿蒙操作系统，它的UI风格就很干净也很整洁，其无论是在功能排列、状态栏上，还是在字体布局、按键配色上都是希望用户更容易上手，从而习惯新的操作系统。

鸿蒙操作系统的英文名是HarmonyOS，寓意为和谐，如图2-16所示。鸿蒙操作系统是华为公司耗时10年、投入了4000多名研发人员开发的一款基于微内核、面向5G物联网、面向全场景的分布式操作系统。鸿蒙操作系统问世时恰逢我国整个软件业亟须补足短板，鸿蒙操作系统给国产软件的全面崛起带来战略性带动和刺激作用。我国软件行业枝繁叶茂，但没有“根”。华为要从鸿蒙操作系统开始，构建我国基础软件的“根”。华为的鸿蒙操作系统宣告问世，在全球引起反响。2021年12月23日，在华为冬季旗舰新品发布会上，华为宣布搭载鸿蒙操作系统的设备数突破2.2亿。人们普遍相信，这款操作系统在技术上是先进的，并且具有逐渐建立起自己生态的成长力。我国全社会已经下了要独立发展本国核心技术的决心。它的诞生将拉开永久性改变操作系统全球格局的序幕。

图2-16

2.3.1 3ds Max 2022界面概述

3ds Max 2022的欢迎界面会不断循环显示一组幻灯片，旨在激发用户兴趣并为新用户提供一些基本信息，方便用户使用软件，如图2-17所示。

图2-17

3ds Max 2022工作界面由标题栏、菜单栏、工具栏、功能区、命令面板、工作空间、视口导航、状态栏等组成，从中可以使用和查看场景，如图2-18所示。

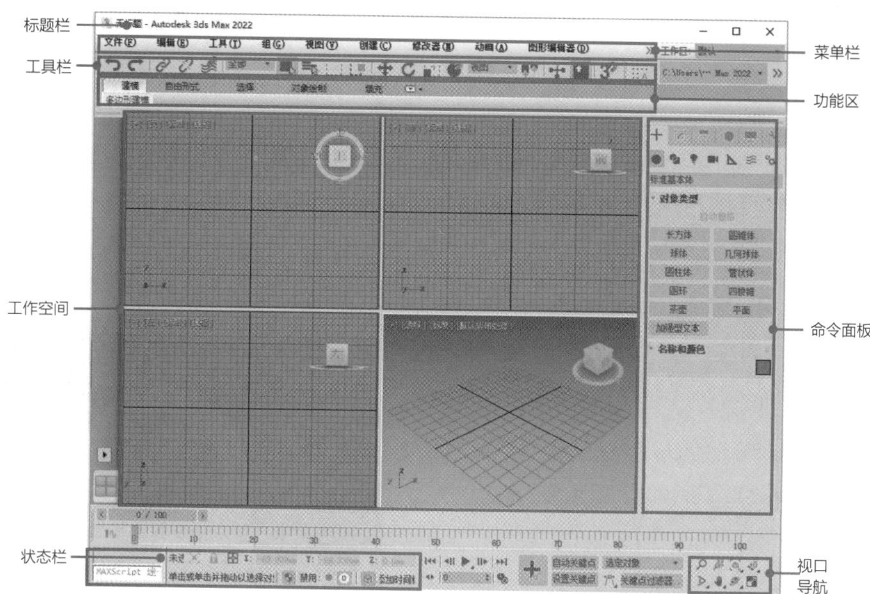

图2-18

1. 标题栏

标题栏 无标题 - Autodesk 3ds Max 2022 位于3ds Max 2022工作界面的顶部，主要显示软件图标、场景文件名称和软件版本；右侧的 – □ × 这3个按钮可以将软件界面最小化、最大化/还原和关闭。

2. 菜单栏

菜单栏位于标题栏下方，如图2-19所示。每个菜单名表明该菜单上命令的用途。单击菜单名时，将显现出多个命令。

文件(F) 编辑(E) 工具(T) 组(G) 视图(V) 创建(C) 修改器(M) 动画(A) 图形编辑器(D) 渲染(R) 自定义(U) 脚本(S) 内容 Civil View Substance Arnold 帮助(H)

图2-19

（1）“文件”菜单：包含管理文件的命令，如“新建”“重置”“打开”“保存”“归档”“退出”等，如图2-20所示。

（2）“编辑”菜单：包含在场景中选择和编辑对象的命令，如“撤销”“重做”“暂存”“取回”“删除”“克隆”“移动”等，如图2-21所示。

（3）“工具”菜单：包含更改或管理对象的命令，如图2-22所示。

（4）“组”菜单：包含将场景中的对象组合和解组的命令，如图2-23所示。我们可以将两个或多个对象组合为一个组对象，为组对象命名，然后可以像操作任何其他对象一样对它们进行处理。

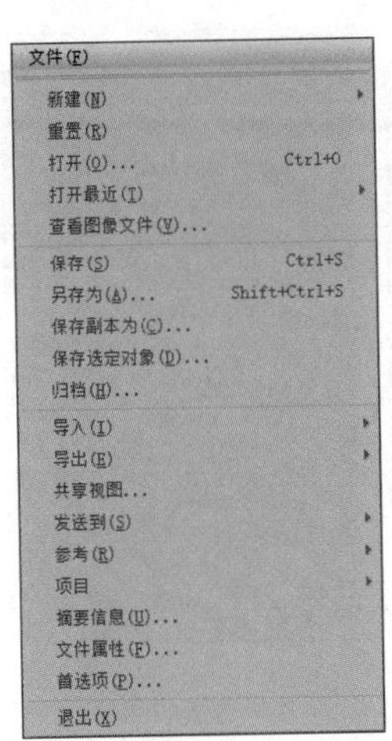

图2-20

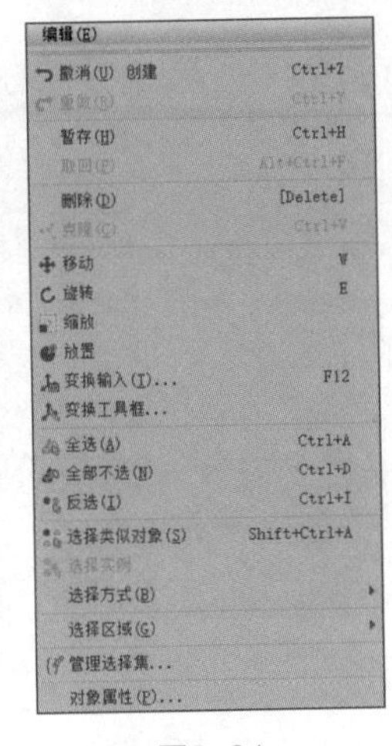

图2-21

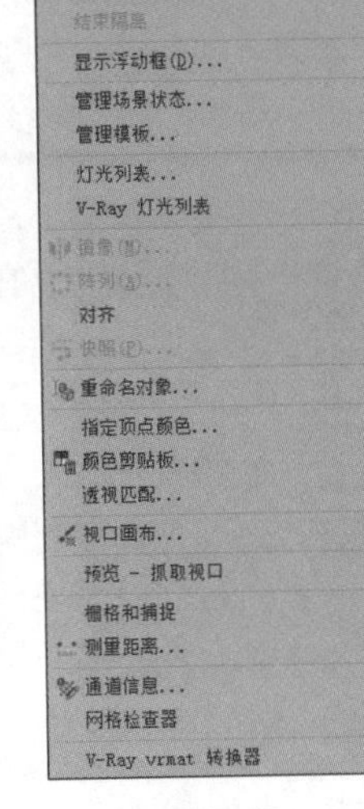

图2-22

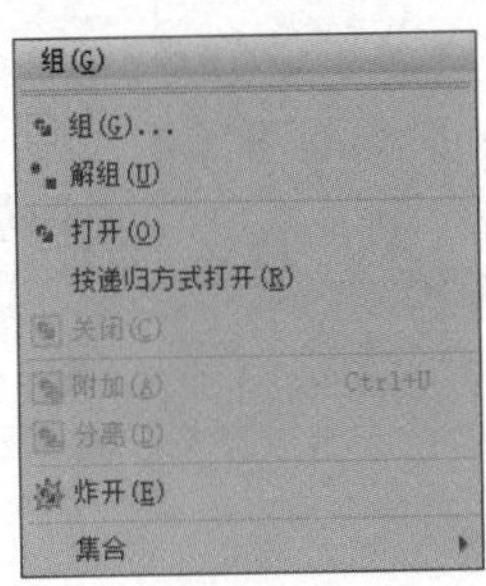

图2-23

（5）“视图”菜单：包含用于设置和控制视口的命令，如图2-24所示。单击视口标签[+] [透视] [标准] [默认明暗处理]也可以访问该菜单中的某些命令，如图2-25所示。

（6）“创建”菜单：提供了创建几何体、灯光、摄影机和辅助对象的命令，它包含各种子菜单，与“创建”面板中的各项是对应的，如图2-26所示。

（7）“修改器”菜单：提供了快速应用常用修改器的命令，子菜单的可用性取决于当前的选择，如图2-27所示。

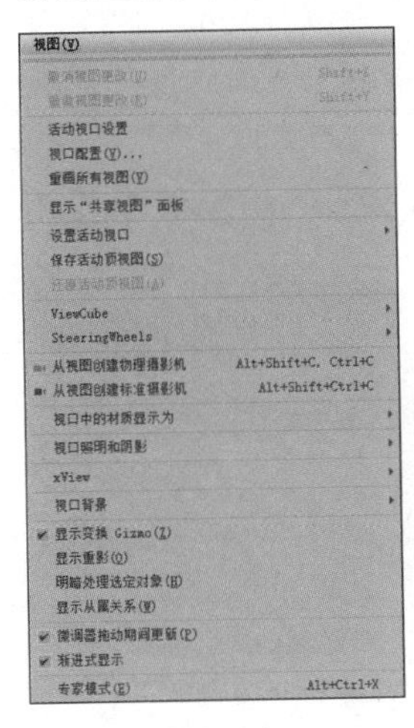

图2-24

图2-25

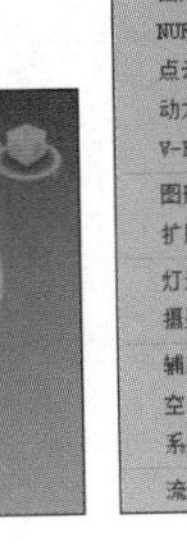

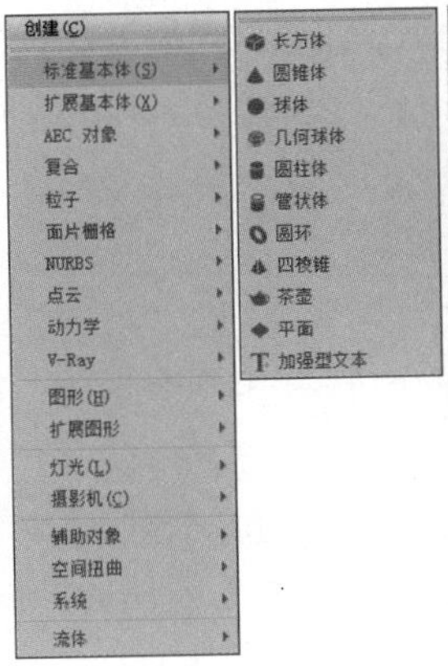

图2-26

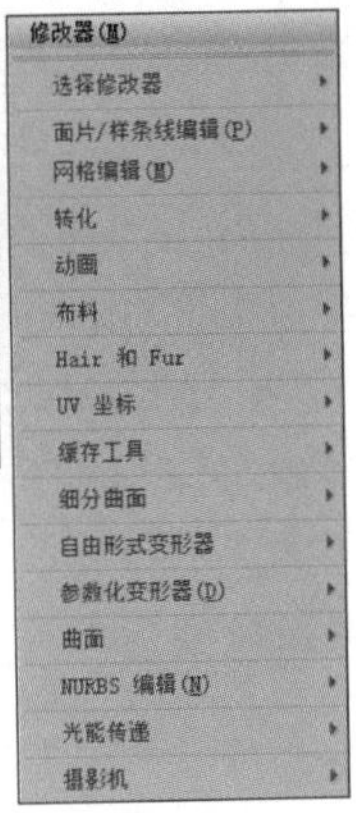

图2-27

（8）“动画”菜单：包含有关动画、约束、控制器和IK解算器的命令，还提供自定义属性和参数关联控件，如图2-28所示。

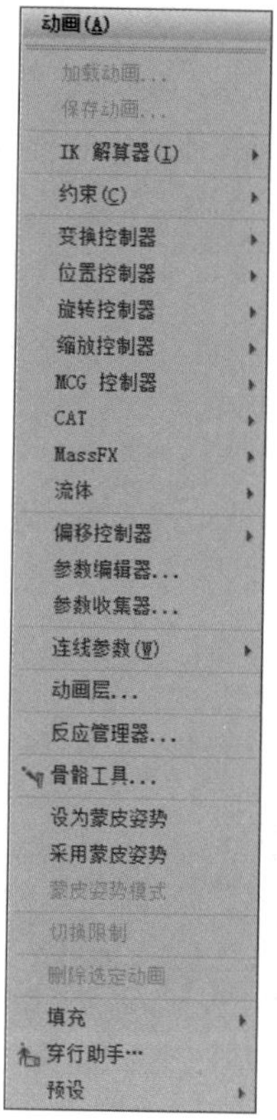

（9）“图形编辑器”菜单：包含访问管理场景及其层次和动画的图表窗口的命令，如图2-29所示。

（10）“渲染”菜单：包含渲染场景、设置环境和渲染效果、使用视频特效合成场景及访问 RAM 播放器的命令，如图2-30所示。

（11）“自定义”菜单：包含用于自定义3ds Max用户界面的命令，如图2-31所示。

图2-28

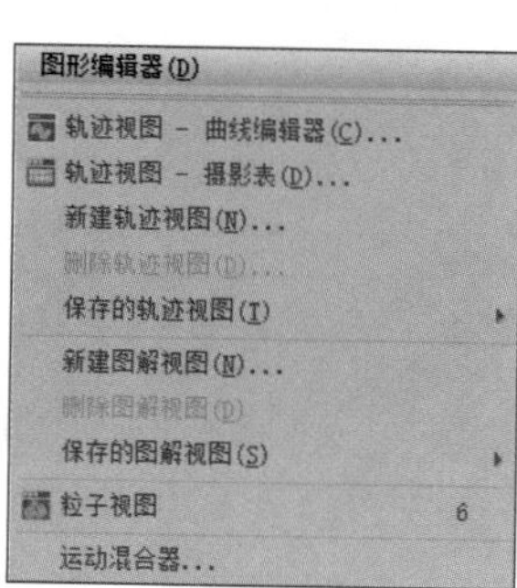

图2-29

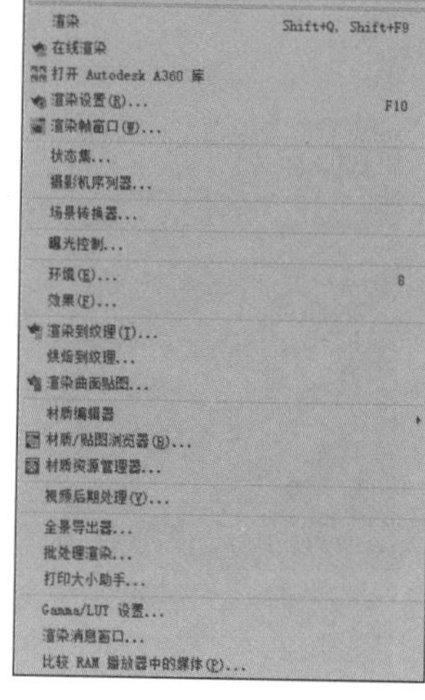

图2-30

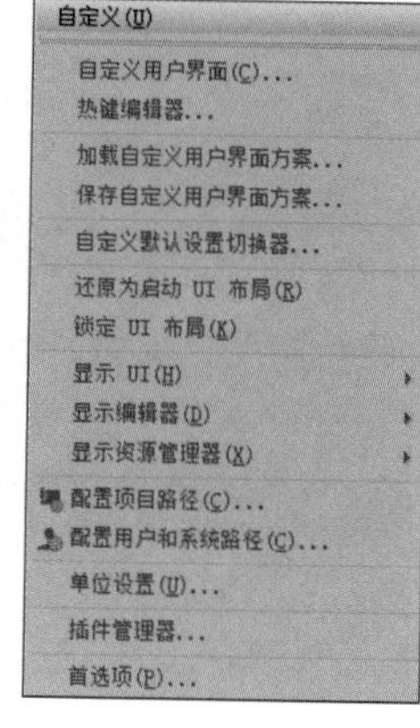

图2-31

（12）“脚本”菜单：包含处理脚本的命令，如图2-32所示。这些脚本是使用软件内置脚本语言MAXScript创建的。

（13）“内容”菜单：使用该菜单可以启动3ds Max资源库。

（14）“Civil View”菜单：使用该菜单可以启动Autodesk Civil View for 3ds Max工具，Autodesk Civil View for 3ds Max是一款供土木工程师和交通运输基础设施规划人员使用的可视化工具。要使用Civil View，我们必须将其初始化，然后重新启动3ds Max 2022。

（15）“Substance”菜单：Substance是3ds Max中的插件，该插件提供了触手可及的Substance生态系统的全部功能。该插件支持一键构建着色器网络解决方案的功能，并用于常见的渲染器，同时允许直接在Slate材质编辑器中导入Substance材质。使用动画编辑器可以创建、管理和使用嵌入的预设以及关键帧实体参数。

（16）“Arnold”菜单：Arnold是3ds Max中的插件，允许直接在3ds Max中使用Arnold渲染器，关于Arnold渲染器，本书不做详细讲解。

（17）“帮助”菜单：通过“帮助”菜单可以访问3ds Max联机参考系统，如图2-33所示，选择“欢迎屏幕”命令将显示第一次运行3ds Max时默认情况下打开的“欢迎使用屏幕”对话框。

3. 工具栏

在工具栏中可以快速访问3ds Max中很多常见的工具和对话框，如图2-34所示。

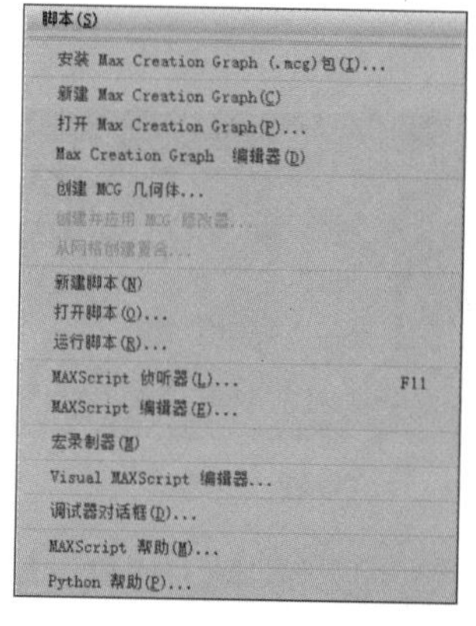

图2-32

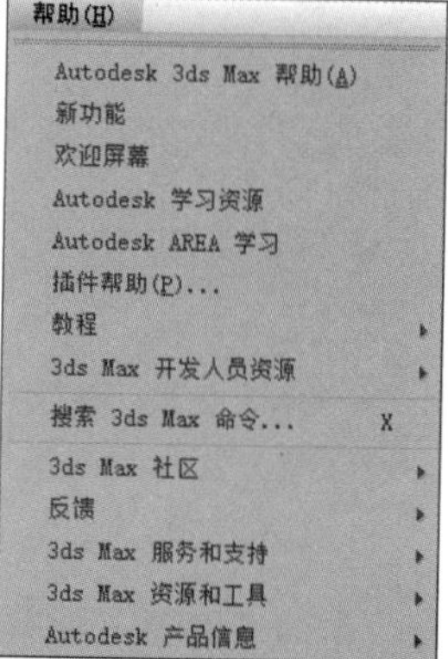

图2-33

图2-34

下面对工具栏中的各个工具进行介绍。

（1）（撤销）和（重做）：单击“撤销”按钮可取消上一次操作，包括“选择”操作和在选定对象上执行的操作；单击“重做”按钮可取消上一次的“撤销”操作。

（2）（选择并链接）：可将两个对象链接作为子级和父级，并定义它们之间的层次关系；子级将继承应用于父级的变换（移动、旋转和缩放），但是子级的变换对父级没有影响。

（3）（取消链接选择）：可移除两个对象之间的层次关系。

（4）（绑定到空间扭曲）：单击该按钮可以把当前选择附加到空间扭曲。

（5）全部（选择过滤器）：通过“选择过滤器”下拉列表，如图2-35所示，可以限制由选择工具选择的对象的特定类型和组合。例如，选择“摄影机”选项，则选择工具只能选择摄影机。

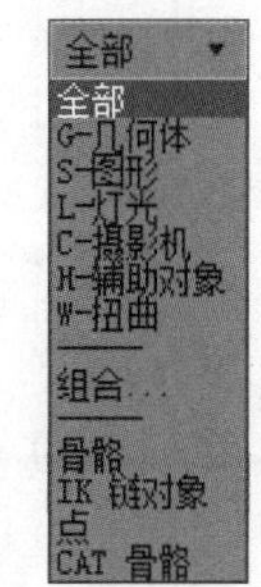

图2-35

（6）（选择对象）：用于选择对象或子对象，以便进行操作。

（7）（按名称选择）：可以结合“从场景选择”对话框从当前场景中的所有对象列表中选择对象。

（8）（矩形选择区域）：在视口中以矩形框选区域。该工具所在的下拉列表中提供了（圆形选择区域）、（围栏选择区域）、（套索选择区域）和（绘制选择区域）等选项。

（9）（窗口模式/交叉模式）：在按区域进行选择时，单击该按钮可以在窗口模式和交叉模式之间进行切换。在（窗口模式）中，只能选择所选内容中的对象或子对象；在（交叉模式）中，则可以选择区域内的所有对象和子对象，以及与区域边界相交的所有对象和子对象。

（10）（选择并移动）：当该工具处于活动状态时，单击对象进行选择，移动鼠标指针即可移动对象。

（11）（选择并旋转）：当该工具处于活动状态时，单击对象进行选择，并移动鼠标指针以旋转对象。

（12）（选择并均匀缩放）：使用该工具可以沿3个轴以相同量缩放对象，同时保持对象的原始比例不变；使用（选择并非均匀缩放工具）可以根据活动轴约束以非均匀方式缩放对象；使用（选择并挤压工具）可以根据活动轴约束来缩放对象。

（13）（选择并放置）：使用该工具可将对象准确地定位到另一个对象的曲面上，效果相当于“自动栅格”命令的效果，但该工具随时可以使用，且不仅限于创建对象时使用。

（14）视图（参考坐标系）：通过“参考坐标系”下拉列表，可以指定变换（移动、旋转和缩放）所用的坐标系。其中包括“视图”“屏幕”“世界”“父对象”“局部”“万向”“栅格”“工作”“拾取”等选项。

（15）（使用轴点中心）：该工具所在的下拉列表中包括了用于确定缩放和旋转操作几何中心的3种工具。使用（使用轴点中心工具）可以围绕其各自的轴点旋转或缩放对象；使用（使用选择中心工具）可以围绕其共同的几何中心旋转或缩放对象，如果要变换多个对象，软件会计算所有对象的平均几何中心，并将此几何中心用作变换中心；使用（使用变换坐标中心工具）可以围绕当前坐标系的中心旋转或缩放对象。

（16）（选择并操纵）：使用该工具可以通过在视口中拖动“操纵器”编辑某些对象、修改器和控制器的参数。

（17）（键盘快捷键覆盖切换）：单击该按钮可以在只使用“主用户界面”快捷键与同时使用主快捷键和组（如轨迹视图和NURBS等）快捷键之间进行切换，可以在“自定义用户界面”对话框中自定义键盘快捷键。

（18）（捕捉开关）：3D捕捉工具是默认设置，使用该工具，鼠标指针直接捕捉三维空间中的任何几何体，用于创建和移动所有尺寸的几何体，而不考虑构造平面；使用2D捕捉工具，鼠标指针仅捕捉活动构建栅格，包括该栅格平面上的所有几何体，将忽略z轴或垂直方向上的尺寸；使用2.5D捕捉工具，鼠标指针仅捕捉活动栅格上对象投影的顶点或边缘。

（19）（角度捕捉切换）：用于多数功能的增量旋转，默认设置为以5°为增量进行旋转。

（20）（百分比捕捉切换）：通过指定的百分比缩放对象。

（21）（微调器捕捉切换）：可设置3ds Max 2022中所有微调器的单个单击增加量或减少量。

（22）（编辑命名选择集）：单击该按钮将打开“编辑命名选择”对话框，可用于管理子对象的命名选择集。

（23）（使用命名选择集）：可以为当前选择对象指定选择集名称，随后通过从列表中选取相对应的名称来重新选择这些对象。

（24）（镜像）：单击该按钮将打开“镜像”对话框。通过该对话框可以在镜像对象时，移动对象；通过“镜像”对话框可以围绕当前坐标系的原点镜像当前选中的对象；通过“镜像”对话框还可以复制对象。

（25）（对齐）：该工具所在的下拉列表中包括了用于对齐对象的6种不同工具。使用对齐工具，然后选择对象，将打开“对齐”对话框，通过该对话框可将当前选择与目标选择对齐，目标对象的名称将显示在“对齐”对话框的标题栏中。执行子对象对齐时，“对齐”对话框的标题栏会显示为“对齐子对象当前选择”。使用快速对齐工具可将当前选择的对象与目标对象对齐。使用法线对齐工具将打开“法线对齐”对话框，通过该对话框可基于每个对象的面或选择的法线方向将两个对象对齐。使用放置高光工具，可将灯光或对象与另一对象对齐，以便可以精确定位高光或反射。使用对齐摄影机工具，可以将摄影机与选择的面法线对齐。使用对齐到视图工具将打开“对齐到视图”对话框，用户可以将所选对象或子对象的局部轴与当前视口对齐。

（26）（切换场景资源管理器）：单击该按钮，打开场景资源管理器，可以用于查看、排序、过滤和选择对象，还可以重命名、删除、隐藏和冻结对象，创建和修改对象层次，以及编辑对象属性。

（27）（切换层资源管理器）：单击该按钮，打开层资源管理器，在此可以创建、删除和嵌套层，以及在层之间移动对象，还可以查看和编辑场景中所有层的设置，以及与其相关联的对象。

（28）（显示功能区）：该工具在较早版本中也被称为石墨工具，使用该工具可以开启或关闭功能区显示。

（29）（曲线编辑器）：单击该按钮，打开曲线编辑器，在此可以通过图表的形式了解运动，可以查看运动的插值和软件在关键帧之间创建的对象变换；通过从曲线上找到的关键点的切线控制柄，可以轻松查看和控制场景中各个对象的运动和动画效果。

（30）（图解视图）：单击该按钮，打开图解视图，通过它可以访问对象的属性、材质、控制器、修改器、层次和不可见场景关系，如关联参数和实例。

（31）（Slate材质编辑器）：单击该按钮可以打开Slate材质编辑器，该按钮还隐藏了（精简材质编辑器）按钮，读者可以根据习惯选择常用的材质编辑器。材质编辑器提供创建和编辑对象材质及贴图的功能。

（32）（渲染设置）：单击该按钮将打开“渲染场景”对话框，该对话框中具有多个面板，面板的数量和名称因活动渲染器而异。

（33）（渲染帧窗口）：单击该按钮，打开渲染帧窗口，显示渲染输出。

（34）（快速渲染）：（快速渲染）按钮是默认设置，单击该按钮可以使用当前产品级渲染设置来渲染场景，而无须显示“渲染场景”对话框。单击（渲染迭代）按钮可以在迭代模式下渲染场景，而无须显示“渲染场景”对话框。单击（ActiveShade）按钮可以使用ActiveShade渲染，要使用ActiveShade必须使用Nitrous驱动程序，因为旧版驱动程序不受支持，注意一次只能在一个窗口或视口中显示ActiveShade。单击（在云中渲染）按钮可使用Autodesk Cloud渲染场景，在云中渲染时使用的是在线资源，因此用户可以在进行渲染的同时继续使用桌面。

4. 功能区

功能区可以按照水平或垂直方向停靠，也可以按照垂直方向浮动。用户可以通过单击工具栏中的（显示功能区）按钮隐藏和显示功能区，功能区是以最小化的方式显示在工具栏下方的。单击功能区上方的按钮，可以选择将功能区以“最小化为选项卡”“最小化为面板标题”“最小化为面板按钮”“循环浏览所有项”4种方式之一进行显示，图2-36所示为以“最小化为面板标题”方式显示的功能区。

图2-36

每个选项卡都包含许多面板，这些面板显示与否通常取决于当前活动内容。例如，“选择”选项卡中显示的内容取决于活动的子对象层级。用户可以通过右键快捷菜单确定将显示哪些面板，还可以分离面板使它们单独地浮动在界面上。拖动面板任意一端即可水平调整面板大小，当面板变小时，其余面板会自动调整为合适的大小。这样，以前直接可用的相同控件将需要通过下拉菜单才能使用。

功能区中的第一个选项卡是“建模”选项卡，该选项卡的第一个面板“多边形建模”提供了“修改”面板工具的子集：子对象层级（“顶点”“边”“边界”“多边形”“元素”）、堆栈级别、用于子对象选择的预览选项等。用户随时都可以通过右键快捷菜单显示或隐藏任何可用的面板。

5. 命令面板

命令面板是3ds Max的核心部分，默认状态下它位于工作界面的右侧。命令面板由6个用户界面面板组成，通过这些面板可以使用3ds Max的大多数建模功能，以及一些动画功能、显示选择工具和其他工具。每次只有一个面板可见，在默认状态下打开的是“创建”面板，如图2-37所示。

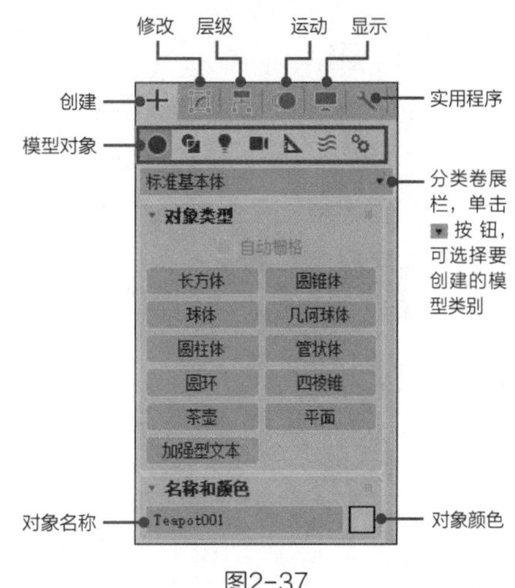

图2-37

（1）“创建”面板

“创建”面板是3ds Max最常用的面板之一，利用“创建”面板可以创建各种模型对象，它是命令级数最多的面板，面板上方的7个按钮代表7种可创建的对象，如图2-38所示。单击其中的一个按钮，可以显示相应的子面板。

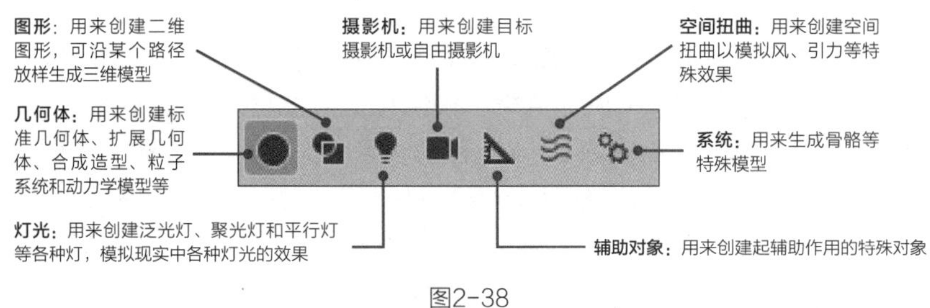

图2-38

（2）“修改”面板

在一个对象创建完成后，如果要对其进行修改，用户可单击 （修改）按钮，打开“修改”面板，如图2-39所示。

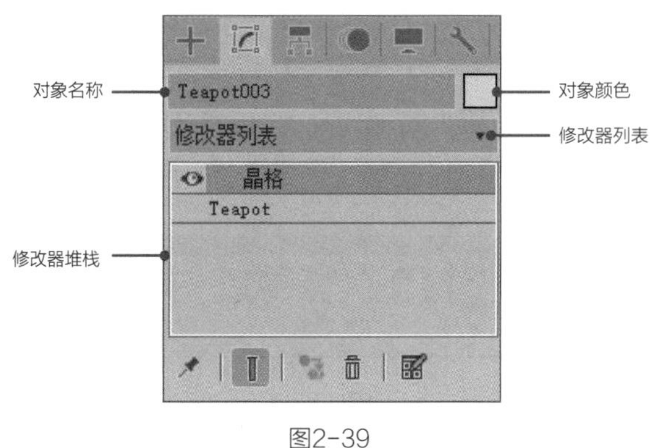

图2-39

（3）“层级”面板

“层级”面板提供用于调整对象间层次链接的工具，单击 （层级）按钮即可打开“层级”面板，如图2-40所示。

（4）“运动”面板

“运动”面板提供调整选定对象运动的工具，单击 （运动）按钮即可打开“运动”面板，如图2-41所示。

（5）“显示”面板

“显示”面板提供场景中控制对象显示方式的工具，单击 （显示）按钮即可打开“显示”面板，如图2-42所示。

（6）“实用程序”面板

“实用程序”面板可以访问各种工具程序。单击 （实用程序）按钮即可打开“实用程序”面板，如图2-43所示。

> 注意：面板中带有 ▶ 或 ▼ 按钮的即卷展栏，卷展栏的标题左侧带有 ▶ 按钮表示卷展栏卷起，带有 ▼ 按钮表示卷展栏展开。通过单击 ▶ 或 ▼ 按钮，可以在卷起和展开卷展栏之间切换。如果很多卷展栏同时展开，界面可能不能完全显示卷展栏，这时把鼠标指针放在卷展栏的空白处，当鼠标指针变成 形状时，按住鼠标左键上下拖动，可以上下移动卷展栏中显示的内容。

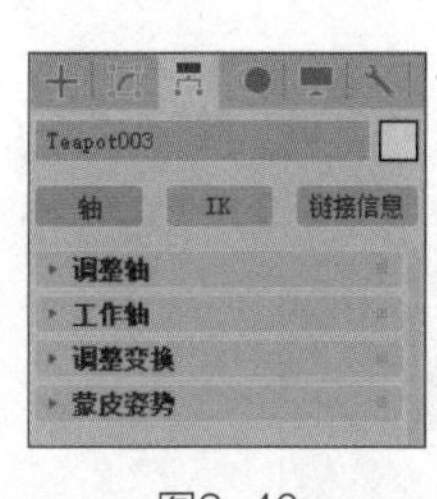

图2-40

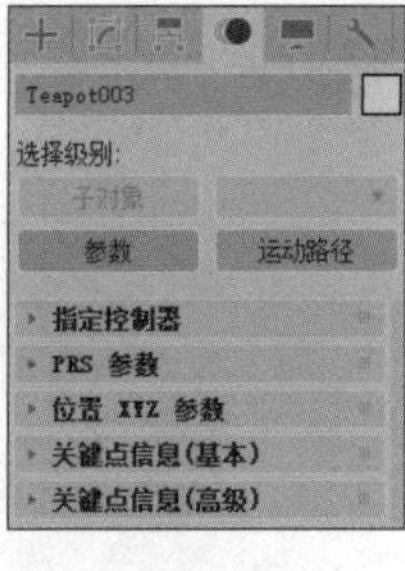

图2-41

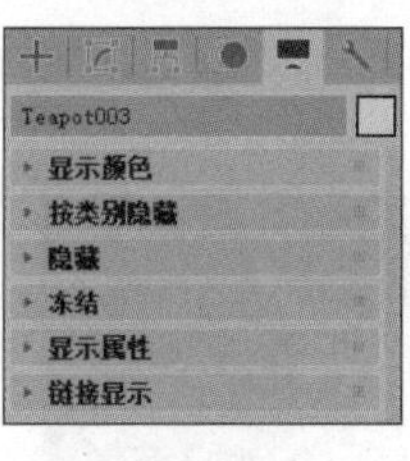

图2-42

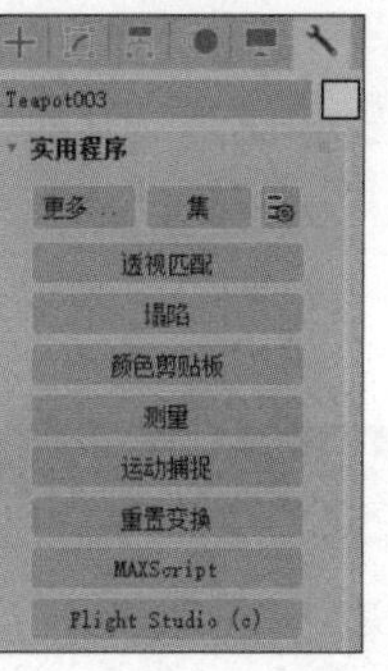

图2-43

6. 工作空间

工作空间是工作界面中所占面积最广的区域，但其中没有命令与按钮。工作空间中共有4个视口。在3ds Max 2022中，视口显示区位于工作界面的中间。通过视口，用户可以从不同的角度来观看建立的模型。在默认状态下，系统在4个视口中分别显示顶视图、前视图、左视图和透视视图4个视图（又称场景）。其中顶视图、前视图、左视图相当于模型在相应方向的平面投影，即沿*x*轴、*y*轴、*z*轴所看到的模型面，而透视视图则是从某个角度看到的模型，4个视图及可使用的快捷键如图2-44所示。因此，顶视图、前视图与左视图又被称为正交视图。在正交视图中，系统仅显示模型的平面投影形状，而在透视视图中，系统不仅显示模型的立体形状，还会显示模型的颜色，所以正交视图通常用于模型的创建和编辑，透视视图常用于观察模型整体效果。

ViewCube 3D 导航控件提供了视图当前方向的视觉反馈，让用户可以调整视图方向，以及在标准视图与等距视图间进行切换

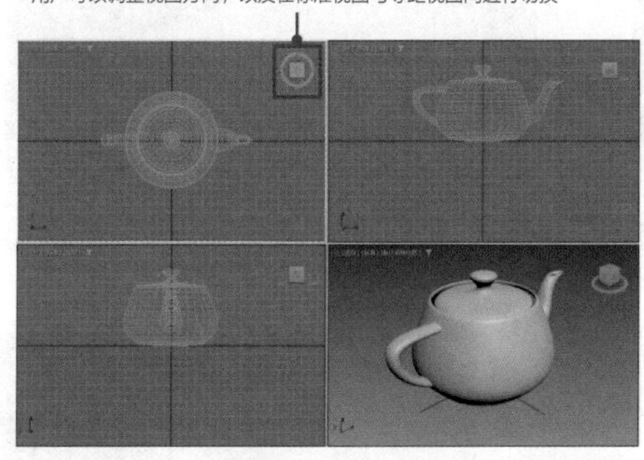

快捷键：T
英文名称：Top
中文名称：顶视图

快捷键：F
英文名称：Front
中文名称：前视图

快捷键：B
英文名称：Bottom
中文名称：底视图

快捷键：U
英文名称：Use
中文名称：用户视图

快捷键：L
英文名称：Left
中文名称：左视图

快捷键：P
英文名称：Perspective
中文名称：透视视图

快捷键：R
英文名称：Right
中文名称：右视图

快捷键：C
英文名称：Camera
中文名称：摄影机视图

图2-44

当4个视口中的视图都可见时，带有高亮显示边框的视口中的视图始终处于活动状态。默认情况下，透视视图高亮显示。在任何一个视口中单击鼠标左键或右键，都可以激活该视口中的视图，被激活视图所在视口的边框显示为黄色。在激活的视图中进行各种操作，其他的视图仅作为参考视图。用鼠标左键和右键激活视图的区别在于：单击鼠标左键可能会对视图中的对象进行误操作，而单击鼠标右键则只会激活视图。

注意：同一时刻只能有一个视图处于激活状态，按组合键Alt+W可以在独立视图显示和4个视图显示之间切换。

用户可以选择默认配置之外的布局。若要选择不同的布局，用户可以单击或右击常规视口标签中的第一项（[+]），然后从常规视口标签菜单中选择“配置视口”命令，如

图2-45所示，接着在“视口配置”对话框中单击“布局”选项卡，从其中选择其他布局，如图2-46所示。

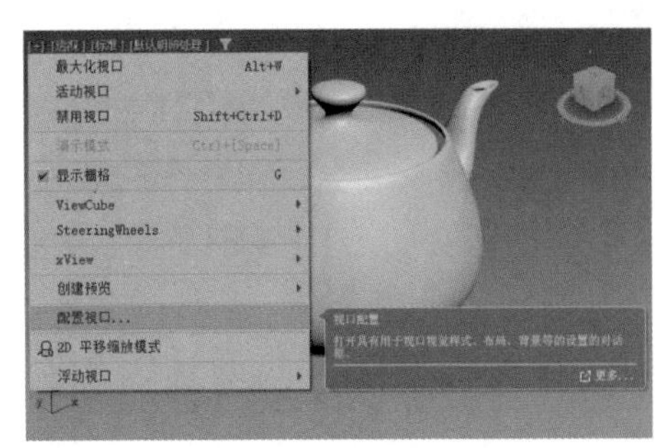
图2-45

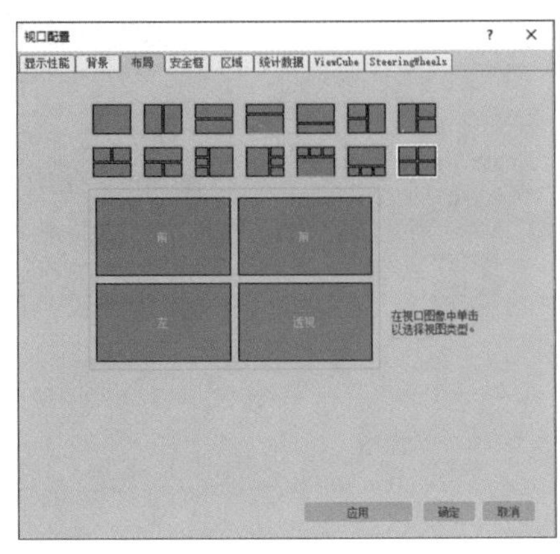
图2-46

视口标签菜单：主要提供更改视口、POV及可停靠在视口中的图形编辑器窗口中显示内容的命令，部分命令会更改视口显示，但不会更改POV。单击视图标签中的视口名称即可显示视口标签菜单，如图2-47所示。

视图显示菜单：单击视口标签中的第三项（[标准]）将显示视图模型的显示类型和窗口显示效果，如图2-48所示。

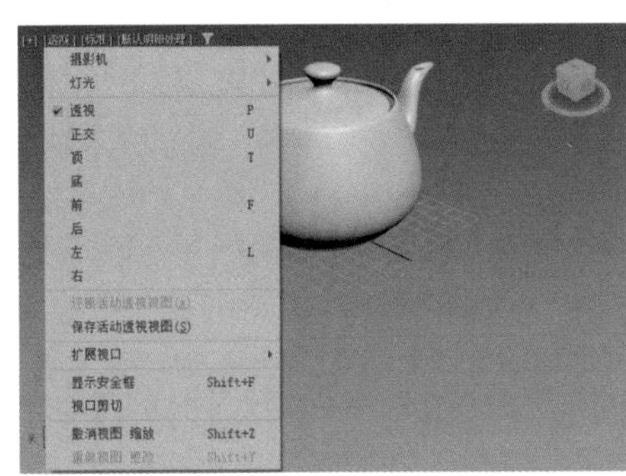
图2-47

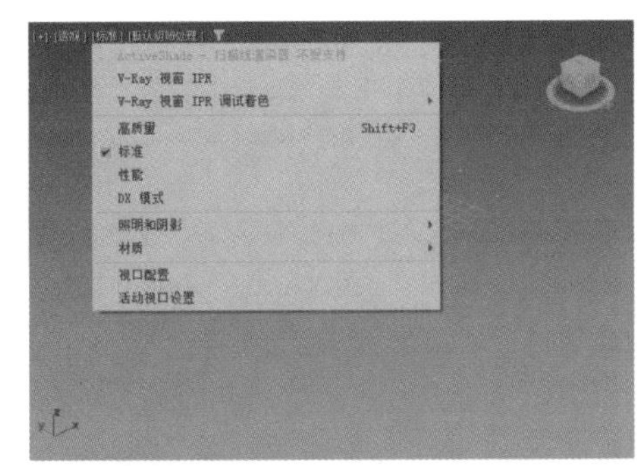
图2-48

视口模型显示类型菜单：单击视口标签中的最后一项（[默认明暗处理]），在弹出的菜单中可以选择模型显示的类型，如图2-49所示。

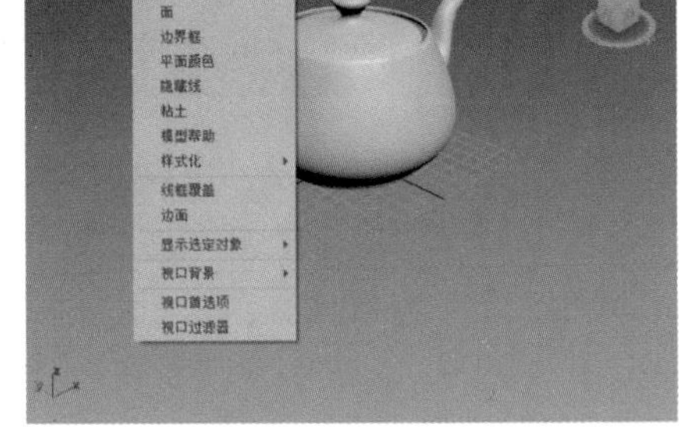
图2-49

7. 视口导航

视口导航控件位于3ds Max 2022工作界面的右下角，如图2-50所示。它们是可以控制视口及相关视图显示和导航的按钮。

具体的视口导航控件取决于活动视图的类型。透视视图、正交视图、摄影机视图都拥有特定的控件。

图2-50

（1）透视和正交视图按钮

正交视图是指用户视图及顶视图、前视图等。所有视图中均可用的“所有视图最大化显示”按钮和“最大化视口切换”按钮都包括在透视和正交视图按钮中，如图2-51所示。按钮在启用时高亮显示。要将其禁用，用户按Esc键，并在视图中单击鼠标右键或选择另一个工具即可。

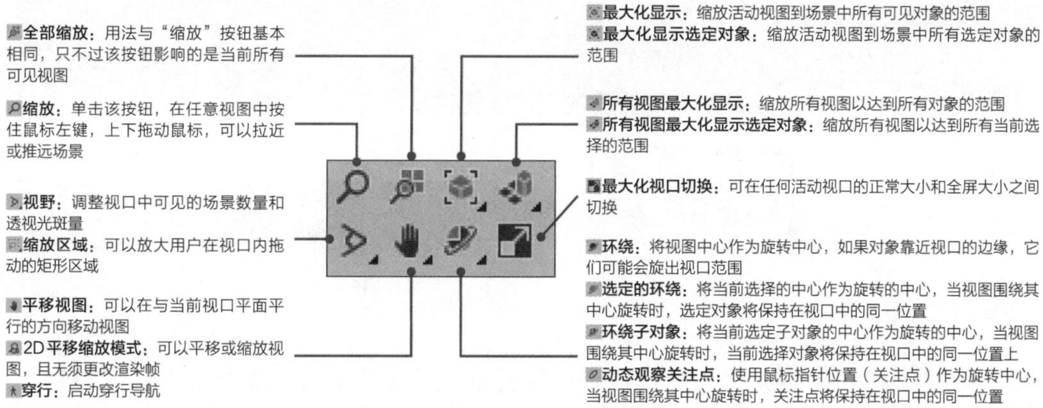

全部缩放：用法与“缩放”按钮基本相同，只不过该按钮影响的是当前所有可见视图
缩放：单击该按钮，在任意视图中按住鼠标左键，上下拖动鼠标，可以拉近或推远场景
视野：调整视口中可见的场景数量和透视光斑量
缩放区域：可以放大用户在视口内拖动的矩形区域
平移视图：可以在与当前视口平面平行的方向移动视图
2D平移缩放模式：可以平移或缩放视图，且无须更改渲染帧
穿行：启动穿行导航
最大化显示：缩放活动视图到场景中所有可见对象的范围
最大化显示选定对象：缩放活动视图到场景中所有选定对象的范围
所有视图最大化显示：缩放所有视图以达到所有对象的范围
所有视图最大化显示选定对象：缩放所有视图以达到所有当前选择的范围
最大化视口切换：可在任何活动视口的正常大小和全屏大小之间切换
环绕：将视图中心作为旋转中心，如果对象靠近视口的边缘，它们可能会旋出视口范围
选定的环绕：将当前选择的中心作为旋转的中心，当视图围绕其中心旋转时，选定对象将保持在视口中的同一位置
环绕子对象：将当前选定子对象的中心作为旋转的中心，当视图围绕其中心旋转时，当前选择对象将保持在视口中的同一位置上
动态观察关注点：使用鼠标指针位置（关注点）作为旋转中心，当视图围绕其中心旋转时，关注点将保持在视口中的同一位置

图2-51

（2）摄影机视图按钮

当带有摄影机视图的视口处于活动状态时，图2-52所示按钮可见。摄影机视图按钮除了可以调整视图外，还可以变换和更改与摄影机对象关联的参数。

> 注意：摄影机视图用来显示摄影机的观测角度，显示其目标方向。如果选定单个摄影机且按快捷键C，则活动视口将切换到该摄影机的视角。如果场景包含多个摄影机，并且在按C键时未选定一个或多个摄影机，则打开“选择摄影机”对话框，从列表中选择需要的摄影机即可。

透视：对于目标摄影机和自由摄影机，执行镜头视角范围参数和推拉参数的组合，增加透视张角量，同时保持场景的构图
推拉摄影机：只将摄影机移向或移离其目标；如果移过目标，摄影机将翻转180°且移向其目标
推拉目标：只将目标移向或移离摄影机，只有视口中的摄影机是目标摄影机时此按钮才可用
推拉摄影机+目标：同时移动目标和摄影机，只有视口中的摄影机是目标摄影机时此按钮才可用
平移摄影机：可以沿着平行于视图平面的方向移动摄影机
侧滚摄影机：围绕其视线旋转目标摄影机，围绕其局部z轴旋转自由摄影机
环游摄影机：使目标摄影机围绕其目标旋转，自由摄影机使用不可见的目标，其不可见目标设置为在摄影机“参数”卷展栏中指定的目标位置
摇移摄影机：使目标围绕其目标摄影机旋转，对于自由摄影机，将围绕局部轴旋转摄影机

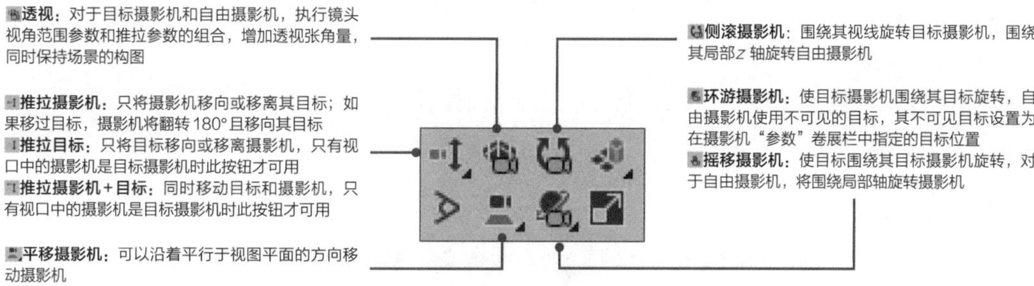

图2-52

> 注意：当使用摄影机视图时，视口导航控件将显示为摄影机视图按钮，用户可以通过按住Shift键约束摇移、平移和环绕运动为垂直的或水平的。

8. 状态栏

状态栏位于3ds Max 2022工作界面的底部，提供有关场景和活动命令的提示及状态信息。坐标显示区域可以输入变换值，其左边还提供了“MAXScript迷你侦听器”的快捷键，如图2-53所示。

MAXScript 迷
选择了 1 个 对象
X: -3.084mm
Y: 0.0mm
Z: -5.044mm
栅格 = 10.0mm
单击并拖动以选择并移动对象
启用:
添加时间标记

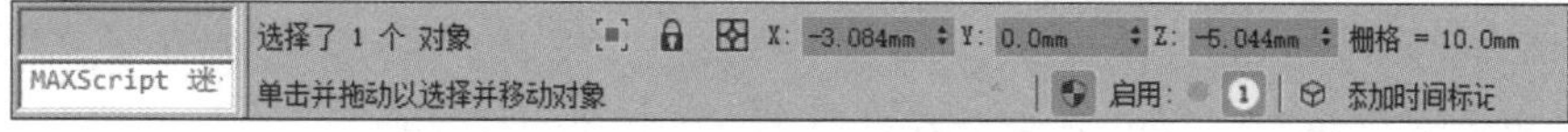

图2-53

（1）MAXScript迷你侦听器

“MAXScript迷你侦听器”是MAXScript侦听器窗口内容的一个单行视图，如图2-54所示。

（2）状态行和提示行

状态行和提示行位于工作界面的底部。状态行显示选定对象的类型和数量。提示行可以基于当前鼠标指针的位置和当前活动的程序来提供动态反馈，如图2-55所示。

图2-54

图2-55

（3）孤立当前选择切换

单击（孤立当前选择切换）按钮将暂时隐藏除了正在处理的对象以外的所有对象。

（4）选择锁定切换

单击（选择锁定切换）按钮可启用或禁用选择锁定。启用选择锁定可防止在复杂场景中意外选择其他内容。

（5）坐标显示

“坐标显示”区域显示鼠标指针的位置或变换的状态，并且可以输入新的变换值，如图2-56所示。

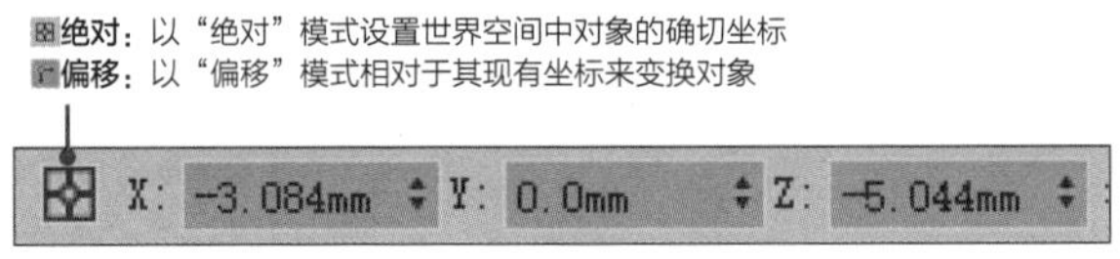

图2-56

（6）动画控制区

动画控制区位于工作界面的下方，其中包括时间滑块和轨迹栏。该区域主要用于制作动画时，进行动画的记录、动画帧的选择、动画的播放，以及动画时间的控制等。图2-57所示为动画控制区。

图2-57

2.3.2 常用基础工具

通常在制作模型时，需要使用大量的工具。熟悉每一个工具，对刚接触3ds Max的用户来说十分重要。

常用基础工具

1．坐标系统

使用参考坐标系列表可以指定变换（移动、旋转和缩放）所用的坐标系，如“视图”“屏幕”“世界”“父对象”“局部”“万向”“栅格”“工作”“局部对齐”“拾取”，如图2-58所示。

（1）“视图”坐标系：在默认的视图坐标系中，所有正交视图中的x轴、y轴和z轴都相同。在该坐标系中移动对象会相对于视口空间进行，图2-59所示为除透视视图外，被激活视图的视图坐标。可以发现：x轴始终朝右；y轴始终朝上；z轴始终垂直于屏幕指向用户。

（2）“屏幕”坐标系：使用活动视图屏幕的坐标系，图2-60和图2-61所示分别为激活了旋转视图后的透视视图和顶视图的坐标系效果。该模式下的坐标系始终相对于观察点并具有以下特点：x 轴为水平方向，正向朝右；y 轴为垂直方向，正向朝上；z 轴为深度方向，正向指向用户。

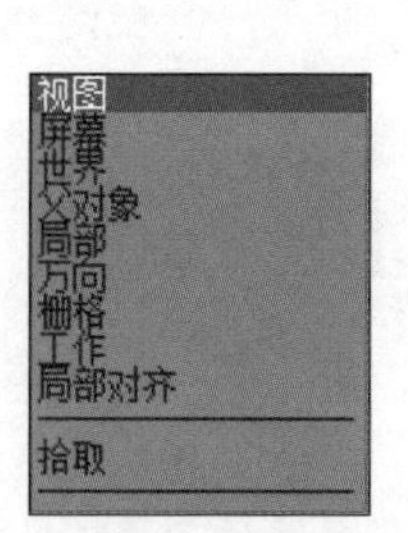

图2-58

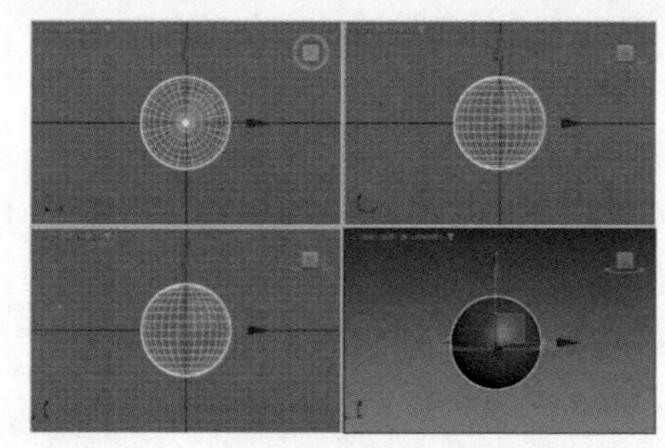

图2-59

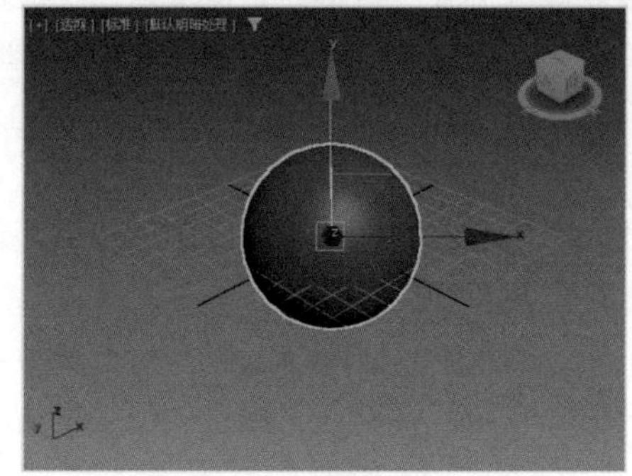

图2-60

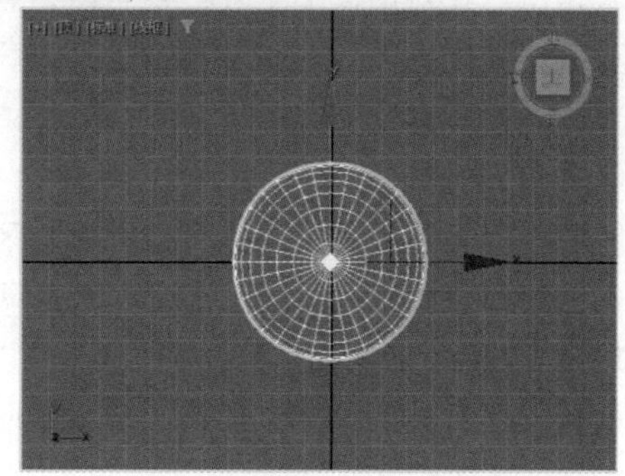

图2-61

因为“屏幕”坐标系的方向取决于活动视图，所以非活动视图中的三轴架上的x轴、y轴和z轴标签显示当前活动视图的坐标轴方向。激活该三轴架所在的视图时，三轴架上的标签会发生变化。

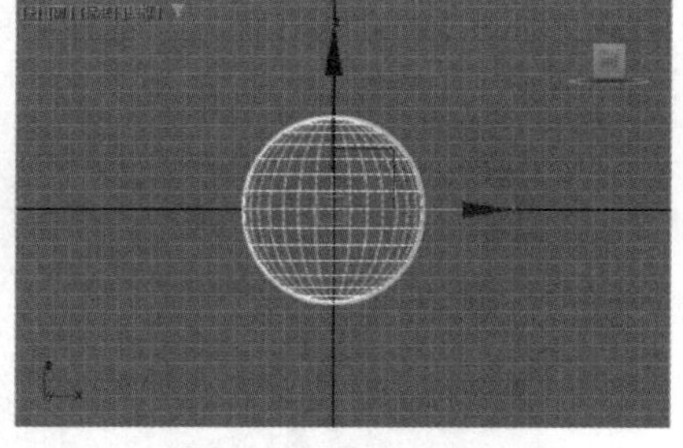

图2-62

（3）“世界”坐标系：“世界”坐标系如图2-62所示。从正面看，x轴正向朝右；z轴正向朝上；y轴正向指向背离用户的方向。

（4）“父对象”坐标系：使用选定对象的“父对象”坐标系。如果对象未链接至特定对象，则其“父对象”坐标系与“世界”坐标系相同。

（5）“局部”坐标系：使用选定对象的坐标系，对象的“局部”坐标系由其轴点支撑，使用“层级”面板上的选项可以相对于对象调整“局部”坐标系的位置和方向。

（6）“万向”坐标系：需与Euler XYZ旋转控制器一同使用，它与“局部”坐标系类似，但其3个旋转轴之间不一定互相呈直角。对象在“局部”坐标系和“父对象”坐标系中围绕一个轴旋转时，会更改两个或3个Euler XYZ轨迹；使用“万向”坐标系可避免这个问题，围绕一个轴的Euler XYZ旋转仅更改该轴的轨迹，这样使得对功能曲线的编辑更为便捷。此外，利用“万向”坐标系的绝对变换输入会将相同的Euler角度值用作动画轨迹。

（7）“栅格”坐标系：使用活动栅格的坐标系。

（8）“工作”坐标系：当“工作”轴启用时，即使用默认的坐标系（每个视图左下角的坐标系）。

（9）“局部对齐”坐标系：使用选定对象的坐标系来计算x轴和y轴以及z轴。它在同时调整具有不同朝向的多个子对象时非常有用。

（10）“拾取”坐标系：将场景中的某一个对象作为轴心的坐标系。

2. 对象的选择方式

为了方便用户，3ds Max 2022提供了多种选择对象的方式。用户学会并熟练掌握对象的各种选择方式，将会极大提高设计效率。

（1）选择对象的基本方法

选择对象的基本方法包括使用选择对象工具直接选择和使用按名称选择工具选择两种，单击 （按名称选择）按钮后将弹出“从场景选择”对话框，如图2-63所示。

图2-63

在该对话框中按住Ctrl键单击可选择多个对象，按住Shift键单击可指定选择对象的连续范围。在对话框的工具栏中可以设置对象以什么形式进行排序，也可以指定显示在对象列表中的列出类型，如“几何体”“图形”“灯光”“摄影机”“辅助对象”“空间扭曲”“组/集合”“外部参考”“骨骼”等，取消对任何类型的勾选即可在列表中隐藏该类型。

（2）区域选择

区域选择需要配合使用工具栏中的选区工具，如矩形选择区域工具、圆形选择区域工具、围栏选择区域工具、套索选择区域工具和绘制选择区域工具。

单击 （矩形选择区域）按钮后，在视口中按住鼠标左键拖动鼠标，到合适位置后释放鼠标左键，按下鼠标左键的位置是矩形选区的一个角，释放鼠标左键的位置是相对的角，如图2-64所示。

单击 （圆形选择区域）按钮后，在视口中按住鼠标左键拖动鼠标，到合适位置后释放鼠标左键，按下鼠标左键的位置是圆形的圆心，释放鼠标左键的位置用于定义圆形选区的半径，如图2-65所示。

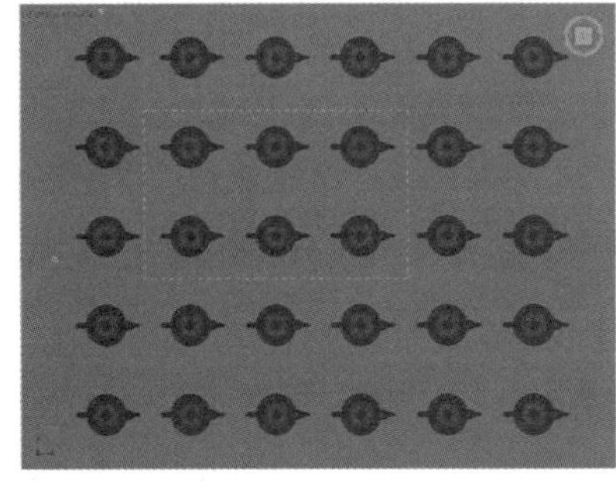

图2-64

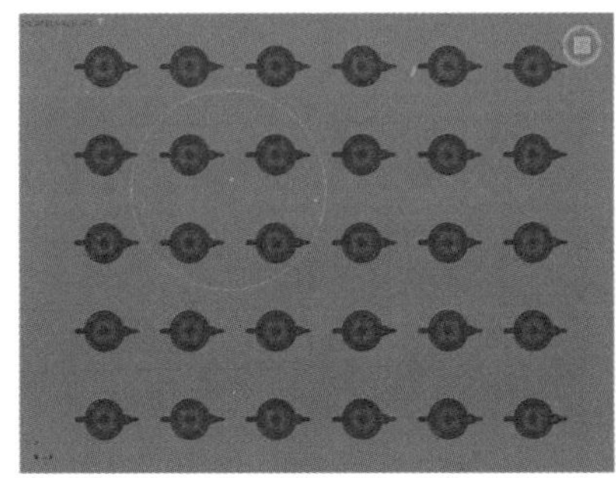

图2-65

单击 （围栏选择区域）按钮后，按住鼠标左键拖动鼠标绘制多边形选区，绘制完成后释放鼠标左键，创建的多边形选择区如图2-66所示。

单击 （套索选择区域）按钮后，按住鼠标左键围绕应该选择的对象移动鼠标指针以绘制图形选区。若要在绘制过程中取消操作，用户在释放鼠标左键前右击即可，如图2-67所示。

单击 （绘制选择区域）按钮后，将鼠标指针移至对象之上，按住鼠标左键拖动鼠标可绘制选区。在拖动鼠标时，鼠标指针周围会出现一个以笔刷大小为半径的圆圈，圆圈划过的区域即创建的选区，如图2-68所示。

3. 利用“编辑”菜单选择对象

在菜单栏中单击“编辑”菜单，在其中选择相应的命令即可选择对象，如图2-69所示。“编辑”菜单中的各个命令的介绍如下。

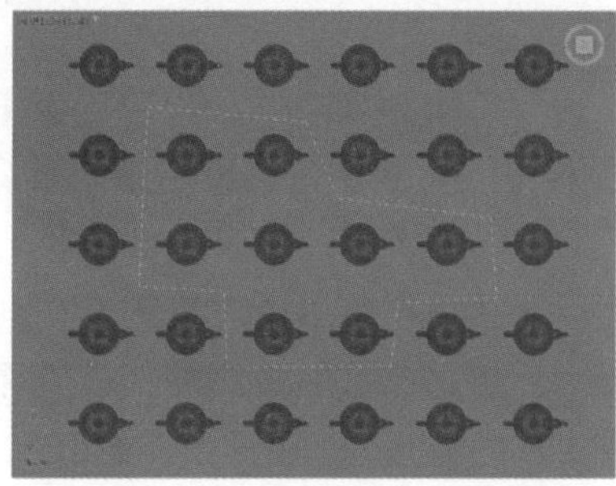

图2-66

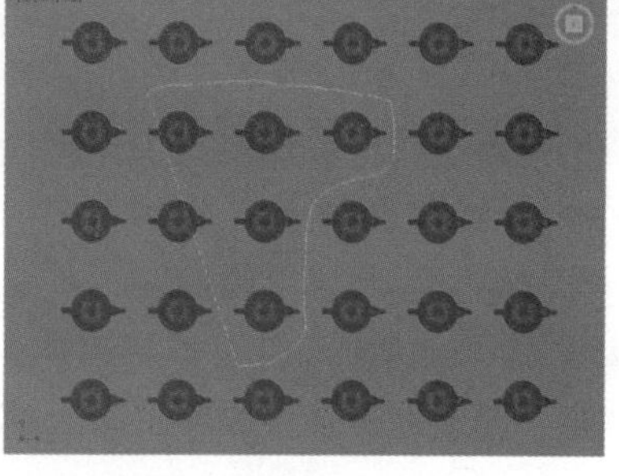

图2-67

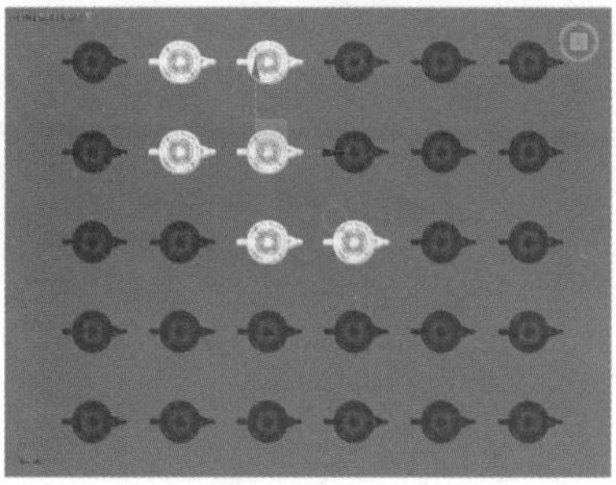

图2-68

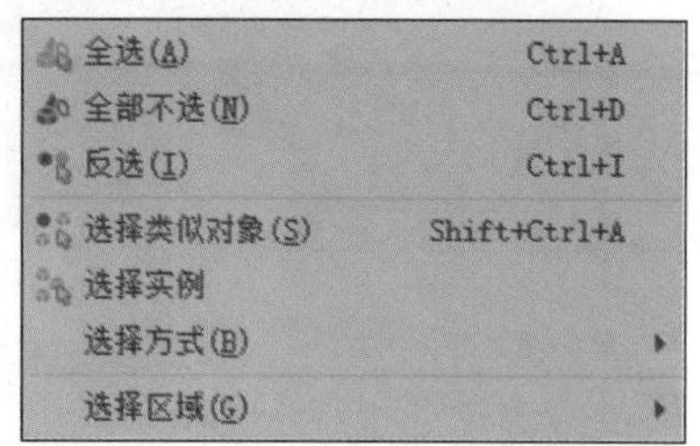

图2-69

（1）全选：选择场景中的全部对象。

（2）全部不选：取消所有选择。

（3）反选：反选当前选择集。

（4）选择类似对象：自动选择与当前所选对象类似的所有项；通常，这些对象位于同一层中，并且应用了相同的材质（或都不应用材质）。

（5）选择实例：选择选定对象的所有实例。

（6）选择方式：从中定义以名称、层和颜色选择方式选择对象。

（7）选择区域：这里参考区域选择的介绍。

4.使用过滤器选择对象

选择过滤器下拉列表中的选项可以筛选特定类型或特定组合的对象，之后可以用选择工具进行对象的选取。

图2-70所示为创建的有几何体、灯光和摄影机等对象的场景。在过滤器下拉列表中选择“C-摄影机”选项，如图2-71所示，在场景中即使按组合键Ctrl+A全选对象，也不会选择除摄影机对象外的其他对象。

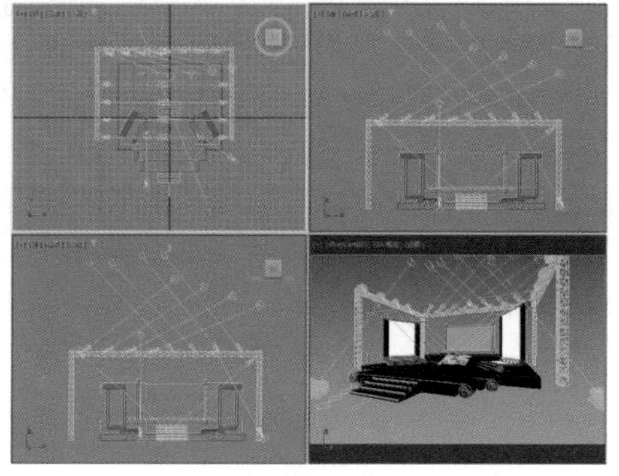

图2-70

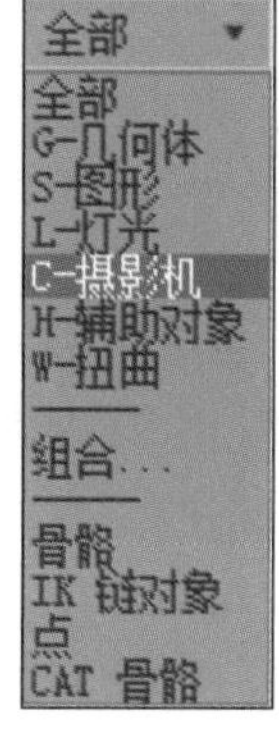

图2-71

5. 编辑成组

“组”命令可将对象或组的选择集组成一个组。将对象编辑成组后，用户可以单击组中任意一个对象来选择组对象，还可以将组作为单个对象进行变换，也可以如同对待单个对象那样为其应用修改器。

要创建组，先在场景中选择需要成组的对象，然后在菜单栏中选择“组”|“成组”命令，在打开的对话框中设置组的名称，如图2-72所示。将对象编辑成组后可以对组进行整体调整，如果想单独地调整组中的某一个对象，在菜单栏中选择“组”|“打开”命令，如图2-73所示，即可单独地设置组中某一个对象的参数，调整完参数后选择“组”|“关闭”命令。

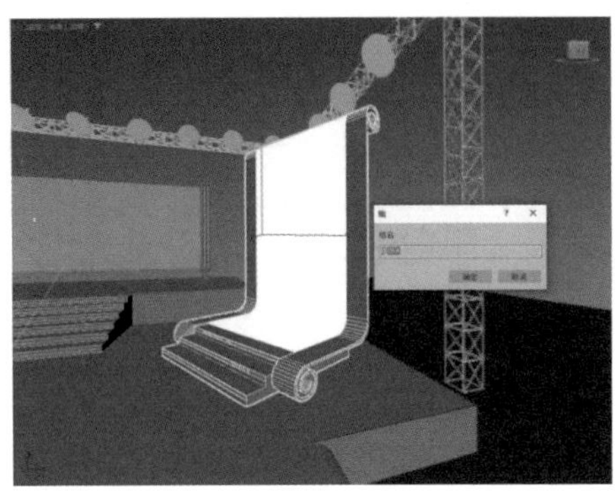

图2-72

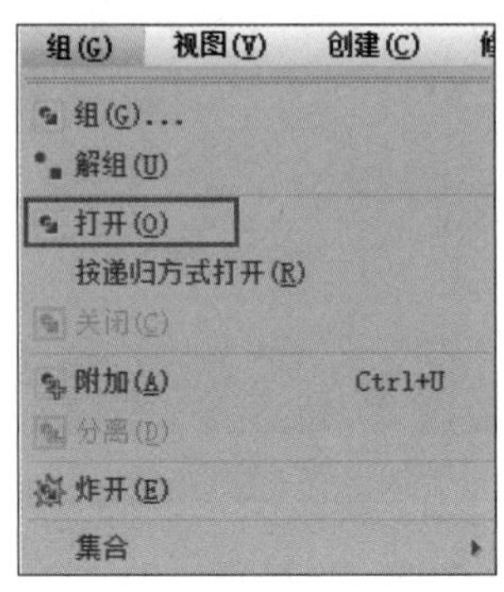

图2-73

“组”菜单中的各命令的功能介绍如下。

（1）组：将对象或组的选择集组成为一个组。

（2）解组：将当前组分离为其组件对象或组。

（3）打开：使用该命令可以暂时对组进行解组并访问组内的对象，可以在组内单独地变换或修改部分对象，然后使用“关闭”命令还原原始组。

（4）附加：使选定对象成为现有组的一部分。

（5）分离：从对象的组中分离选定对象。

（6）炸开：解组组中的所有对象，且不论嵌套组的数量如何。与“解组”命令不同，“炸开”命令只解组一个层级，但其有一点同“解组”命令一样，即所有炸开的实体都保留在当前选择集中。

（7）集合：将对象选择集、集合或组合并至单个集合，并将光源辅助对象添加为头对象。集合对象后，可以将其视为场景中的单个对象，可以单击组中任一对象来选择整个集合，还可以将集合作为单个对象进行变换，也可以同对待单个对象那样为集合应用修改器。

组的编辑与修改主要是指可以“附加”“分离”“打开”对象组和使用一些变换工具。图2-74所示为成组后的对象，使用旋转工具可以对组进行旋转，如图2-75所示。

6. 变换Gizmo

变换Gizmo在视口中显示为图标，当选定一个或多个对象，并且工具栏上的任意一个变换按钮处于活动状态时，会显示变换Gizmo。不同变换类型对应不同的Gizmo。默认情况下，x轴为红色，y轴为绿色，z轴为蓝色。

移动Gizmo的平面控制柄可以指定轴的颜色以确定平面控制柄的边，例如，xz平面控制柄的边为红色和蓝色。

旋转Gizmo是根据虚拟跟踪球（见图2-76）的概念建立的。旋转Gizmo的控制工具是圆，用户在任意一个圆上单击，再沿圆形移动鼠标指针即可进行旋转，可以旋转不止一圈。

当圆旋转到虚拟跟踪球后面时将不可见，这样Gizmo不会变得杂乱无章，更容易使用。在旋转Gizmo中，除了可以控制x轴、y轴、z轴方向的旋转外，还可以控制自由旋转和基于视图的旋转。在暗灰色圆的内部移动鼠标指针可以进行自由旋转，就像真正旋转一个轨迹球一样（即自由模式）；在浅灰色的球外框移动鼠标指针，可以在一个与视图视线垂直的平面上旋转一个对象（即屏幕模式）。

缩放Gizmo的中心区域由3个平面控制柄围绕，可进行均匀缩放。

图2-77、图2-78、图2-79所示为移动Gizmo、旋转Gizmo和缩放Gizmo。

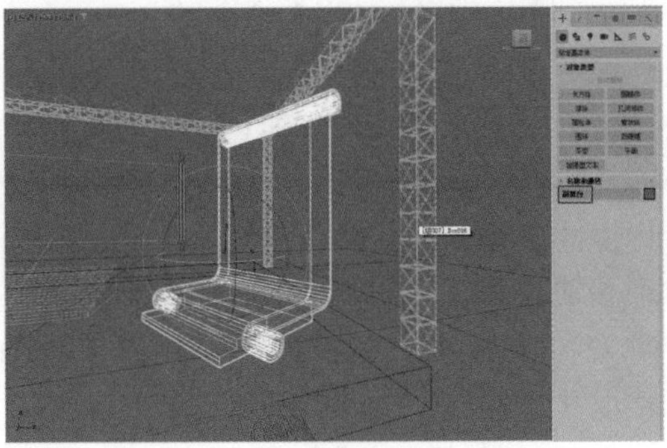

图2-74

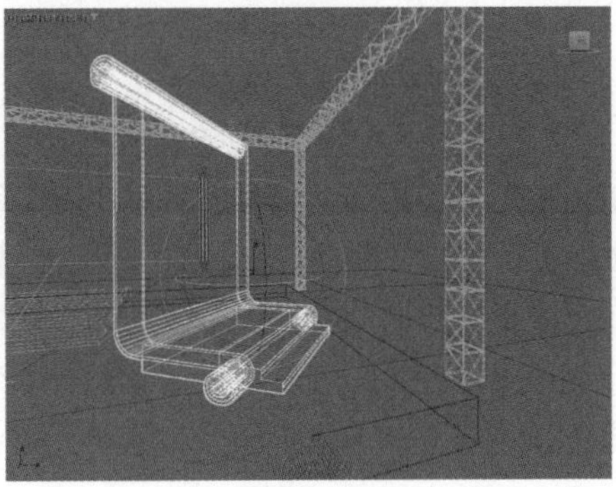

图2-75

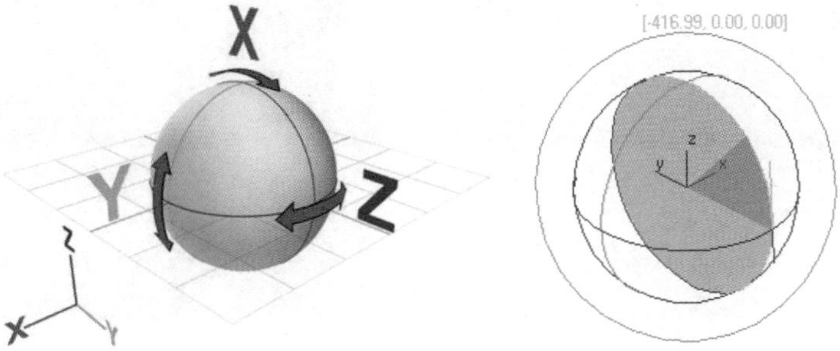

图2-76

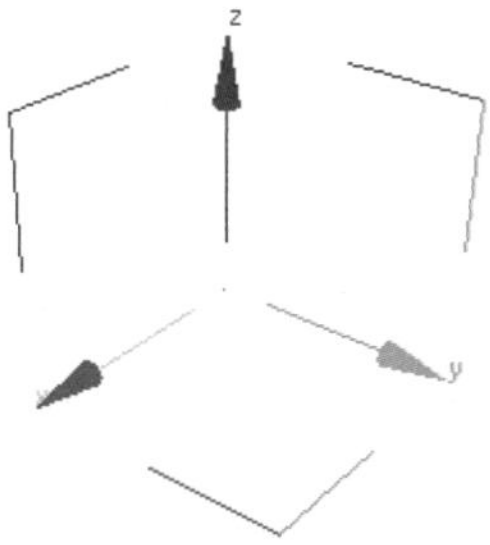

图2-77

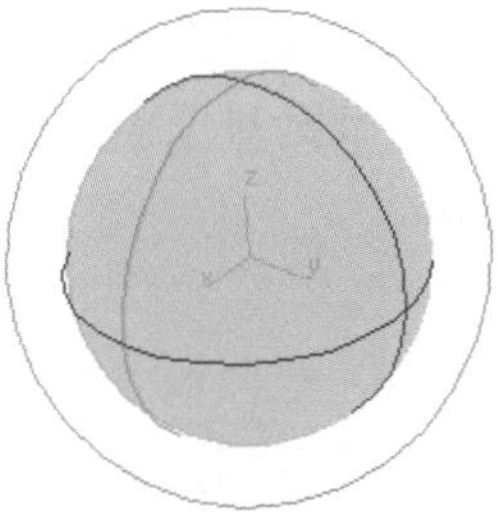

图2-78

图2-79

7. 变换命令

基本的变换命令是更改对象的位置、旋转对象或缩放对象的最直接方式。这些命令位于默认的工具栏上，如图2-80所示。默认的四元菜单中也提供了这些命令。

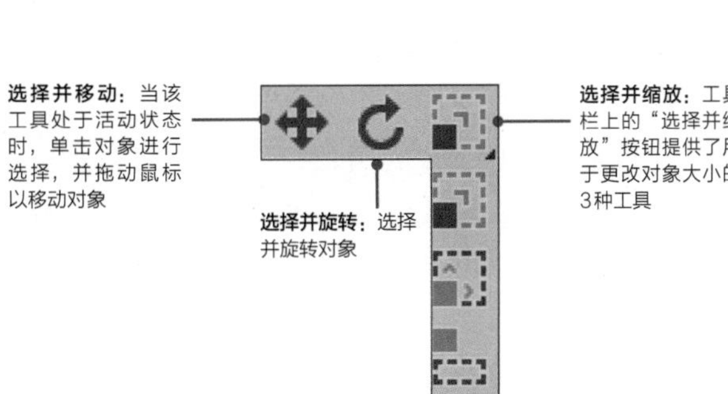

图2-80

注意：关于四元菜单，用户用右键单击活动视口中的任意位置，视口标签上除外，鼠标指针所在的位置上会显示一个四元菜单。

（1）移动工具

启用移动工具有以下几种方法。

✧ 单击工具栏中的 （选择并移动）按钮。

✧ 按快捷键W。

✧ 选择对象后单击鼠标右键，在弹出的快捷菜单中选择“移动”命令。

移动对象的操作方法如下。

选择对象并启用移动工具，移动鼠标指针到对象坐标轴上时（如y轴），鼠标指针会变成形状，并且坐标轴（y轴）会变为高亮状态，表示可以移动，如图2-81所示。此时按住鼠标左键并拖动鼠标，对象就会跟随鼠标指针一起移动。

利用移动工具可以使对象沿两个轴向同时移动，观察对象的坐标轴，会发现每两个坐标轴之间都有共同区域，当鼠标指针移动到此处区域时，该区域会变黄，如图2-82所示。按住鼠标左键并拖动鼠标，对象就会跟随鼠标指针一起沿两个轴向移动。

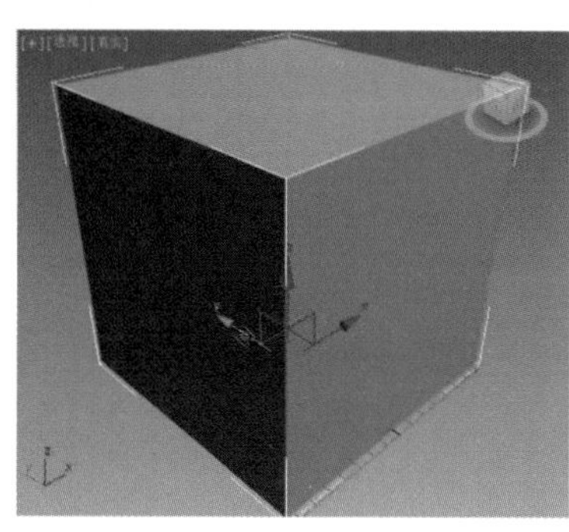

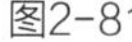

图2-81

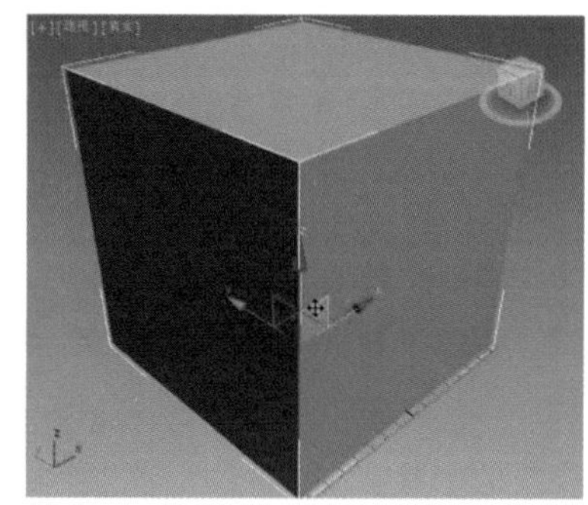

图2-82

为了提高效果图的精度，用户可以使用键盘输入数值精确控制移动。具体方法为右击 （选择并移动）按钮，打开“移动变换输入”窗口，如图2-83所示，在其中可精确控制移动距离，该窗口右半部分用于确定被选对象新位置的相对坐标值。使用这种方法进行移动，移动方向仍然要受到轴的限制。

（2）旋转工具

启用旋转工具有以下几种方法。

✧ 单击工具栏中的 （选择并旋转）按钮。

✧ 按快捷键E。

✧ 选择对象后单击鼠标右键，在弹出的快捷菜单中选择“旋转”命令。

旋转对象的操作方法如下。

选择对象并启用旋转工具，移动鼠标指针到对象的旋转轴上时，鼠标指针变为 形状，旋转轴的颜色变成亮黄色，如图2-84所示。按住鼠标左键并拖动鼠标，对象会随鼠标指针的移动而旋转。旋转工具只用于单方向旋转。

使用旋转工具可以通过旋转来改变对象在视图中的方向。因此，熟悉各旋转轴的方向很重要。

使用选择并旋转工具也可以进行精确旋转。其使用方法与移动工具的一样，只是对话框有所不同。

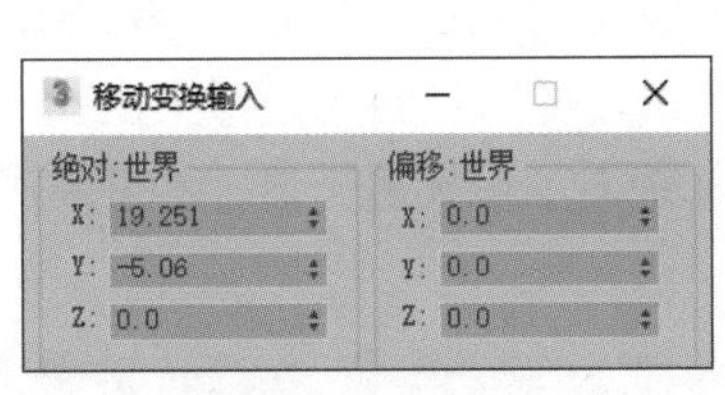

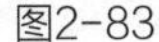
图2-83

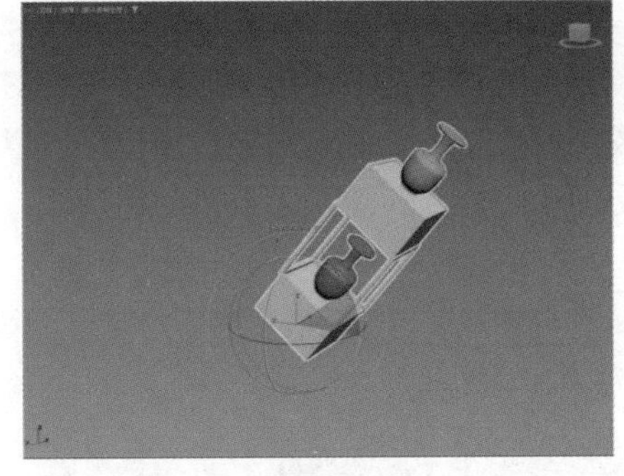
图2-84

（3）缩放工具

缩放视口中包括了限制平面，以及缩放视口本身提供的缩放反馈。缩放变换按钮为弹出式按钮，可提供3种类型的缩放，分别为等比例缩放、非等比例缩放和挤压缩放（即体积不变）。

旋转任意一个轴可将缩放限制在该轴的方向上，旋转的轴被加亮为黄色；旋转任意一个平面可将缩放限制在该平面上，旋转的平面被加亮为透明的黄色；选择中心区域可进行所有轴向的等比例缩放。在进行非等比例缩放时，缩放视口会在鼠标指针移动时变形。

启用缩放工具有以下几种方法。

✧ 单击工具栏中的（选择并均匀缩放）按钮。

✧ 按快捷键R。

✧ 选择对象后单击鼠标右键，在弹出的快捷菜单中选择“缩放”命令。

对对象进行缩放，3ds Max 2022提供了3种方式，即使用选择并均匀缩放、选择并非均匀缩放和选择并挤压工具。在系统默认设置下，工具栏中显示的是（选择并均匀缩放）按钮，（选择并非均匀缩放）按钮和（选择并挤压）按钮是隐藏按钮。

✧ （选择并均匀缩放）：只改变对象的体积，不改变形状。

✧ （选择并非均匀缩放）：让对象在指定的轴向上进行二维缩放（不按比例缩放），对象的体积和形状都发生变化。

✧ （选择并挤压）：在指定的轴向上使对象发生缩放变形，对象体积保持不变，但形状会发生改变。

缩放对象的操作方法如下。

选择对象并启用缩放工具，移动鼠标指针到缩放轴上时，鼠标指针变成或形状，按住鼠标左键并拖动鼠标，即可对对象进行缩放。缩放工具可以同时在2个或3个轴向上进行缩放，其使用方法和移动工具的相似，如图2-85所示。

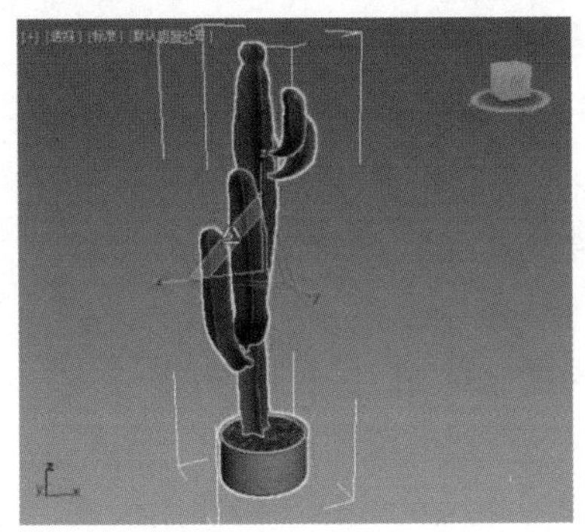

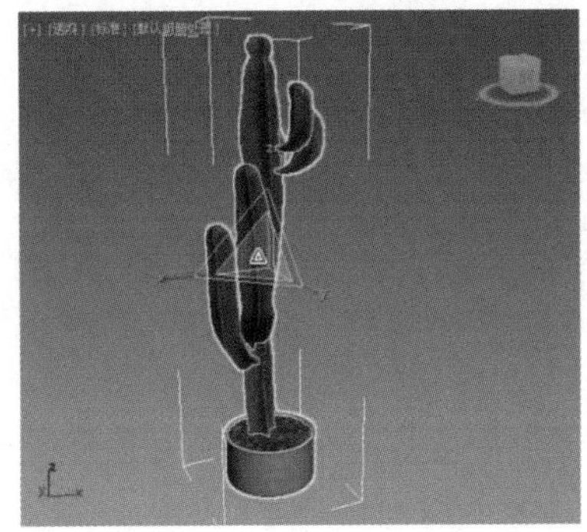

图2-85

8. 变换输入

变换输入用于通过输入精确的值对选定对象进行移动、旋转和缩放变换。对于可显示三轴架或变换Gizmo的所有对象，用户都可以使用变换输入。

要使用状态栏上的变换输入系列微调器，只需在对应微调器中输入适当的值，然后按Enter键应用变换。单击“相对/绝对变换输入”按钮，可以在输入绝对变换模式和偏移模式之间进行切换，图2-86、图2-87所示分别为在绝对变换模式下进行的变换输入和在偏移模式下的变换输入。

图2-86

图2-87

9. 对象的复制

有时在建模中要创建很多形状、性质相同的几何体，如果分别创建会浪费很多时间，这时就要使用复制命令来完成这个工作。

（1）直接复制对象

用户在场景中选择需要复制的模型，按组合键Ctrl+V，可以直接复制模型。变换工具是使用较多的复制工具，在按住Shift键的同时利用移动、旋转和缩放工具进行拖动，即可对模型进行变换复制。释放鼠标后，打开“克隆选项”对话框，复制的方式有3种，分别为常规复制、实例复制和参考复制，如图2-88所示。

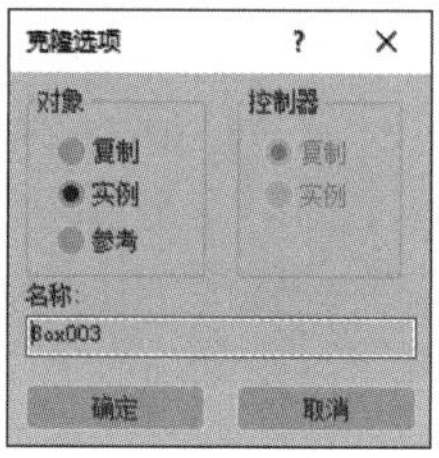

图2-88

这3种方式主要根据复制后原对象与复制对象的相互关系来区分。

✧“复制”单选按钮：复制后原对象与复制对象之间没有任何关系，是完全独立的，相互间没有任何影响。

✧“实例”单选按钮：复制后原对象与复制对象相互关联，对任何一个对象的参数修改都会影响到复制的其他对象。

✧“参考”单选按钮：复制后原对象与复制对象存在参考关系，对原对象进行参数修改，复制对象会受同样的影响，但对复制对象进行修改则不会影响原对象。

（2）利用镜像复制对象

当需要创建两个对称的对象时，如果使用直接复制方式，对象间的距离很难控制，而且要使两对象相互对称直接复制是办不到的，镜像能很简单地解决这个问题。

选择对象后，单击（镜像）按钮，打开“镜像：世界-坐标”对话框，如图2-89所示。

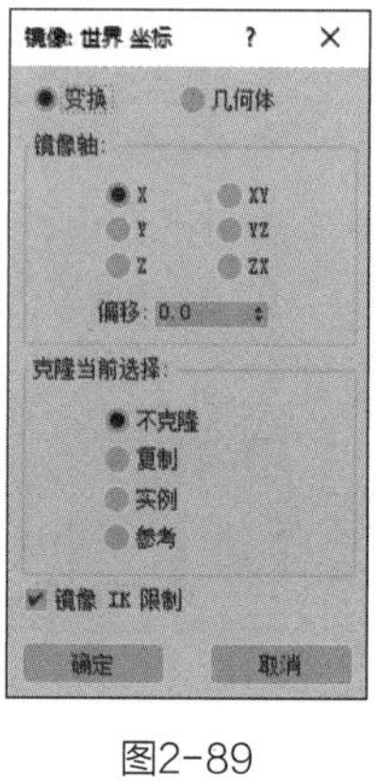

图2-89

✧“镜像轴”组：用于设置镜像的轴向，系统提供了6种镜像轴向。

● “偏移”微调器：用于设置镜像对象和原始对象轴心点之间的距离。

✧“克隆当前选择”组：用于确定镜像对象的复制类型，如下所示。

● “不克隆”单选按钮：表示仅把原始对象镜像到新位置而不复制对象。

● “复制”单选按钮：把选定对象镜像复制到指定位置。

● “实例”单选按钮：把选定对象关联镜像复制到指定位置。

● “参考”单选按钮：把选定对象参考镜像复制到指定位置。

使用镜像复制时需要熟悉轴向的设置，选择对象后单击（镜像）按钮，可以依次选择镜像轴。观察镜像复制的对象，视图中的复制对象是随镜像对话框中镜像轴的改变而实时显示的，选择合适的轴向后单击“确定”按钮即可，单击“取消”按钮则取消镜像。

（3）利用间距复制对象

利用间距复制对象是一种快速且比较灵活的复制对象的方法。该方法允许指定一个路径，使复制对象排列在指定的路径上，操作步骤如下。

步骤 1 在视图中创建一个球体和圆，如图2-90所示。

步骤 2 选中球体，选择“工具”|“对齐”|“间隔工具”命令，如图2-91所示，打开“间隔工具”窗口。

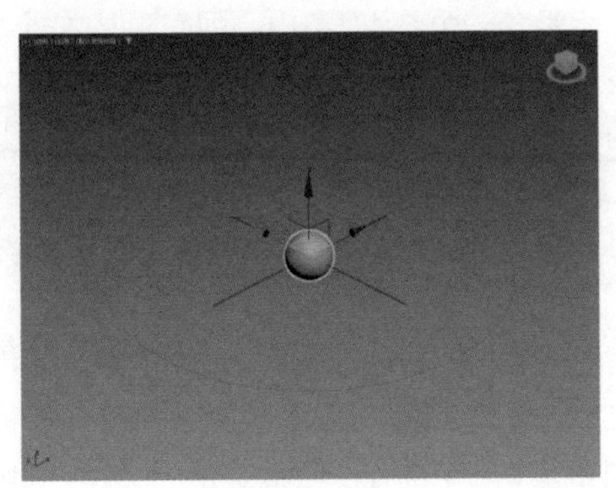

图2-90

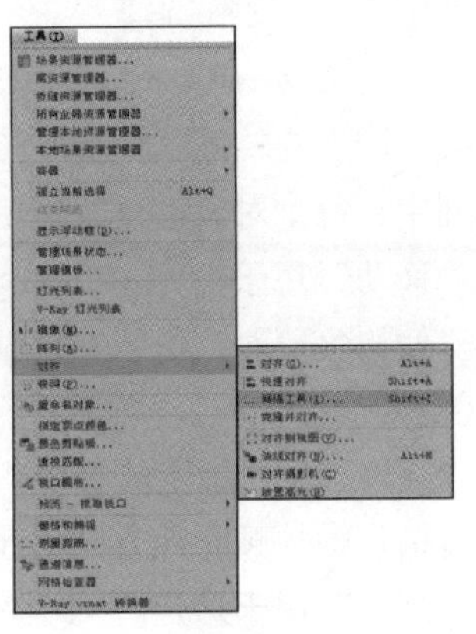

图2-91

步骤 3 在“间隔工具”窗口中单击“拾取路径”按钮，在视图中单击圆，在“计数”微调器中设置复制的数量，这里设置“计数”为13，如图2-92所示。设置完成后“拾取路径”按钮会变为“Circle001”，表示拾取的是图形圆。

步骤 4 单击“应用”按钮，复制完成，如图2-93所示。

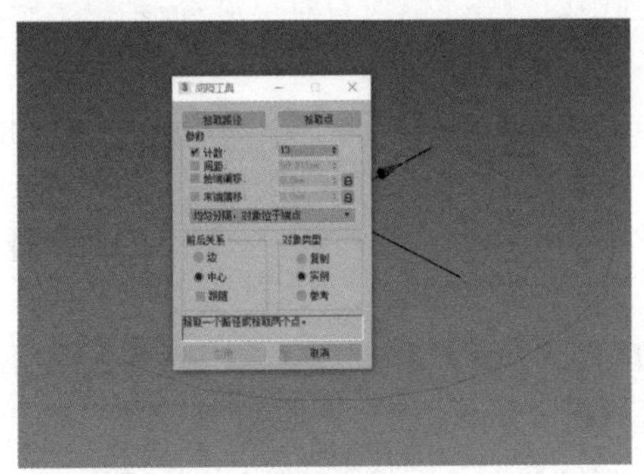

图2-92

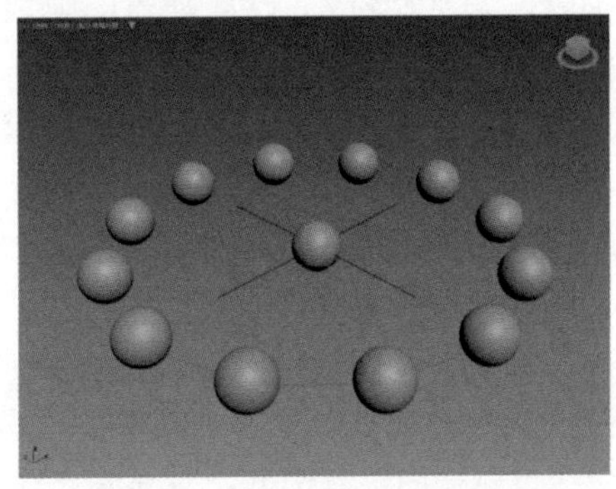

图2-93

（4）利用阵列复制对象

使用阵列工具可以创建出多个相同的几何体，而且这些几何体可以按照一定的规律进行排列。选择“工具”|“阵列”命令，打开“阵列”对话框，如图2-94所示。

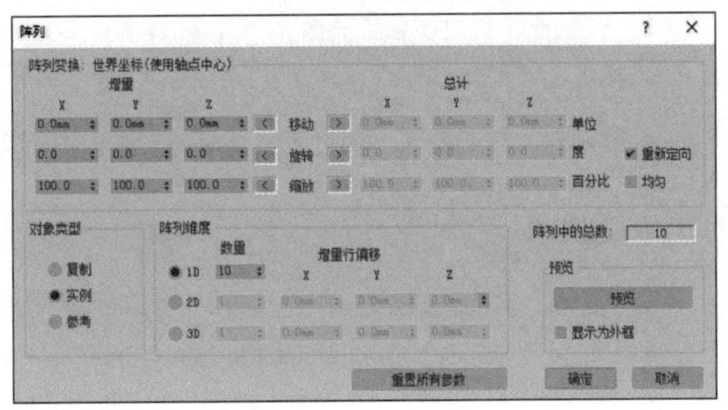

图2-94

注意："阵列"对话框也可以通过按钮的方式打开，（阵列）按钮位于"附加"工具栏上，默认情况下处于禁用状态。通过在工具栏的空白区域上单击鼠标右键并从弹出的快捷菜单中选择"附加"命令可切换显示此工具栏。

✧"阵列变换"组：列出了活动坐标系和变换中心等。在此定义第一行阵列的变换所在的位置，确定各个元素的距离、旋转或缩放及所沿的轴，然后以其他维数重复该行阵列，以便完成阵列。

● 增量X、Y、Z微调器。

如果"增量移动X"设置为25，则表示沿着x轴阵列对象中心的间隔是25个单位。

如果"增量旋转Z"设置为30，则表示阵列中每个对象沿着z轴逆时针旋转30°。在完成的阵列中，每个对象都发生了旋转，均偏离原来位置30°。

● "移动"用于指定沿x轴、y轴和z轴方向每个阵列对象之间的距离，可以用当前单位设置。使用负值时，可以在该轴的负方向创建阵列。单击左箭头以输入"移动"变换的增量值。

● "旋转"用于指定阵列中每个对象围绕3个轴中的任一轴旋转的度数。使用负值时，表示沿着指定轴的顺时针方向创建阵列。单击左箭头以输入"旋转"变换的增量值。

● "缩放"用于指定阵列中每个对象沿3个轴中的任一轴缩放的百分比。单击左箭头以输入"缩放"变换的增量值。"缩放"用百分比设置，100%是实际大小。设置值小于100%时，对象缩小；设置值高于100%时，对象放大。

● 总计X、Y、Z微调器。

如果"总计移动X"设置为25，则表示沿着x轴，第一个和最后一个阵列对象中心之间的总距离是25个单位。

如果"总计旋转Z"设置为 30，则表示阵列中均匀分布的所有对象沿着z轴总共旋转了30°。

● "移动"用于指定沿3个轴中每个轴的方向，所得阵列中两个外部对象轴点之间的总距离。如果将6个对象编排阵列，并将"总计移动X"设置为100，则这6个对象将按以下方式排列在一行中：行中两个外部对象轴点之间的距离为100个单位。单击右箭头以输入"移动"变换的总计值。

● "旋转"用于指定沿3个轴中的每个轴应用于对象的旋转的总度数，例如，使用此方法创建旋转总度数为 360°的阵列。单击右箭头以输入"旋转"变换的总计值。

● "重新定向"复选框：勾选该复选框，生成的对象在围绕世界坐标轴旋转的同时，围绕其局部轴旋转；取消该复选框，对象会保持其原始方向。

● "缩放"用于指定对象沿3个轴中的每个轴缩放的总计。单击右箭头以输入"缩放"变换的总计值。

● "均匀"复选框：勾选该复选框禁用Y微调器和Z微调器，并将X微调器的值应用于所有轴，从而实现均匀缩放。

✧"对象类型"组：用于确定由"阵列"功能创建的副本的类型。

● "复制"单选按钮为默认设置，将选定对象的副本阵列化到指定位置。

● "实例"单选按钮将选定对象的实例阵列化到指定位置。

● "参考"单选按钮将选定对象的参考阵列化到指定位置。

✧"阵列维度"组：用于添加阵列变换维数，附加维数只是定位用的，未使用旋转和缩放。

图2-95

● “1D”单选按钮：根据“阵列变换”组中的设置，创建一维阵列。数量“微调器”用于设置在阵列的第一维中对象的总数。对于一维阵列，此值即阵列中的对象总数，例如，1D数量为6，则一维阵列如图2-95所示。

● “2D”单选按钮：创建二维阵列。“数量”微调器用于设置在阵列的第二维中对象的总数。“X”“Y”“Z”微调器指定沿阵列第二维的每个轴的增量偏移距离。1D数量为7且2D数量为4的二维阵列如图2-96所示。

● “3D”单选按钮：创建三维阵列。“数量”微调器用于设置在阵列的第三维中对象的总数。“X”“Y”“Z”微调器指定沿阵列第三维的每个轴的增量偏移距离。1D数量为10、2D数量为6且3D数量为3的三维阵列如图2-97所示。

图2-96

图2-97

● 增量行偏移X、Y、Z微调器：选择2D或3D阵列时，偏移字段将变为可用，用于定义当前坐标系中任意3个轴方向的距离。

注意：如果对2D或3D阵列设置“数量”值，但未设置行偏移，那么3ds Max将会使用重叠对象创建阵列。因此，用户必须至少指定一个偏移距离，以防这种情况的发生。

✧ “阵列中的总数”文本框：显示通过阵列操作创建的实体总数，包含当前选定对象；如果排列了选择集，则对象的总数是此值乘以选择集的对象数。

✧ 预览组：用于预览阵列效果。

● “预览”按钮：单击此按钮，视口将显示当前阵列设置的预览效果；更改设置将立即更新视口；如果预览复杂对象的大型阵列时，视口更新速度很慢，则勾选“显示为外框”复选框。

● “显示为外框”复选框：勾选此复选框，阵列预览对象显示为边界框而不是几何体。

✧ “重置所有参数”按钮：单击此按钮，将所有参数重置为其默认设置。

10. 捕捉工具

捕捉工具是功能很强的建模工具，用户熟练使用捕捉工具可以极大地提高工作效率。捕捉工具如图2-98所示。

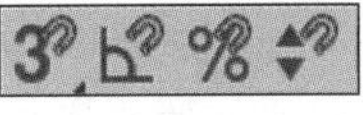
图2-98

11. 撤销与重做

建模的操作步骤非常多，如果当前某一步操作出现错误，重新进行操作是不现实的。3ds Max 2022提供了撤销和重做命令，可以使操作回到之前的某一步。这两个命令在建模过程中非常实用，在快速访问工具栏中都有对应的快捷按钮。

✧ ↶（撤销）：撤销最近一次操作，可以连续使用，组合键为Ctrl+Z。在↶（撤销）

按钮上单击鼠标右键，会显示当前执行过的一些步骤，此时可以从中选择要撤销的步骤，如图2-99所示。

图2-99

✧ （重做）：恢复撤销的操作，可以连续使用，组合键为Ctrl + Y。重做命令也有重做步骤的列表，使用方法与撤销命令的相同。

注意：撤销和重做可以使用工具栏的撤销和重做工具，也可以在“编辑”菜单中选择对应命令，这里就不详细介绍了。

2.3.3 案例应用——制作座椅三维模型

家具厂经理准备给客户展示设计方案。为了让客户清晰地理解设计方案，经理希望能通过三维模型进行展示。

解决方案：运用3ds Max基础工具配合长方体工具完成座椅设计方案的三维模型制作，效果如图2-100所示。

源 文 件：\Ch02\座椅模型.max。

案例应用——制作座椅三维模型

操作步骤如下。

图2-100

步骤 1 单击“长方体”按钮，在顶视图中根据参考模型比例创建座面。

步骤 2 根据参考模型比例，创建座椅的4条腿，并利用选择并移动工具移动座椅腿到相应位置。

步骤 3 制作座椅的靠背模型，并使用选择并移动工具将其移动到相应位置。

步骤 4 使用选择并缩放工具调整模型的比例。

步骤 5 制作座椅腿上的横撑模型，并使用选择并移动工具将其移动到相应位置。

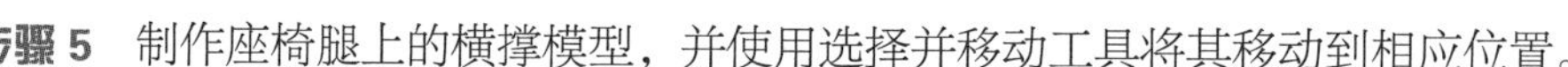

步骤 6 使用选择并旋转工具旋转座椅腿的横撑模型，完成所有横撑模型的制作。

步骤 7 调整各部位模型与参考模型比例一致。

知识延展

当熟练度提升以后，我们会逐渐接触高精度模型，也就是常说的高模。高模是多细节、高精度的三维模型，看上去十分逼真，细节非常丰富，模型面数也相当多。低模是游戏里的说法，将其可以理解为游戏所使用的模型。高模有很多应用场合，如用于电影、广告等的制作。在游戏里，高模主要是为了烘焙法线贴图（Normal Map），并且将其运用在游戏低模型上，使低模拥有近似于高模的细节效果。高模一般是用来制作过长动画和法线贴图的，现在的次世代游戏都采用这种方法。法线贴图是指在原物体的凹凸表面的每个点上均作法线，通过RGB颜色通道来标记法线的方向，从而形成的特殊纹理；它是与原凹凸表面平行的一个光滑平面。对于视觉效果而言，它的效率比原有的凹凸表面更高，若在特定位置上应用光源，可以让细节程度较低的表面生成高细节程度的精确光照方向和反射效果。

本章总结

本章介绍了3ds Max涉及的行业领域、3ds Max 2022的工作界面和基本操作、3ds Max 2022的新功能。3ds Max 2022的新功能分为核心功能、建模功能和渲染功能3个类别。我们期待通过案例的详解，能够帮助读者掌握3ds Max 2022工作界面和常用基础工具的使用方法，为后续章节学习打下扎实的基础。

本章习题

【填空题】

1. 3ds Max 2022新增的建模功能包括：________、________、________、________、________、________。

2. 如果在建模过程中想要将操作对象进行位置、角度、调节比例的更改可以分别使用________、________、________来进行操作。

3. 智能挤出增强功能可以通过________配合移动变换进行挤出。

【选择题】

1. 在世界坐标轴中，x轴、y轴、z轴分别代表（　　）。

A. 水平、深度、垂直　　B. 垂直、深度、水平

C. 水平、垂直、深度　　D. 深度、垂直、水平

2. 移动工具属于（　　）里的工具。

A. 菜单栏　　B. 工具栏　　C. 项目工具栏　　D. 命令面板

【简答题】

1. 简述3ds Max所涉及的领域。

2. 简述3ds Max 2022基础工具及使用方法。

【技能题】

1. 制作茶几模型。

操作引导如下。

（1）源文件：\Ch02\茶几模型.max。

（2）根据源文件创建相应的模型。

（3）将模型存储为MAX格式的工程文件。

2. 制作简易的沙发模型。

操作引导如下。

（1）源文件：\Ch02\沙发模型.max。

（2）创建标准基本体，通过移动变换、旋转变换及缩放变换对其进行调节。

（3）将模型存储为MAX格式的工程文件。

VRay渲染器

学习目标

通过对本章的学习，读者可以了解VRay渲染器的概念等相关知识，掌握VRay材质、VRay灯光和VRay摄影机的应用方法，掌握测试渲染和最终渲染的参数设置。本章可帮助读者将所学知识应用到实际的案例制作中，具备一定的效果图渲染能力。

学习要求

知识要求	能力要求
1.渲染器的概述	1.掌握VRay渲染器的加载方法
2.VRay新增功能	2.了解VRay的新增功能
3.VRay渲染实训	3.具备使用VRay渲染三维效果图的能力

思维导图

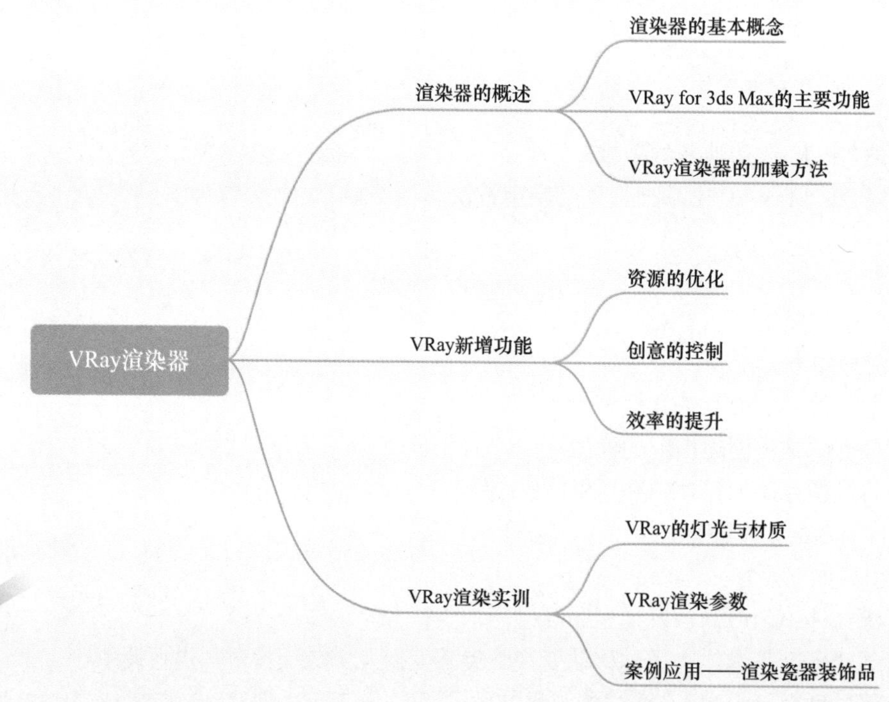

本章导读

VRay的发展历史

VRay是非常受业界欢迎的渲染引擎。基于VRay内核开发的有VRay for 3ds Max、Maya、SketchUp、Rhino、Cinema 4D等诸多软件，VRay为不同领域的优秀三维建模软件提供了高质量的图片和动画渲染。除此之外，VRay也可以提供单独的渲染程序，方便使用者渲染各种图片。图3-1所示为VRay的宣传图片。

图3-1

VRay for 3ds Max由7个部分组成，分别是VRay渲染器、VRay对象、VRay灯光、VRay摄影机、VRay材质贴图、VRay大气特效和VRay置换修改器。

VRay渲染器最大的特点是能较好地平衡渲染品质与计算速度，VRay提供了多种全局光照（Global Illumination，GI）方式，这样在选择渲染方案时就比较灵活，既可以选择快速、高效的渲染方案，又可以选择高品质的渲染方案。图3-2所示为使用VRay渲染器渲染出的效果。

图3-2

经过不断更新，VRay 3.60.01版本新增了CPU和GPU同时渲染功能，充分利用了硬件潜能，也可以使用VRay降噪或者NVIDIA AI降噪自动移除噪点以节约渲染时间。添加Chaos Cloud（云渲染）可以一键推送到云端渲染场景。Light Mix（灯光混合）则可以在一张渲染图上创建多种光照组合，交互式修改灯光颜色和强度，无须重新渲染便可直接看到结果。

渲染器的概述

1. 了解渲染器的基本概念；
2. 了解VRay for 3ds Max的主要功能；
3. 掌握VRay渲染器的加载方法。

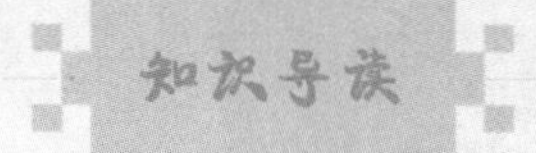

VRay 应用场景

VRay涉及的领域非常多，包括广告、建筑、CG艺术、汽车、影视、游戏、室内设计、产品设计、电视等领域。例如，《蚁人》中的角色、《美国队长》中的飞行器、《权力的游戏》中的巨龙都是由VRay渲染完成的。广告领域中包括可口可乐零度、Philips Battery等，建筑领域中包括Jeju International Airport等，汽车领域包括奥迪、保时捷、奔驰、法拉利、宝马等汽车厂商，产品设计则包括佳能等，都有VRay的应用。图3-3所示为VRay参与渲染的影视场景。

图3-3

3.1.1 渲染器的基本概念

在很多三维软件中，操作界面所呈现的效果并不是最终效果。模型制作完成后，是不具备高仿真的材质质感和光影效果的，有的只是一种模拟光影的效果。这种效果与最终的效果相差甚远，因此我们需要运用渲染器来进行最终作品的渲染。使用渲染器渲染过的场景示例如图3-4所示。

图3-4

3ds Max 2022自带5种渲染器，分别是Quicksilver硬件渲染器、ART渲染器、扫描线渲染器、VUE文件渲染器和Arnold，此外还有很多外部渲染器，如VRay渲染器等，如图3-5所示。

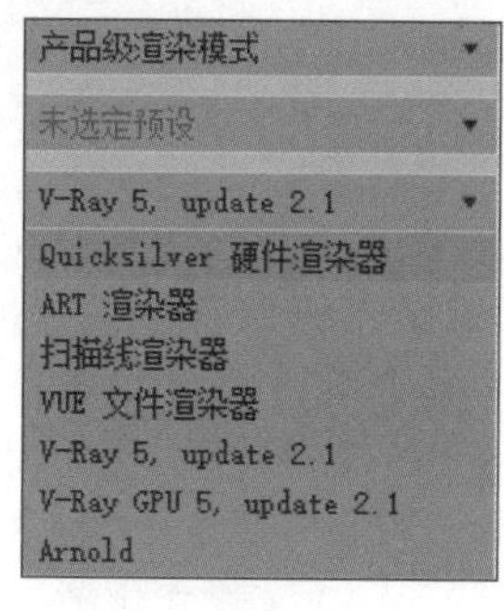

图3-5

1. Quicksilver硬件渲染器

Quicksilver硬件渲染器的主要特点是渲染速度快，能够提高绘图效率。它是通过图形硬件进行渲染的。

2. ART渲染器

ART渲染器中有许多高级的专有功能，可以为任意的三维空间工程提供基于硬件和灯光的现实仿真技术。对于许多主流的建筑CAD软件，如ArchiCAD、VectorWorks、SketchUp、AutoCAD等，ART渲染器可以很好地支持输入通用的CAD文件格式，包括DXF、DWG、3DS等。

3. 扫描线渲染器

扫描线渲染器是3ds Max 2022自带的默认渲染器，其工作特点是渲染速度快，但其渲染的质量较低，因此不建议对渲染质量要求较高的用户使用。

4. VUE文件渲染器

VUE文件渲染器是可以渲染VUE文件的专属渲染器。

5. Arnold

Arnold是一款高级的、跨平台的渲染器。它是基于物理算法的电影级别渲染引擎，由Solid Angle SL开发。Arnold正在被越来越多的好莱坞电影公司及工作室作为首选渲染器使用，其特点有运动模糊、节点拓扑化、支持即时渲染、节省内存等。

3.1.2 VRay for 3ds Max的主要功能

VRay for 3ds Max能灵活胜任各种类型的项目和复杂场景，有上千种灯光的动态场景或是精美的静帧效果图。它是3D行业艺术家和设计师的首选产品。

1. 渲染

（1）VRay GPU渲染引擎

VRay GPU渲染引擎是3ds Max中由Chaos提供的独立渲染引擎，可提供GPU硬件加速。它还可以与CPU硬件一起使用，并利用CPU和GPU进行平滑的混合渲染，能够满足高端产业渲染的需求。

（2）Chaos Cloud云渲染

Chaos Cloud云渲染可提供云渲染功能，能够一键推送到云端渲染场景。

（3）Light Mix灯光混合

Light Mix灯光混合可满足在一张渲染图中创建多种光照组合的需求，便于修改灯光的颜色和光照强度，无须重新渲染便可看到修改后的结果。

（4）中断可接续渲染

中断可接续渲染可随时暂停渲染过程，并可以按照需要继续进行渲染操作。

（5）排错材质

使用VRay IPR和VRay GPU IPR交互渲染能够单独显示模型的纹理、材质和几何体，可帮助操作者在复杂的材质网格中排查错误材质。

（6）内置ACEScg支持

ACEScg是一种由美国电影艺术与科学学院（The Academy of Motion Picture Arts and Sciences，AMPAS）制订的用于动态图像色彩编码的规范。ACEScg是用于计算机图形学的ACES编码系统的版本，在业界得到了广泛采用。它已成为行业标准，ACEScg可以使用更多的颜色信息。

（7）初步支持out-of-core

初步支持out-of-core渲染技术，能够应对庞大的场景。

（8）Intel® Open Image降噪

Intel® Open Image降噪适合交互式渲染，它可以快速消除噪点，并适用于任何硬件配置。

（9）渐进式焦散

VRay新版的渐进式焦散可以在更短的时间内得到真实的反射和折射效果，易于设置，无须预先计算光子图。

2. 灯光和照明

（1）多重穹顶灯光

多重穹顶灯光可以同时渲染多个穹顶灯，支持Light Mix（灯光混合）。

（2）自适应灯光

自适应灯光能够更快、更准确地渲染多个灯光场景，以及基于图片的环境照明场景，并且显示的噪点更少。

（3）光照分析工具

光照分析工具能够准确测量场景中的光照水平。

3. 摄影机

（1）“傻瓜”式摄影机

“傻瓜”式摄影机利用自动曝光和白平衡技术，能够让操作者像“傻瓜”相机那样拍摄完美图片的一种摄影设备。

（2）真实的摄影机

真实的摄影机能够让操作者像摄影师一样设置相机参数，能够将细节丰富的景深和运动模糊等效果运用到渲染图片中。

4. 材质

（1）物理材质自动转换

物理材质能够自动转换成VRay材质，无须额外转换。

（2）VRay材质半透明

VRay标准材质能够制作真实的半透明效果。调整VRay标准材质内置的次表面散射参数，能够轻松渲染出真实的皮肤、塑料和蜡等效果。

（3）物理头发材质

物理头发材质能够渲染出真实、准确的头发效果，用户可以通过色素参数控制头发颜色，通过反光参数控制头发高光。

（4）Metalness参数

VRay材质中的Metalness（金属度）参数增加了对PBR（基于物理的渲染）着色器的支持。

（5）VRay TOON SHADER卡通材质

VRay TOON SHADER卡通材质能够轻松实现二维手绘动画和卡通效果。使用此材质可使场景获得手绘外观效果，如图3-6所示。

图3-6

（6）Chaos Scans扫描材质库

Chaos Scans扫描材质库中拥有超过1000种扫描材质，能够直接导入VRay渲染器。

（7）材质管理器

通过材质管理器能够高效率地浏览超过500种现成材质，包括金属、玻璃和木材等。

（8）材质预设

VRay标准材质的预设中提供了多种常用材质预设，如铝、铬和玻璃等，可为制作材质节约时间。

（9）清漆反射层

在VRay标准材质上增加清漆反射层，相对Blend材质来说，可以节约调整时间和渲染时间。

（10）布料光泽层

在VRay标准材质上增加布料光泽层能够制作柔软布料材质，如天鹅绒、绸缎和丝绸等。

5. 纹理

（1）兼容第三方软件平铺纹理图

VRay兼容一些热门软件的平铺纹理图，如Mari、Mudbox和ZBrush。

（2）三平面投影贴图

三平面投影贴图能够快速制作无缝贴图，无须展开UVW。

（3）圆角效果贴图

圆角效果贴图能够通过贴图渲染生成完美的圆角效果，无须额外建模。

（4）随机化纹理贴图

通过VRayUVWRandomizer和加强的VRayMultiSubTex参数能够完成随机化纹理

贴图。

（5）VRay Dirt污垢贴图

VRay Dirt污垢贴图能够让用户轻松绘制风化的脏痕条纹，并支持内外遮挡模式。

6. 几何体

（1）代理物体

代理物体常用于庞大的场景渲染中。VRay代理还支持分层的Alembic文件，能够高效地替换复杂场景中的几何体，但只在渲染时读取。

（2）渲染时计算的布尔运算剖切

渲染时计算的布尔运算剖切能够在任意网格模型上创建复杂的剖切效果。

（3）毛皮工具

VRay中的毛皮工具是一个非常简单的，用于创建毛发的工具。毛发仅在渲染期间生成，实际上并不存于场景中。

（4）特殊几何体

VRay提供了多种特殊几何体，例如无限大平面、变形球、粒子和渲染时计算的布尔剖切等。

7. 体积渲染和空气透视

（1）体积渲染

体积渲染能够制作出雾气、烟雾和体积光效等效果，使用Houdini、FumeFX和Phoenix FD可以直接导入网格缓存。

（2）空气透视

空气透视通过运用大气远近层次模拟自然的天空效果。

8. 渲染元素

VRay提供近40种独特的渲染元素，如成果图层、工具图层和蒙版通道等，为图像的合成提供更多控制方式。

9. 后期处理

（1）灯光混合

灯光混合是一个功能强大的照明控制工具，能够重新照明场景而无须重新渲染。

（2）图层合成

在图层合成器中能够微调和完善渲染效果，能够组合渲染元素，并设置图层混合模式，调节图像颜色，从而无须再用后期处理软件处理图像。

（3）VRay帧缓存蒙版

VRay帧缓存蒙版能够在不重新渲染的情况下对图像进行像素级的调整。

3.1.3 VRay渲染器的加载方法

VRay渲染器安装完成后，需要在3ds Max中将其设置为指定渲染器，它才能正常工作。

单击（渲染设置）按钮打开“渲染设置”窗口，在“渲染器”下拉列表中选择“V-Ray 5，update 2.1”渲染器，并在“公用”选项卡的“指定渲染器”卷展栏中单击“保存为默认设置”按钮，完成3ds Max默认渲染器的指定设置，如图3-7所示。

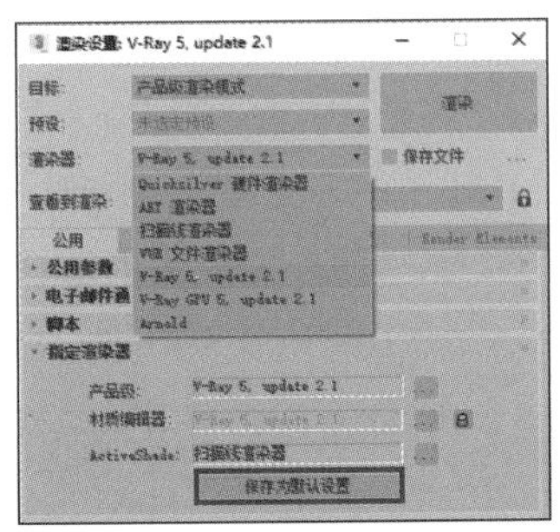

图3-7

3.2 VRay新增功能

1. 了解资源的优化；
2. 了解创意的控制；
3. 了解效率的提升。

知识导读

喻皓造塔

喻皓是五代吴越国有名的建筑工匠，擅长造塔，如图3-8所示。宋太平兴国年间，宋太宗想在京城汴梁建造开宝寺木塔，喻皓受命主持这项工程。历经数年，开宝寺木塔建成，可是人们发现塔身微微向西北方向倾斜，感到奇怪，便去询问喻皓。喻皓向大家解释道："京师地平无山，又多刮西北风，使塔身稍向西北倾斜，为的是抵抗风力，估计不到一百年就能被风吹正。"喻皓不仅考虑到了工程本身的技术问题，还注意到周围环境及气候对建筑物的影响。

喻皓能考虑得如此周密细致，与他平时刻苦钻研、勤于思索是分不开的。我们无论是身处什么行业，想要有所成就，天赋固然重要，敬业、精益、专注和创新也是必不可少的。在进行渲染的过程中，同样要面对参数的不断调整和效果的不断调试，此时需要我们耐下心来，拿出肯钻研的精神，做好经验的积累，这样才能很好地掌握这项技能。

图3-8

VRay 5的功能非常丰富，可以帮助用户更加专注于设计效果，并有效提高效果图的制作效率。

3.2.1 资源的优化

1. Chaos Cosmos材质库

Chaos Cosmos材质库中存储了超过200种免费、高质量的材质，只需拖曳材质到模型表面即可对模型应用指定材质，并可根据需要调节参数。

2. Chaos Cloud升级

Chaos Cloud改进了云渲染体验，提高了项目交付的速率，增加了对SiNi散布和Anima 4的初步支持。

3.2.2 创意的控制

1. VRay Decal

我们可以从任何角度投射VRay Decal（VRay贴花）到模型表面，无须额外的UVW操作，也不会影响下方材质，还可以快速制作汽车贴花和容器商标，以及裂痕、污渍、划痕等，如图3-9所示。

图3-9

2. 加强 VRay Dirt

VRay Dirt（VRay污垢）是一种纹理贴图，可用于模拟各种效果，例如模拟物体缝隙周围的污垢或产生环境光遮蔽通道，如图3-10所示。

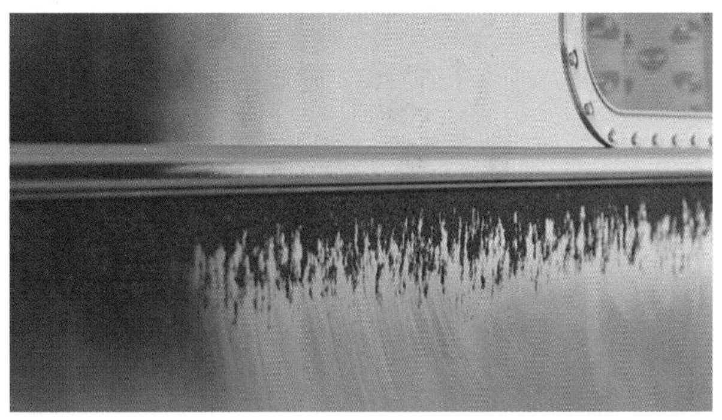

图3-10

3. VRay Instancer灯光分布

VRay Instancer灯光分布提供在场景中更灵活地布置灯光的方法，并可根据任意一种粒子系统实例化灯光。

4. VRay环境雾

VRay环境雾是一种大气效果，能够轻松模拟雾、大气尘埃等介质。

3.2.3 效率的提升

1. 高级材质覆盖

高级材质覆盖选项中增添了保留原始材质的设置，能够保留场景原始材质的不透明度、凹凸、折射、反射、置换和自发光等，提供了更多创意控制，如图3-11所示。

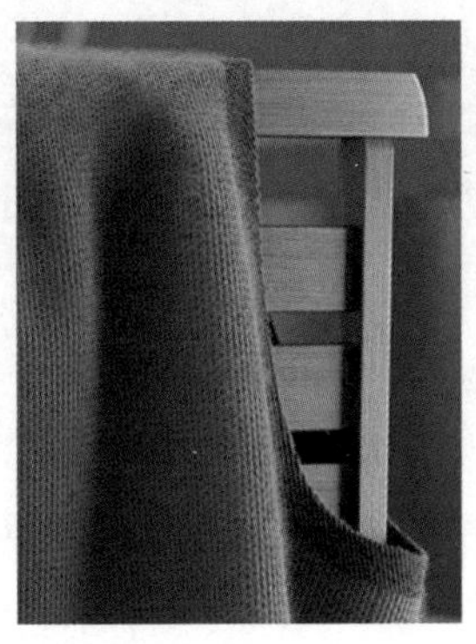

图3-11

2. VRay帧缓存中的锐化图层与模糊图层

VRay帧缓存中的锐化图层与模糊图层带来了更多艺术处理的可能性，做到了无须离开3ds Max就能完成Photoshop级的图像处理效果。

VRay渲染实训

1. 了解VRay的灯光与材质；
2. VRay渲染参数的设置；
3. VRay渲染实训。

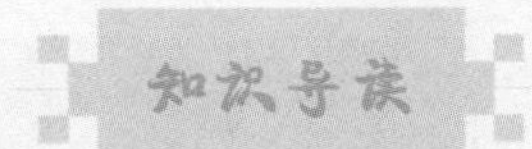

以光影做设计

光是宇宙万物得以显形的根本。光的存在使建筑得以表现其自身结构及相互之间的关系，光影的变幻能够营造空间气氛感，渲染环境，增强空间的深度感，体现人情味、自然味，增强空间的动态感、流动性。中国工程院外籍院士、建筑师贝聿铭在建筑用光方面有着自己独特的理解和追求，而他之所以被称为“现代建筑的最后大师”，是因为其在精妙的用光及在中西建筑文明中寻求到了巧妙的平衡。

苏州博物馆新馆（见图3-12）、伊斯兰艺术博物馆、巴黎卢浮宫入口的玻璃金字塔都是贝聿铭通过“让光线来做设计”而完成的精品。为了设计卢浮宫入口，他曾一年多次赴法国巴黎，只为了解卢浮宫周围的环境；他也曾大量研究玻璃，只为透过玻璃也能看到不失真的外部环境。通体透明的玻璃金字塔，既能为馆内提供充足的光线，又能够反射周围的老建筑，让它们互相呼应。建筑所具有的能被人感知的光影、场地、质感、形式、颜色都离不开光的照射。我们在渲染模型空间的时候，利用软件调整出适当的、贴近自然的光影参数，是帮助图纸烘托氛围的重要手段。

图3-12

VRay渲染器因其强大的功能被广泛应用，其逼真的渲染效果能完整地展现设计效果。要想获得出色的渲染效果，我们需要熟练掌握那些常用的渲染技巧和方法，并能灵活运用。

3.3.1 VRay的灯光与材质

VRay的灯光能够亮化环境，还能够制造出光影。VRay的材质能够体现模型的质感，在视觉上呈现逼真效果。

1. 灯光与材质的作用

在真实世界中，材质可以看成是表面可视属性的集合，这些可视属性包括质感、色彩、纹理、光滑度、透明度、反射率等。材质的这些属性与灯光的关系极为密切，离开灯光，材质的属性就无法体现。使用3ds Max建立的三维虚拟场景需要通过材质和灯光来呈现真实世界效果，属于虚拟现实的范畴。要在虚拟的环境中再现真实场景，我们不仅要了解材质的物理属性，还应了解它的受光特征，熟悉不同光照环境中材质的变化规律。

2. VRay的灯光

VRay为用户提供了4种灯光：VRay灯光、VRay环境光、VRayIES、VRay太阳光。在“创建”面板中单击（灯光）按钮，选择“VRay”选项，VRay为用户提供的灯光如图3-13所示。

（1）VRay灯光

VRay灯光是区域光源，可以模拟平面灯、圆形灯、球体灯、网格灯和穹顶灯，如图3-14 ~ 图3-18所示。图3-19所示为VRay灯光的“选项”“采样”“视口”卷展栏。

图3-13

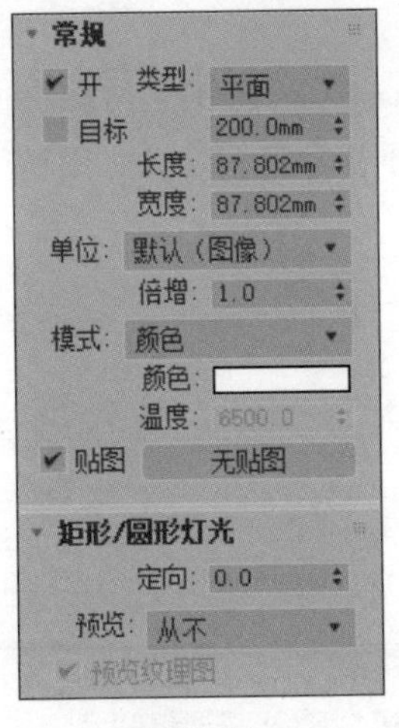

图3-14

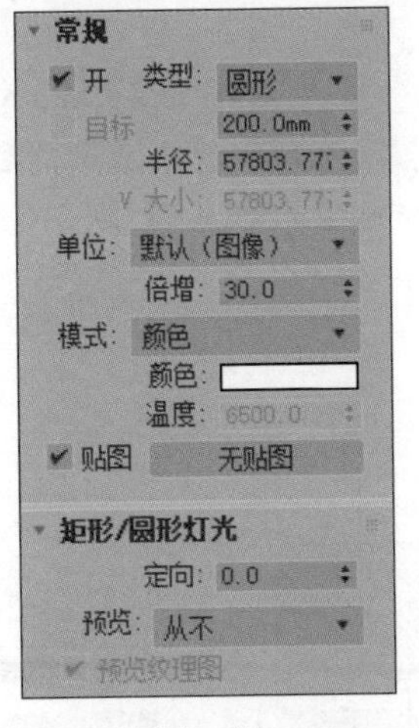

图3-15

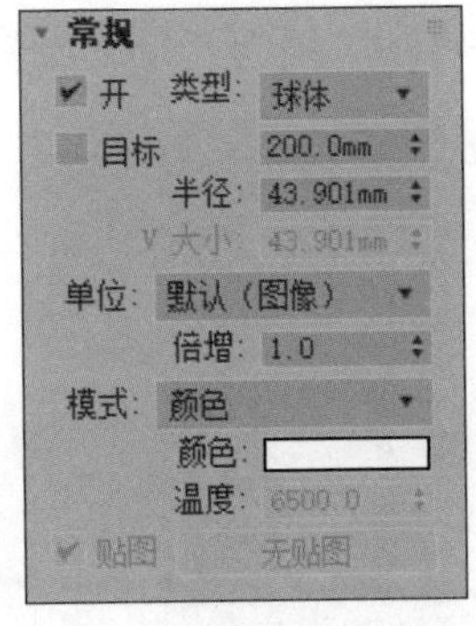

图3-16

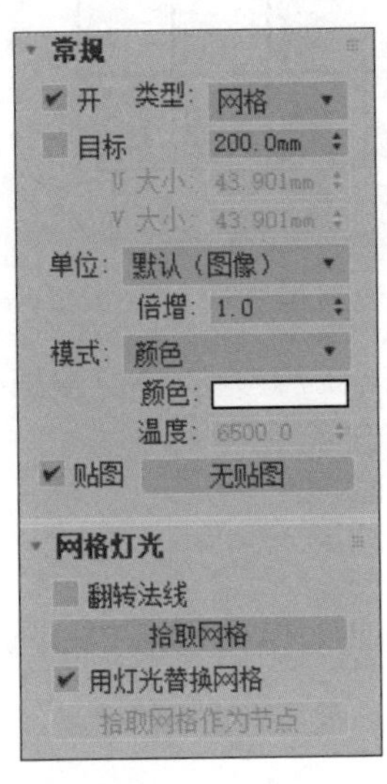

图3-17

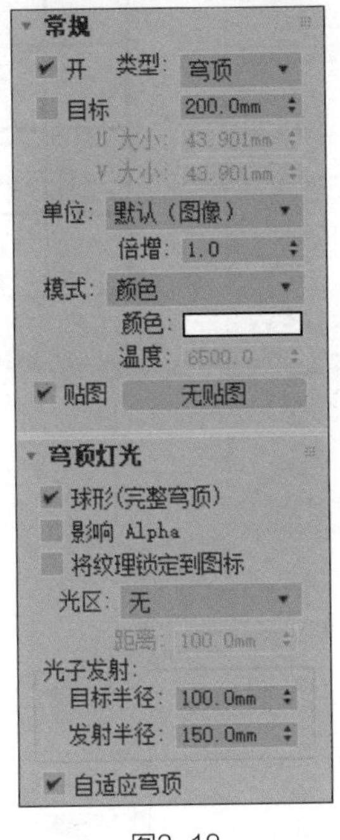

图3-18

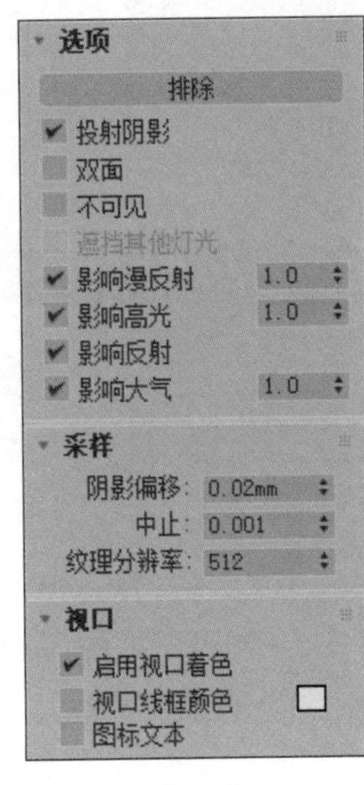

图3-19

（2）VRay环境光

VRay环境光可以用来模拟真实世界中的环境光，提供的是在不同位置和方向上强度都相同的光源，相当于光照模型中各对象之间的反射光，因此通常用来表现光强中非常弱的那部分光，好比阳光下看到的阴影部分，图3-20所示为“VRay环境光参数”卷展栏。

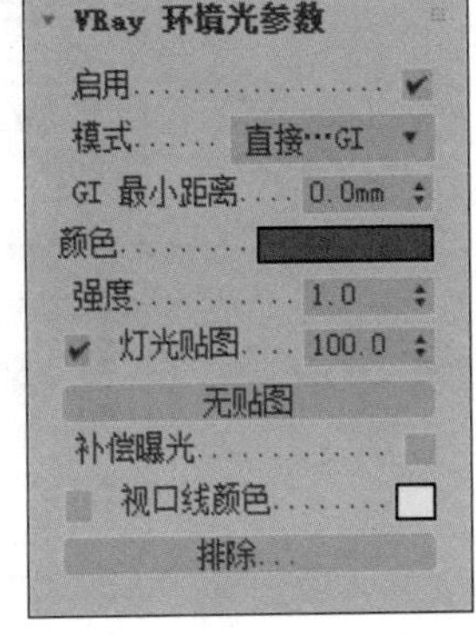

图3-20

（3）VRayIES

VRayIES是配光曲线光源，一般需要搭配光域网使用。光域网是灯光的一种物理性质，用于确定光在空气中发散的方式，是一种关于光源亮度分布的三维表现形式，存储于IES文件中，“VRayIES参数”卷展栏如图3-21所示。

（4）VRay太阳光

VRay太阳光可以用来模拟真实世界中的太阳光，一般配合VRay天空贴图使用，其相关参数如图3-22所示。

3. 材质编辑器

材质编辑器提供了创建和编辑材质及贴图的功能。3ds Max 2022提供了两款材质编辑器界面，包括Slate材质编辑器和精简材质编辑器（对于初学者，建议采用精简材质编辑器，本书中主要讲解精简材质编辑器），如图3-23所示。

图3-21

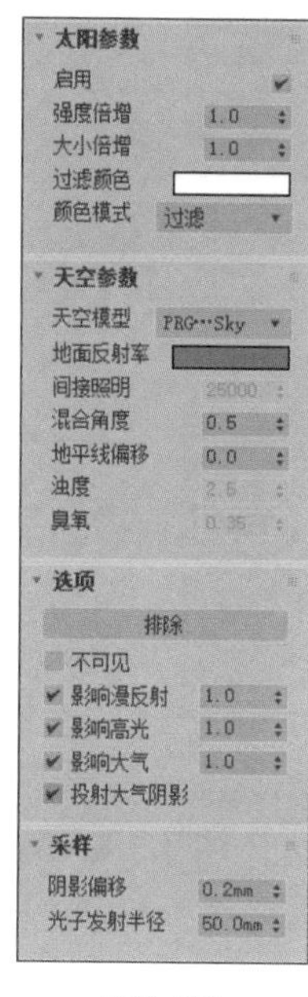

图3-22

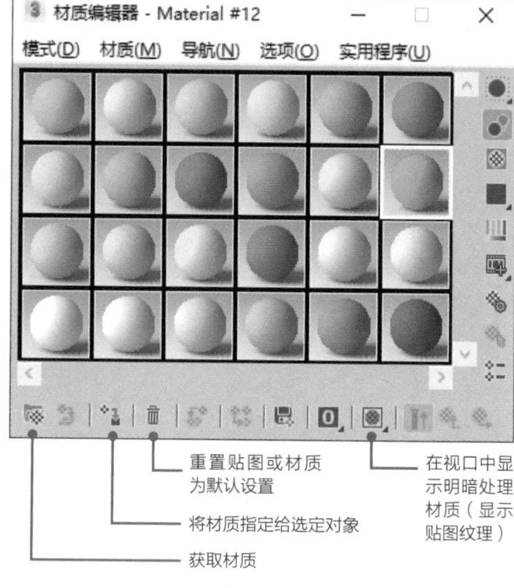

图3-23

4. VRay的材质和贴图

VRay为用户提供了丰富的材质和贴图类型，常用基础材质与贴图包括VRayMtl、VRay_灯光材质和VRay天空贴图，如图3-24所示。

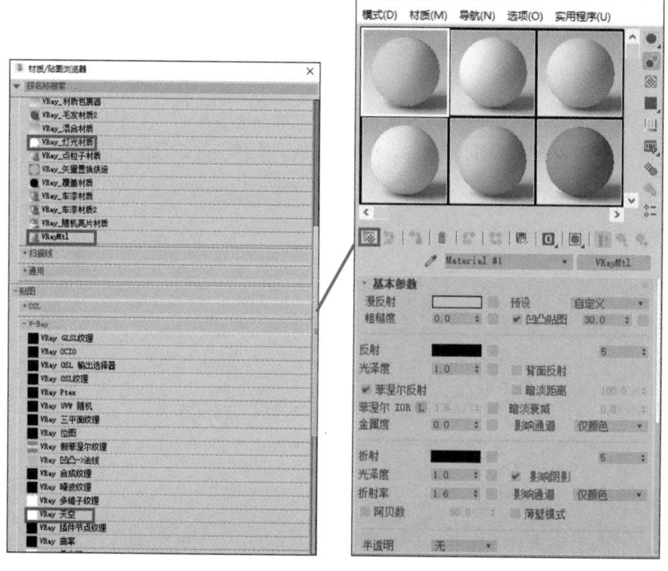

图3-24

（1）VRayMtl

VRayMtl是VRay渲染器指定的常用材质，如图3-25所示。

（2）VRay_灯光材质

VRay_灯光材质适用于需要有自发光效果的模型，例如，筒灯和电视机屏幕等，如图3-26所示。

（3）VRay天空

VRay天空贴图是模拟天光的贴图，一般配合VRay太阳光使用，如图3-27所示。

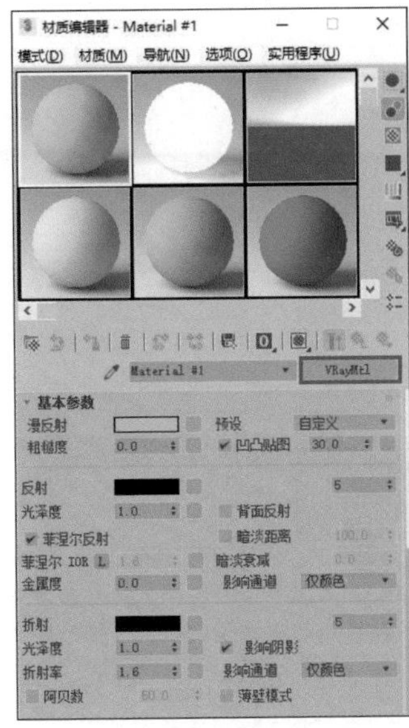

图3-25

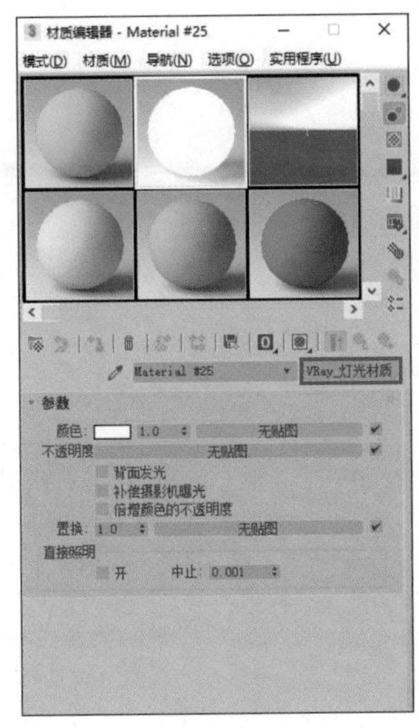

图3-26

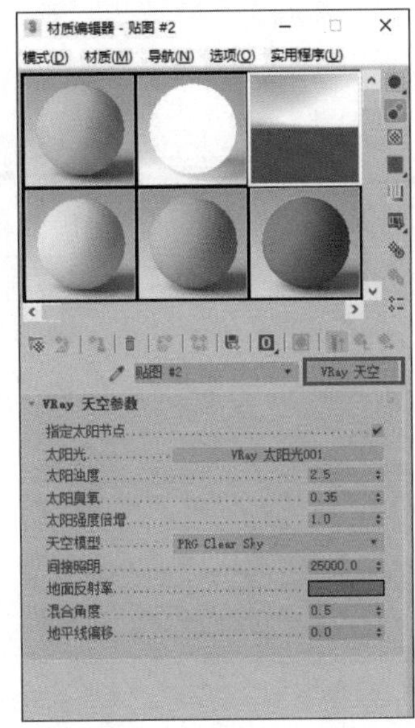

图3-27

5. “材质/贴图浏览器选项”菜单

“材质/贴图浏览器选项”菜单用来显示和管理“材质/贴图浏览器”，如图3-28所示。

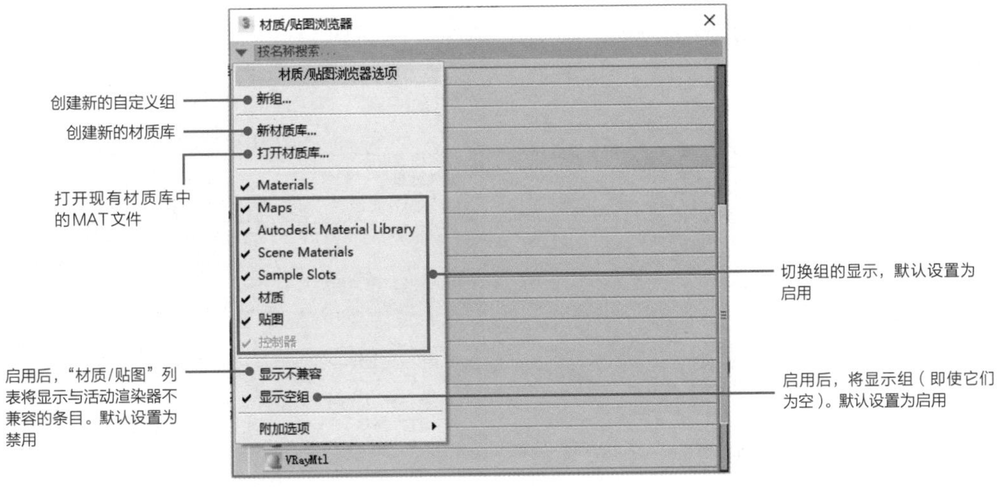

图3-28

3.3.2 VRay渲染参数

VRay渲染器功能种类繁多，知识点较为繁杂，因此用户需要通过不断地理解与练习来熟悉渲染器的参数调节。VRay渲染器的参数设置主要涉及“公用”“V-Ray”“GI”“设置”“Render Elements”共5个选项卡，如图3-29所示。

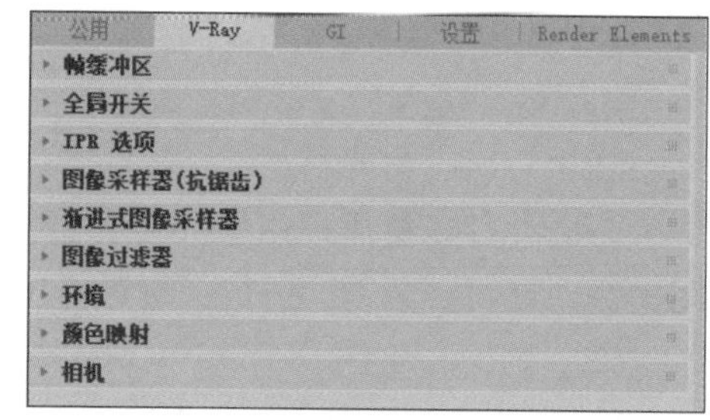

图3-29

在渲染过程中，往往会先在测试图中观察效果，因此在渲染测试图的过程中，我们会把相应的数值调低，这样既能够保证快速预览作品，又能节约大量的渲染时间。

1. 测试图渲染参数

（1）“公用”选项卡

“公用”选项卡中主要为基本的渲染器参数，如输出大小、渲染类型、时间、输出文件保存等。测试渲染输出大小分辨率一般不大于800像素×600像素，如图3-30所示。

（2）“V-Ray”选项卡

在“图像采样器（抗锯齿）”卷展栏中将“类型”设置为“渲染块”，在“图像过滤器”卷展栏中取消“图像过滤器”复选框，如图3-31所示。

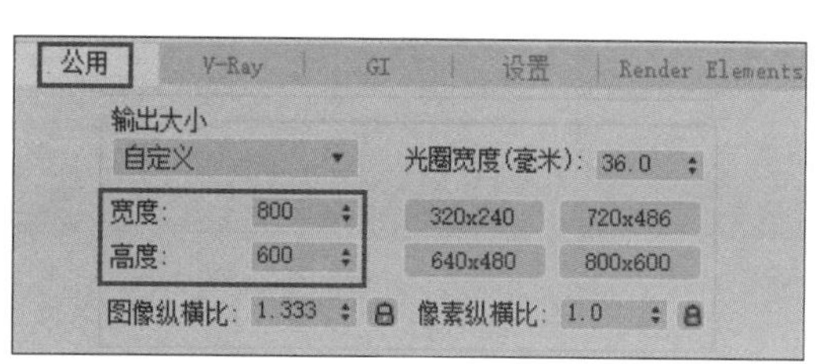

图3-30

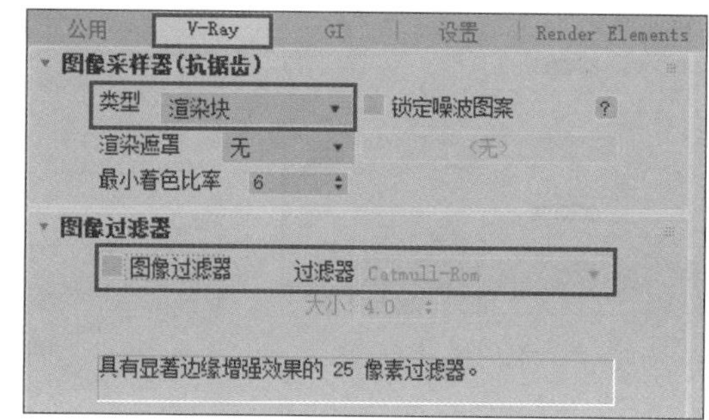

图3-31

（3）“GI”选项卡

在“全局照明”卷展栏中勾选“启用GI”复选框，并将“首次引擎”设置为“发光贴图”、将“二次引擎”设置为“灯光缓存”。在“发光贴图”卷展栏中设置“当前预设”为“非常低”，其他参数保持默认设置即可，如图3-32所示。

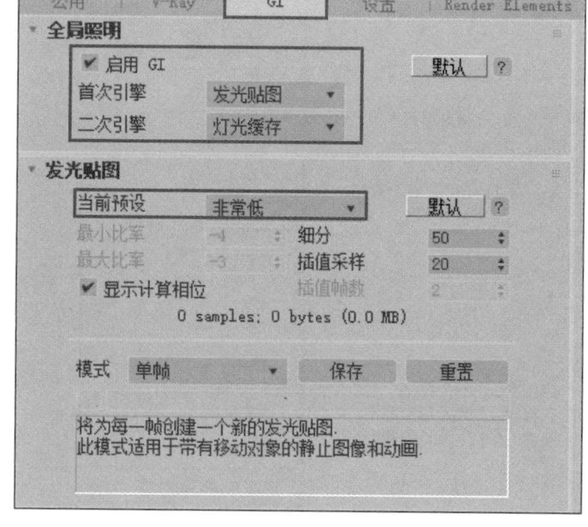

图3-32

2. 成品图渲染参数

（1）“公用”选项卡

“公用”选项卡主要用于设置出图尺寸。出图设置的“输出大小”分辨率一般不低于2000像素×1500像素（数值可根据实际要求调整），如图3-33所示。

（2）“V-Ray”选项卡

在“图像采样器（抗锯齿）”卷展栏中将“类型”设置为“渲染块”，在“图像过滤器”卷展栏中将“过滤器”设置为“Catmull-Rom”，其他参数保持默认设置即可，如图3-34所示。

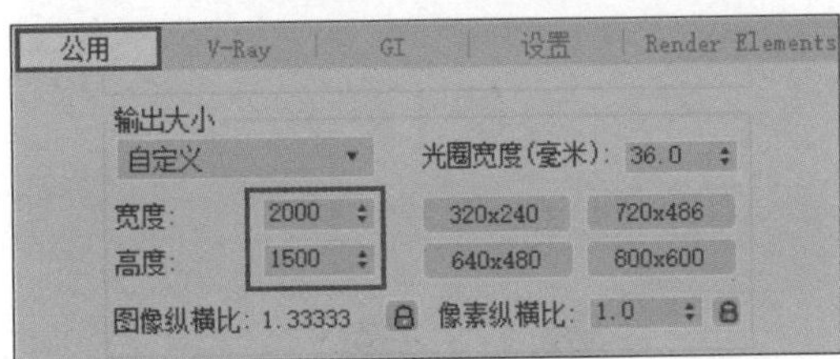

图3-33

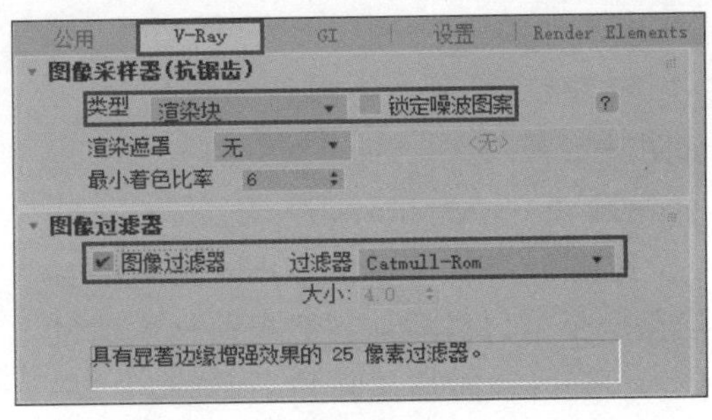

图3-34

（3）“GI”选项卡

在“全局照明”卷展栏中勾选“启用GI”复选框，并将“首次引擎”设置为“发光贴图”，将“二次引擎”设置为“灯光缓存”。在“发光贴图”卷展栏中设置“当前预设”为“高”，其他参数保持默认设置即可，如图3-35所示。

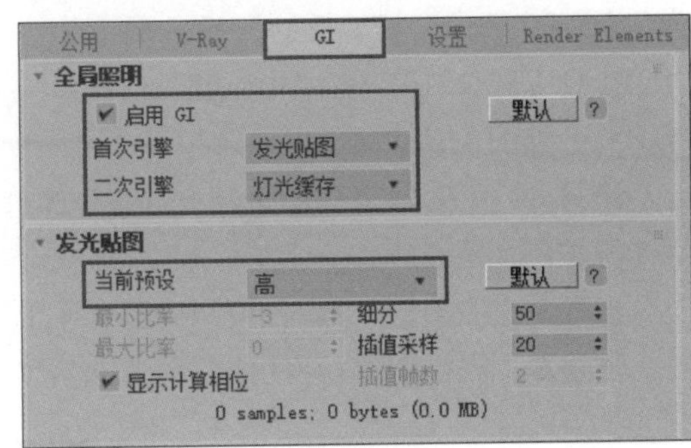

图3-35

3.3.3 案例应用——渲染瓷器装饰品

使用3ds Max 2022制作了一套三维数字化瓷器展品模型，现需要展示给客户审核，客户提出要求，希望能够看到虚拟现实的图片展示。

解决方案：使用VRay的灯光、材质和渲染器，渲染一张瓷器装饰品效果图，并保存为JPG格式文件，效果如图3-36所示。

源 文 件：\Ch03\装饰品.max。

案例应用——渲染陶瓷装饰品

图3-36

操作步骤如下。

步骤 1 打开“装饰品.max”文件，如图3-37所示。

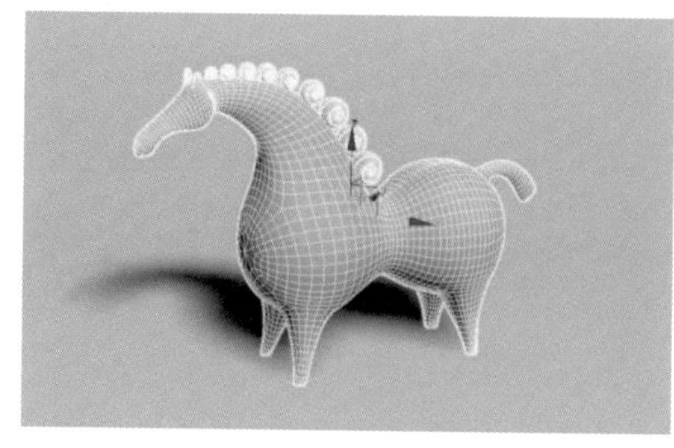

图3-37

步骤 2 加载VRay渲染器。

步骤 3 按快捷键M打开材质编辑器，选择一个空白材质球，把当前材质球设置为VRayMtl材质，并将名称改为“黑色陶瓷”，然后将“漫反射”颜色调节为“R0 G0 B0”，将“反射”颜色调节为“R121 G121 B121”，将“光泽度”调节为“0.95”，如图3-38所示。

步骤 4 在模型空间中创建一个VRay灯光，调整“倍增器”为“40”，并调整位置，让光源关系合理。

步骤 5 调整透视图，让模型构图合理（这里可以使用测试图渲染参数进行测试渲染）。

步骤 6 根据本章介绍的成品图渲染参数进行设置，最终得到渲染后的成品图。

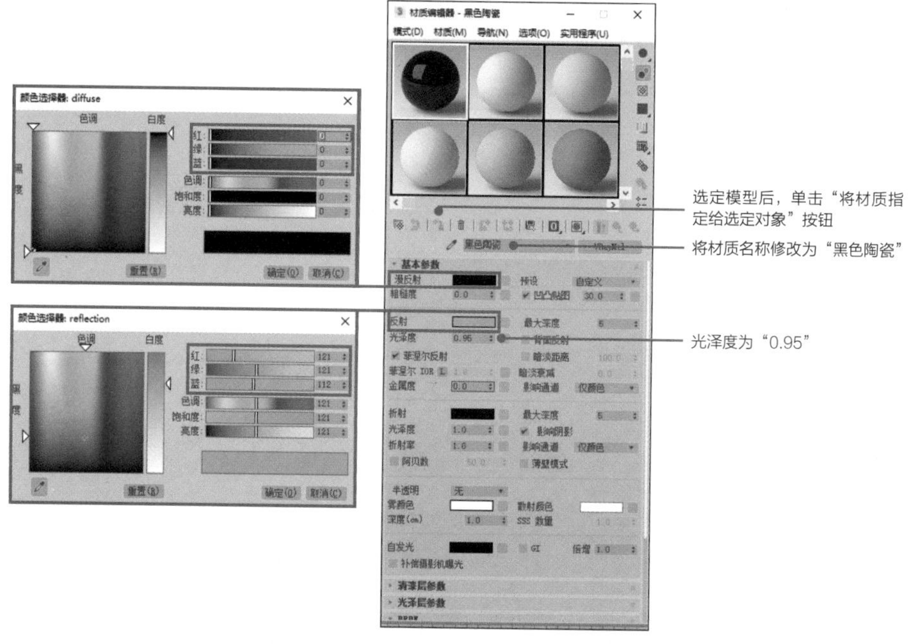

图3-38

知识延展

如何才能够渲染出优秀的效果图，是每一个学习3ds Max的用户都需要思考的问题。虽然软件能够帮助模拟材质的质感、光线的跟踪等，但要想制作出质量较高的效果图，还需要具备两点：一个是设计理念，对颜色的控制、光的设置、材质的搭配；另一个是对软件的掌握。很多人都只追求软件技术的熟练，但其实这是一个误区。好的作品固然离不开软件的使用，但设计理念才是根本，软件只是工具。

本章总结

本章介绍了3ds Max渲染器的基本概念、VRay渲染器的主要功能、材质与灯光的关系、渲染器的设置方法、VRay的灯光和材质应用技术等内容。我们期待通过案例的详解，能够帮助读者掌握VRay渲染器的加载、VRay渲染参数的设置等相关方法与技巧，从而能更好地制作出高质量的效果图。

本章习题

【填空题】

1.3ds Max 2022自带5种渲染器，分别是__________、__________、__________、__________、__________。

2.VRay渲染器调节输出大小主要是通过__________进行调节的。

3."GI"是__________的缩写，VRay渲染器真实的渲染效果就是依靠强大的GI系统运算而成的。

【选择题】

1.VRay渲染器指定的常用材质是（　　）。

A.PBR材质　　B.Default　　C.VRayMtl　　D.物理材质

2.VRay渲染器为用户提供了（　　）种灯光。

A.2　　B.4　　C.6　　D.8

3.在测试渲染图参数设置中，"图像采样器"卷展栏中的"类型"应设置为（　　）。

A.合并式　　B.渲染块　　C.噪波　　D.过滤器

【简答题】

1.简述渲染器的基本概念。

2.简述成品图渲染参数。

【技能题】

1.制作玻璃容器材质。

操作引导如下。

（1）源文件：\Ch03\玻璃容器.max。

（2）根据源文件调节材质参数。

（3）将渲染完成图存储成JPG格式的文件。

2.制作金属酒杯。

操作引导如下。

（1）源文件：\Ch03\沙发模型.max。

（2）创建标准基本体，通过移动变换、旋转变换及缩放变换对其进行调节。

（3）将渲染完成图存储成JPG格式的文件。

家具三维模型的制作

学习目标

通过对本章的学习，读者可以了解家具三维模型制作的相关知识，掌握标准基本体建模、二维图形建模和扩展基本体建模的应用方法。本章可帮助读者将所学知识应用到实际的案例制作中，从而具备一定的模型制作能力。

学习要求

知识要求	能力要求
1.实木家具三维模型的制作	1.具备使用软件制作实木家具三维模型的能力
2.金属家具三维模型的制作	2.具备使用软件制作金属家具三维模型的能力
3.软体家具三维模型的制作	3.具备使用软件制作软体家具三维模型的能力

思维导图

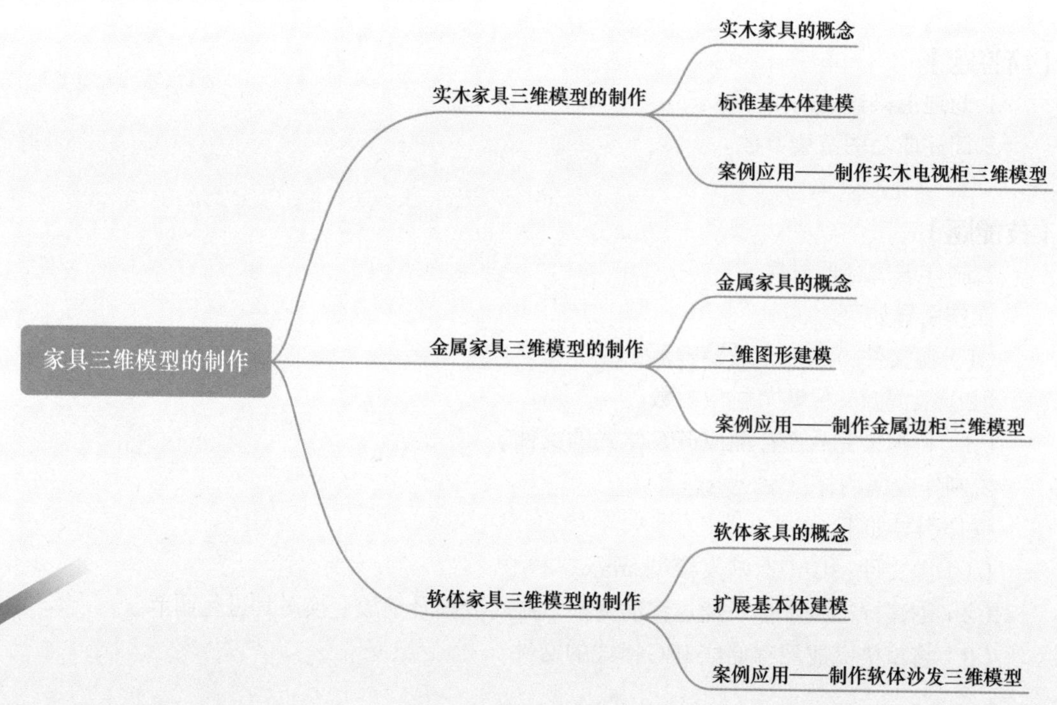

本章导读

天工奇智——家具中的智慧之光

我国古人的非凡智慧，除了体现在众所周知的四大发明中，在家具设计中也有体现。对于我国古人来说，家具的制作离不开木材，故家具的制作往往被视为一种木作，如图4-1所示。

宋应星著《天工开物》，名取“天工人其代之”，即天的职责由人代替；人如何代替？“开物成务”，即晓万物道理，后按此行事。故而人间异物，莫不出于奇智，正如他的注解：“盖人巧造成异物也”。

传统家具除了具有实用的功能外，还承载了我国的历史文明和传统文化。一些古代保存至今的传统家具经历了社会、人文与时光洗礼的同时，也印染了历史与时代的徽记，形成一种可以触摸的、鲜明而又生动的真实感。家具在流光溢彩的岁月长河中，成为代代相传的文化传承、艺术创造以及科技发明的历史见证者。

图4-1

4.1 实木家具三维模型的制作

1. 了解实木家具的基础知识；
2. 掌握标准基本体建模的流程与方法；
3. 能将软件工具的使用方法应用到实木家具三维模型的制作中。

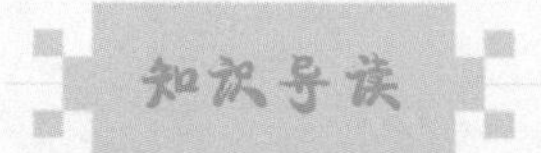

知识导读

明式家具中的仿生学

明式家具中的结构设计灵感大多源于自然界中的万物。例如，古典家具的腿足造型，常见的有鹅脖、马蹄腿、云纹、冰盘沿、走马销、龙凤榫、鱼门洞等，如图4-2所示。

图4-2

对于明式家具，如果不去仔细琢磨，你也许觉得它的结构设计只是一种造型、一个名字，但细想过后会发现，其中有宇宙万物、千里山河。

明式家具只是中华文明的一个缩影，其实在我国的其他艺术形式中，这种对自然的尊崇与模仿也十分常见。我国戏曲中的锣鼓经，其中的好多名字都极有意思，与家具的名称有着异曲同工之妙，例如走马锣、水底鱼、急急风等，以动物之形态形容音线之悠扬。

4.1.1 实木家具的概念

实木家具是指主要部位采用实木类材料制作、表面经（或未经）实木单板或薄木（木皮）贴面、经（或未经）涂饰处理的家具。

1. 实木家具的分类

国家市场监督管理总局于2018年5月1日开始实施的《木家具通用技术条件》（GB/T 3324—2017）中，对实木家具进行了详细、明确的划分，将其分为原木家具、实木锯材及指接材家具和集成材家具3种。

（1）原木家具

原木家具即全实木家具，指采用自然的树木做原料，制作和设计构造讲究古朴，结实耐用。工件的表面加工和防护也比较简单，如刷清漆、打蜡保护等，如图4-3所示。

（2）实木锯材及指接材家具

实木锯材及指接材家具是指所有木质零部件（镜子托板、压条除外）均采用实木锯材或实木指接材制作的家具。

图4-3

（3）集成材家具

集成材家具是指主要部位采用集成材制作，并在可视的表面覆贴实木单板或薄木（木皮）的家具。

2. 实木家具中的常见木材

实木家具按木料分有榉木、柚木、枫木、橡木、红椿、榆木、杨木、松木等，其中以榉木、柚木、红椿最为名贵。

3.实木家具的特点

实木家具的特点如下。

（1）天然、环保、健康，实木家具流露出自然与原始之美。

（2）使用寿命长。

（3）具有保值功能。

（4）具有独特的风格。

4.1.2 标准基本体建模

1. 标准基本体

标准基本体是现实世界中常见的物体，例如足球、管道、盒子、甜甜圈和圆锥形冰激凌杯等。在3ds Max中，能够使用单个标准基本体对这样的物体建模，如图4-4所示，还可以使用修改器对其进行进一步的优化。

在“创建”面板中单击■（几何体）按钮，选择“标准基本体”选项，展开“对象类型”卷展栏，即可看到3ds Max提供的标准基本体，如图4-5所示。

图4-4

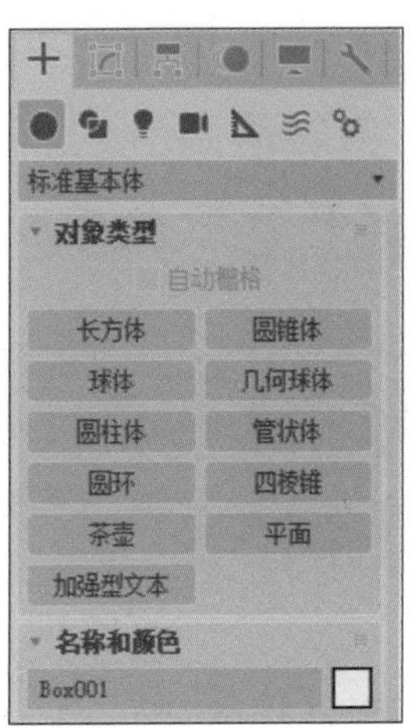

图4-5

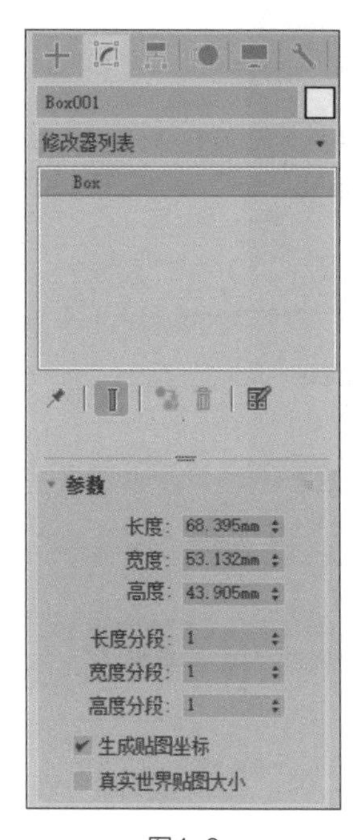

图4-6

2. “修改”面板

“修改”面板中提供了许多控件，支持编辑对象参数，并可将修改器应用于模型和调整修改器设置。在场景中选择对象后打开“修改”面板，如图4-6所示。

3. 捕捉

捕捉有助于在创建或变换对象时精确控制对象的尺寸和位置。常用的捕捉切换按钮包括“捕捉开关”按钮、“角度捕捉切换”按钮、“百分比捕捉切换”按钮和“微调器捕捉切换”按钮，如图4-7所示。

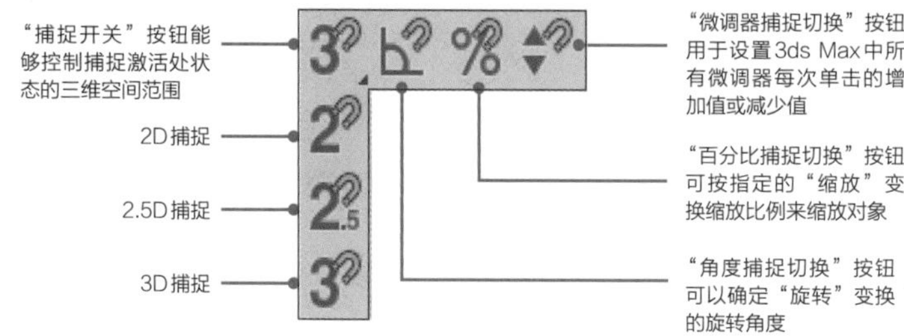

图4-7

捕捉设置在创建、移动、旋转和缩放模型时提供额外的控制，在创建和变换模型时使鼠标指针“跳”到现有几何体和其他场景元素的特定部分。“栅格和捕捉设置”窗口中的控件可以设置捕捉强度和其他特性，如捕捉目标。选择“工具”|“栅格和捕捉”|“栅格和捕捉设置”命令或右击工具栏上的任意捕捉切换按钮，即可打开“栅格和捕捉设置”窗口，如图4-8和图4-9所示。

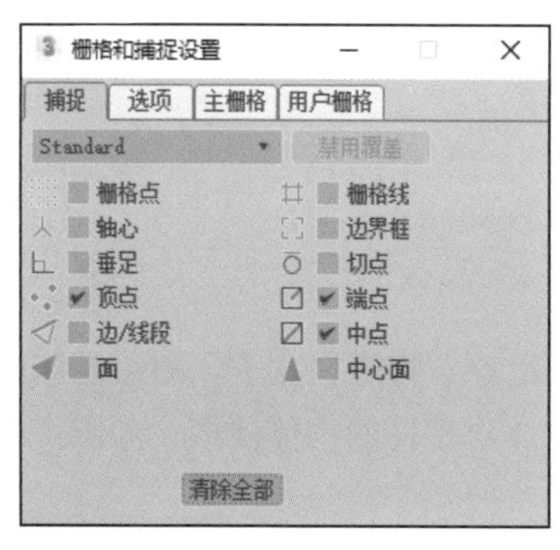

图4-8

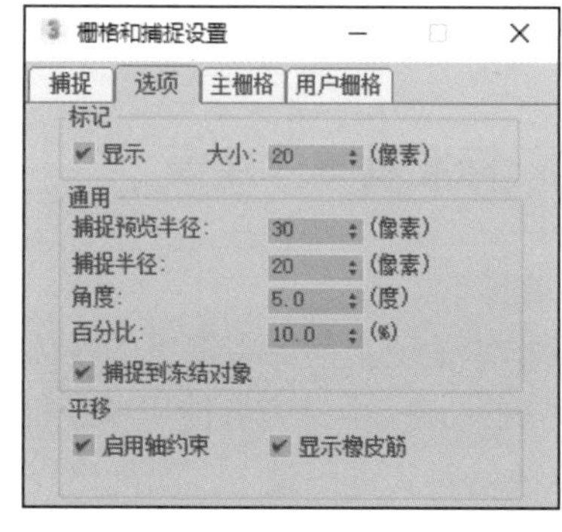

图4-9

4.1.3 案例应用——制作实木电视柜三维模型

客户要求根据现有的客厅风格设计一款实木电视柜，并希望尽早见到电视柜的基本样式，且能从各个角度进行观看。

解决方案：根据已有的装修风格，设计、制作实木电视柜的三维模型，利用“创建”面板中的标准基本体快速完成创建，结合移动、复制等命令完成模型的制作，如图4-10所示。

源 文 件：\Ch04\实木电视柜尺寸图.jpg。

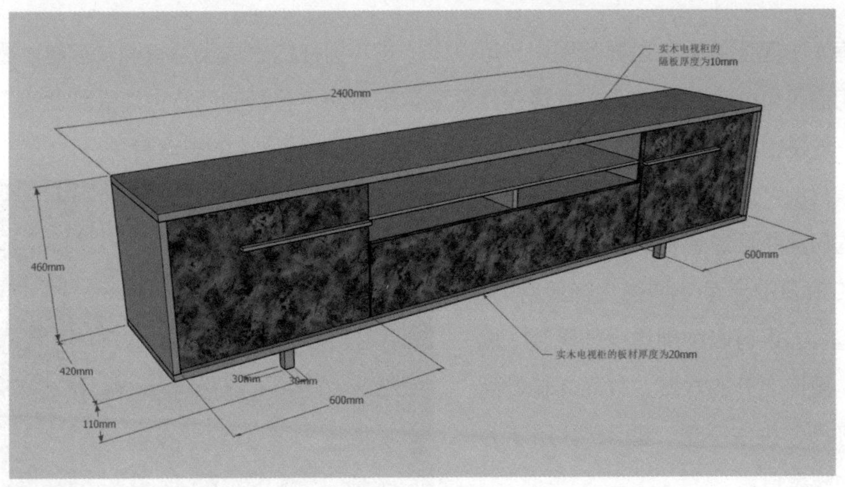

图4-10

操作步骤如下。

步骤 1 柜体的长度为2400mm、宽度为420mm、高度为460mm；电视柜腿的长度为30mm、宽度为30mm、高度为110mm；实木电视柜的板材厚度为20mm。

步骤 2 在“创建”面板中，使用长方体工具创建电视柜柜体模型。

步骤 3 在“修改”面板中修改柜体模型的尺寸。

步骤 4 打开捕捉开关，按照前文介绍的方法修改捕捉设置，保证捕捉功能能够正常使用。

步骤 5 使用标准基本体建模方法，以“实木电视柜尺寸图.jpg”文件中的尺寸数据为依据，采用临摹方式，完成电视柜模型的制作。

4.2 金属家具三维模型的制作

1. 了解金属家具的基础知识；
2. 掌握二维图形建模的流程与方法；
3. 能将软件工具的使用方法应用到金属家具模型的制作案例中。

知识导读

中国家具对西方近现代家具设计的影响

中国家具的美能跨越国界和文化的壁垒，深深影响着西方近现代家具的设计。18世纪时，英国家具大师托马斯·齐彭代尔（Thomas Chippendale）在他的著作《家具指南》中描述到：在世界范围内，可以以“式”相称的家具类型有明式家具、哥特式家具和洛可可式家具等。明式家具在几乎没有东方文化根基的西方也能受到此等级别的认可，一是因其自身的优秀实力，二是与当时西方对中国文化的态度有关。

家具的“因地制宜”并不仅因其与人们的日常生活息息相关，更因为中国文化的根源中含有一种强大的包容力，这种包容力近可吸纳周边少数民族，远可容纳重洋之外的异域，故而才能做到历久弥新、生生不息。图4-11所示为现代中式家具。

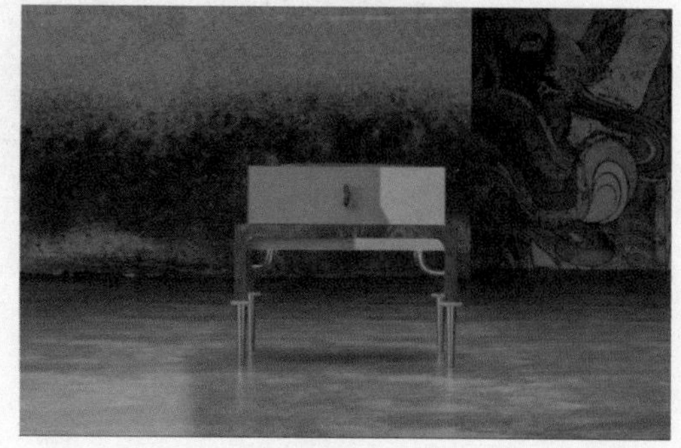

图4-11

4.2.1 金属家具的概念

凡以金属管材、板材或根材等作为主架构，配以木材、各类人造板、玻璃、石材等制造的家具，以及完全由金属材料制作的家具，统称为金属家具，如图4-12所示。

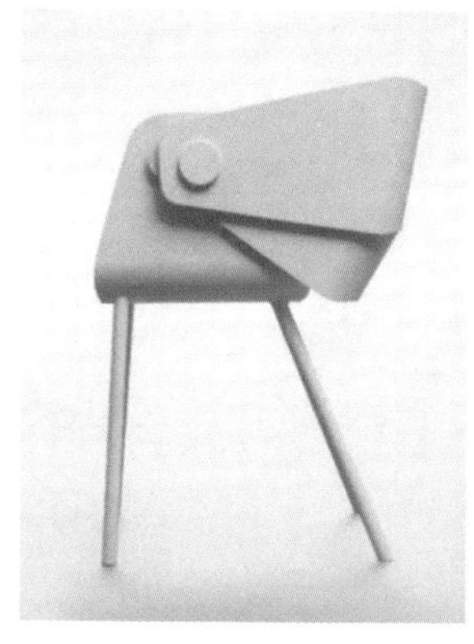

图4-12

随着家具生产中新材料、新工艺、新设备的不断出现和人们物质生活水平的不断提高，消费者对家具的造型、质量、功能的要求也随之提高。金属家具不但可以很好地营造家庭中不同房间所需要的不同氛围，更能使家居风格多元化和更富有现代气息。

1. 金属家具的工艺结构

通过冲压、锻、铸、模压、弯曲、焊接等加工工艺可获得各种各样的独特造型，然后采用焊、螺钉、销接等多种连接方式组装与造型。按结构的不同特点，一般金属家具分为固定式、拆装式、折叠式、插接式几大类。

2. 金属家具的分类

按金属材料在家具中与其他材料的不同搭配，金属家具可分为全金属家具（如钢家具）、金属与木材结合家具（如钢木家具）、金属和其他非金属结合家具（如钢塑家具、钢与玻璃家具等）。

3. 金属家具中常用的金属材料

家具中常用的金属材料有Q235钢、铝型材、不锈钢201、不锈钢304、铜。

4.2.2 二维图形建模

二维图形在效果图的制作中有着非常重要的作用，通常建立三维模型都是先创建二维图形，然后添加相应的修改命令而完成的。

1. 创建图形

图形是由一条（或多条）曲线或直线段构成的模型。

在“创建”面板中单击（图形）按钮，即可看到3ds Max提供的二维图形，如图4-13所示。

创建出来的二维图形通过渲染可以转换成三维模型，“渲染”卷展栏如图4-14所示。执行以下操作步骤可渲染图形。

（1）在“渲染”卷展栏中，勾选“在渲染中启用”复选框和“在视口中启用”复选框。

（2）选择横截面类型为“径向”或“矩形”，根据需要调整尺寸和其他设置。

（3）如果计划为样条线分配贴图材质，可以勾选“生成贴图坐标”复选框。

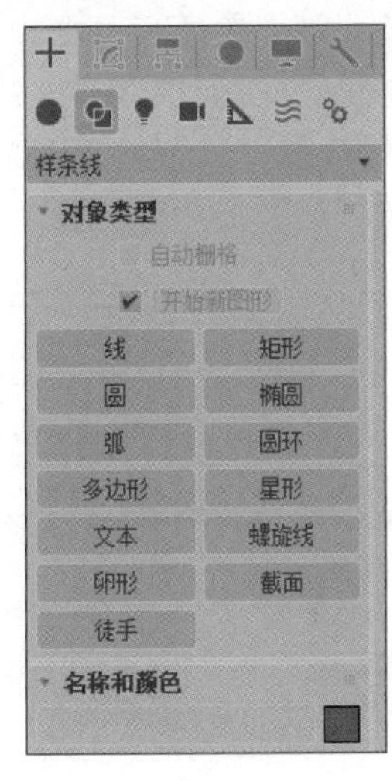

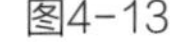
图4-13

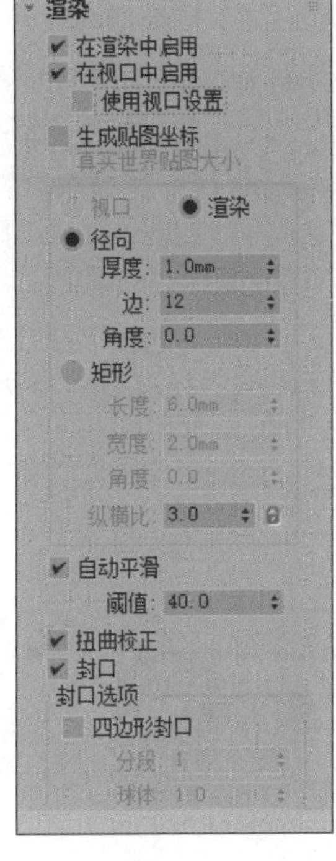

图4-14

2. 可编辑样条线

可编辑样条线提供“点”“线段”“样条线”3个子对象层级，将模型作为样条线模型进行操纵控制。

创建或选择一条样条线，在“修改”面板中右击堆栈显示中的“样条线”选项，在弹出的快捷菜单中选择“转换为：可编辑样条线”命令，即可将样条线转为可编辑样条线，命令菜单及相关卷展栏如图4-15所示。

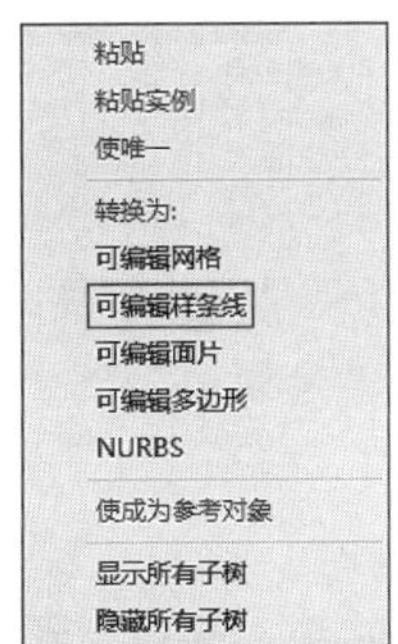

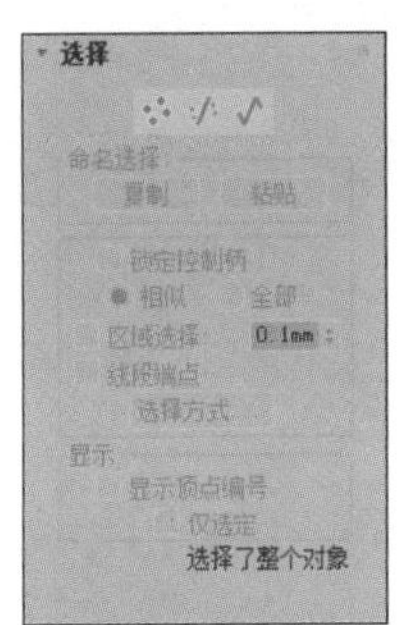

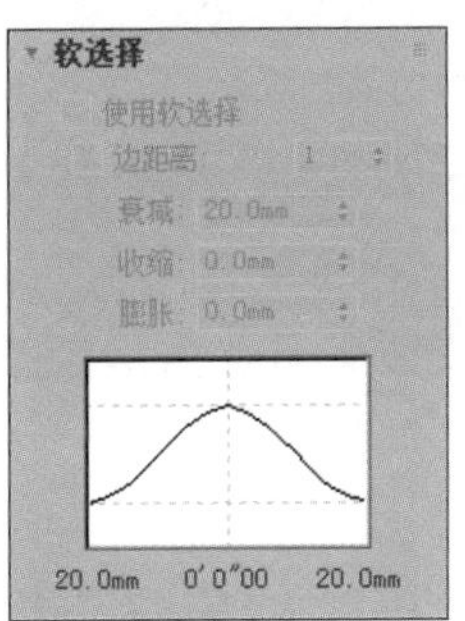

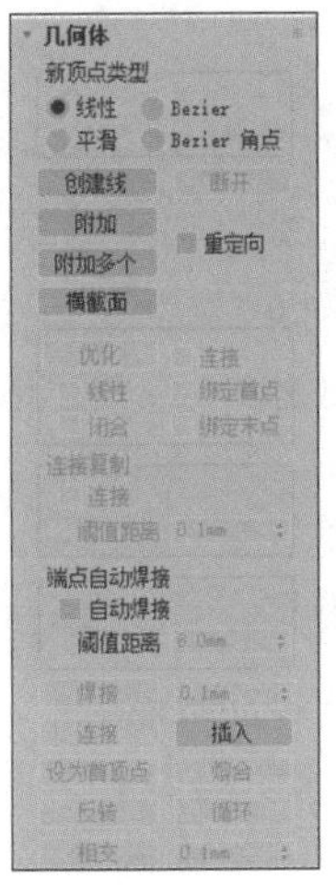

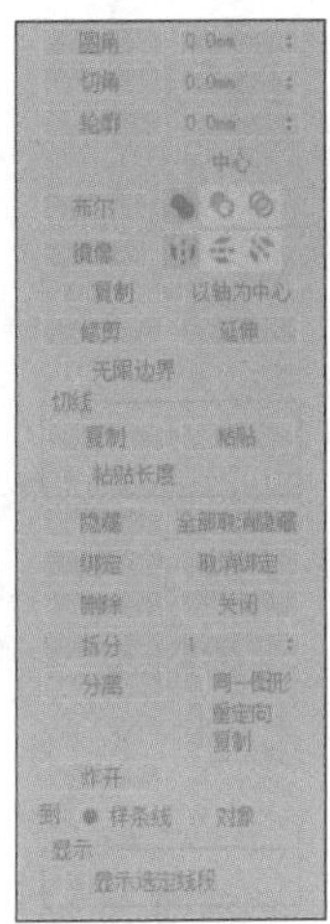

图4-15

由此，可以得到更为丰富的参数调整效果，具体可以在“修改”面板中观察与修改。它主要包括点、线段、样条线3个级别。

（1）可编辑样条线（顶点）：在“可编辑样条线（顶点）”层级，可以使用基本的变换命令选择一个或多个顶点并移动它（们）。

（2）可编辑样条线（线段）：线段是样条线曲线的一部分，在两个顶点之间；在“可编辑样条线（线段）”层级，可以选择一条或多条线段，并使用基本的变换命令移动、旋转、缩放或复制它（们）。

（3）可编辑样条线（样条线）：在“可编辑样条线（样条线）”层级，可以选择一个样条线对象中的一个或多个样条线，并使用基本的变换命令移动、旋转和缩放它（们）。

3. “挤出”修改器

“挤出”修改器是二维图形建模中的一个关键功能，它可以将二维图形转换为三维模型。挤出就是依据所选择的二维图形样式，将其三维实体化显示出来，如图4-16所示。

选择一个图形，在“修改”面板中选择“修改器列表”选项，选择“挤出”修改器，设置挤出深度后即可将二维图形转换为三维模型，如图4-17所示。

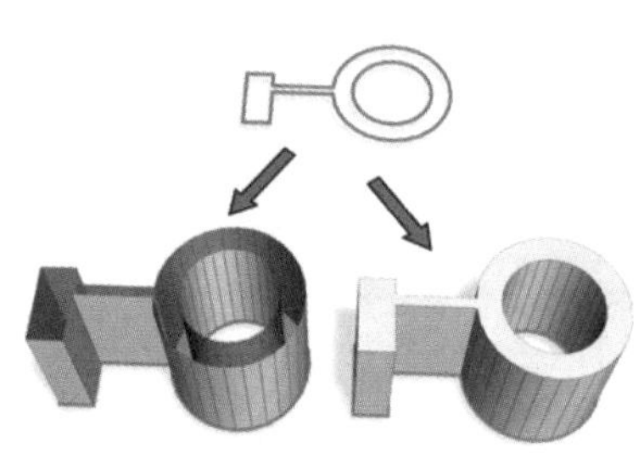

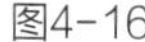

图4-16

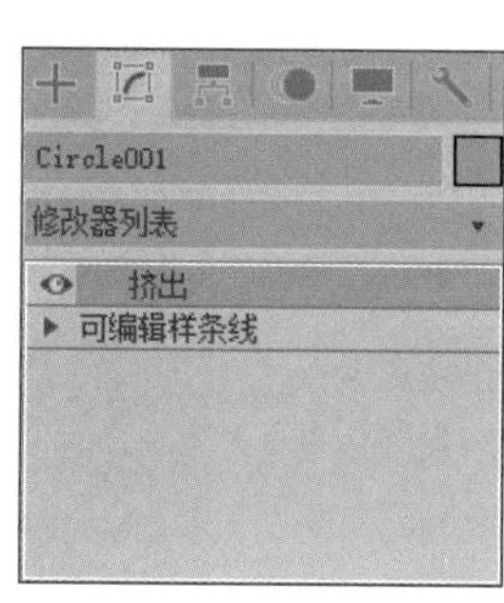

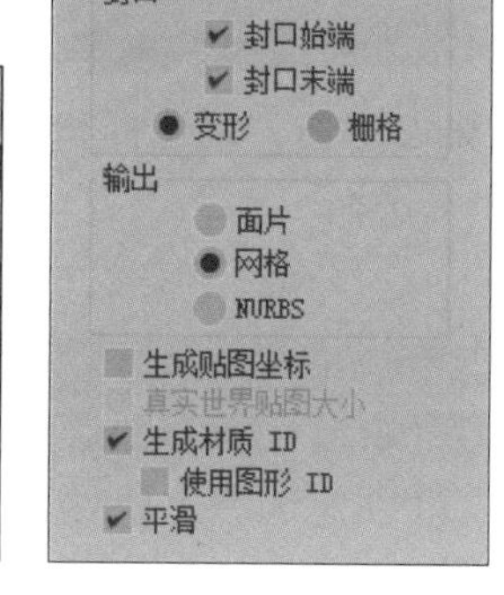

图4-17

4.2.3 案例应用——制作金属边框三维模型

公司销往越南一批边柜，接到收货方的反馈，希望能在发货前看到金属边柜的样式。经理要求制作金属边柜的三维模型以发给客户。

解决方案：制作金属家具模型时，哪个部分是柜体部件，哪个部分是五金承接件，都要如实地在三维模型中显示出来，以便收货方做产品验收。图4-18所示为本案例家具模型。

源 文 件：\Ch04\金属边柜尺寸图.jpg。

操作步骤如下。

步骤 1 使用二维图形建模的方法制作金属边柜的三维模型，尺寸参照“金属边柜尺寸图.jpg”文件中的尺寸数据。

步骤 2 创建矩形（边柜外轮廓），将其转换为可编辑样条线并进一步编辑。

步骤 3 使用编辑样条线“顶点”层级中的“圆角”命令修改边柜的四角，使用“线段”层级中的“轮廓”命令制作柜体金属板材的厚度。

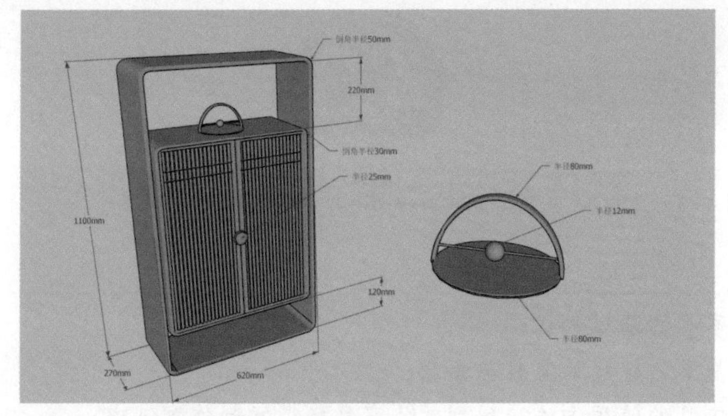

图4-18

步骤 4 使用“挤出”命令完成边柜外框模型的制作，效果如图 4-19 所示。

步骤 5 使用圆、线和球体制作顶部装饰，先画出基础形状，然后在“渲染”卷展栏中勾选“在渲染中启用”复选框和“在视口中启用”复选框，将其转换成三维对象，如图 4-20 所示。

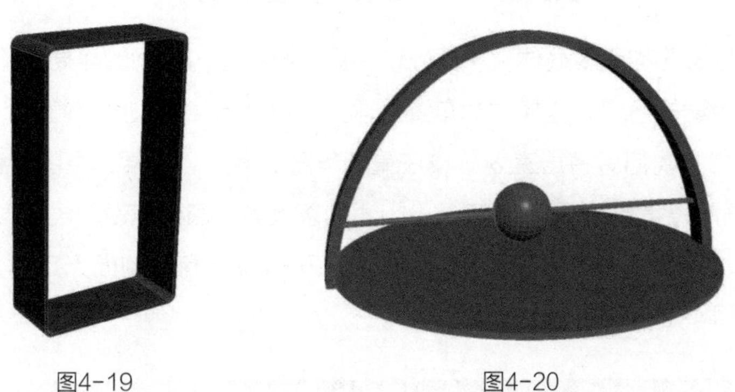

图4-19　　图4-20

步骤 6 创建矩形（边柜门外轮廓），将其转换为可编辑样条线并进一步编辑。使用“倒角”修改器，完成边柜门外轮廓模型的制作，如图 4-21 所示。

步骤 7 使用线制作门板的编制结构，先用线画出基本编制状态，在“渲染”卷展栏中勾选“在渲染中启用”复选框和“在视口中启用”复选框，将其转换成三维对象，并修改长度值和宽度值以完成门板的编制结构模型制作，如图 4-22 所示。

步骤 8 完成金属边柜三维模型。

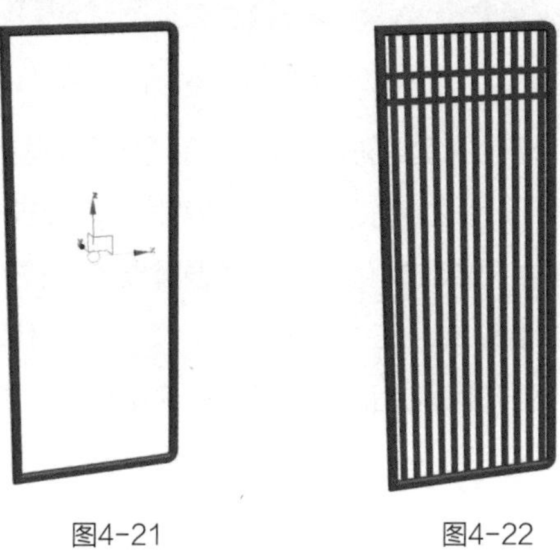

图4-21　　图4-22

4.3 软体家具三维模型的制作

1. 了解软体家具的基础知识；
2. 掌握扩展基本体建模的流程与方法；
3. 能将软件工具的使用方法应用到软体家具模型的制作案例中。

知识导读

天人合一——家具的陈设与布局

家具是家居文化的重要载体，家具陈设会直接影响室内空间的格局与特色。家具陈设要与居室的用途相适应，这样才能布置合理，使用得当，让人身心愉悦。从现代家居的分布格局考虑，我们可将居室划分成庄重、华丽的客厅，方便、温馨的餐厅，文雅、娴静的书房，舒适、静谧的卧室，随性、闲适的茶室等。家具陈设依居室形态、使用要求、氛围格调、审美喜好的不同而呈现多样化，可以说是有形制而无定式，适得其所，各得其妙，如图4-23所示。

图4-23

王世襄先生曾提到，明代的室内陈置简洁舒朗，家具疏落有致，入清以后才渐显繁复拥挤。因此，宁少勿多，一室之内陈置三、五件就好，尽显神采，四壁生辉。这种“天人合一”的哲学思想，在中国传统文化中占据了很重要的地位。它还体现在建筑空间的内部布局上，即家具的陈设领域。在中国家具设计史上，五代时期桌椅的进一步推广，形成了成套家具的雏形，至宋代垂足而坐完全取代席地而坐，桌椅等高型家具的广泛应用及世俗化，使家具体系日趋完善，家具的室内陈设逐渐形成完整的格局，并最终促成了现代家具发展的顶峰。

4.3.1 软体家具的概念

随着家居生活的丰富，家具的分类也开始精细起来。软体家具主要指的是以海绵、织物为主体的家具，如图4-24所示。

图4-24

我国软体家具市场成长迅速、潜力巨大，市场销售额已占据家具行业的半壁江山。随着科技含量的增加，软体家具将利用更少的自然资源，提供更长的使用期，为人们创造舒适、惬意的生活环境，这样无形中契合了社会发展低碳经济的时代潮流。软体家具也因其环保、耐用等优点，在市场中所占份额越来越大，正逐渐成为一种消费时尚。

1. 软体家具的优点

软体家具柔软且富有弹性，表面装饰色彩丰富，面料多种，变化多样，更换方便，特别适合坐、卧类场景，是现代客厅、卧室必不可少的室内陈设。合理的软体家具能帮助减轻使用者工作中的疲劳，使其得到充分的休息。又因软体家具采用了覆面材料和软垫材料，所以给人以舒适、柔软、华丽、美观的感觉。其中，做工精细的螺旋弹簧家具十分受欢迎，其使用感舒适，透气性好，属于环保型家具。

2. 软体家具的分类

软体家具主要指沙发和软床两大类，软床可以分为布艺床、皮床和皮布结合床3种；沙发也分为布艺沙发、皮质沙发和皮布结合沙发3种。

3. 软体家具常用的面料

软体家具的皮质材料包括真皮和人造皮。真皮就是指动物皮革，人造皮就是人工合成的皮革。布艺的面料种类比较多，常用的有棉、毛、麻、化纤等几种。软体家具的面料按材质可以划分为天然材质和非天然材质，天然材质中最常见的是棉、麻、丝、毛，它们都来自天然的动植物，是环保的材料；非天然材质常见的有涤纶、腈纶、粘胶，涤纶是化学合成的材料。

4.3.2 扩展基本体建模

1. 扩展基本体

扩展基本体是3ds Max复杂基本体的集合。它包括异面体、环形结、切角长方体、切角圆柱体、油罐、胶囊、纺锤、L-Ext、球棱柱、C-Ext、环形波、软管和棱柱，如图4-25所示。

在“创建”面板中单击■（几何体）按钮，选择“扩展基本体”选项，展开“对象类型”卷展栏，即可看到3dx Max提供的扩展基本体，如图4-26所示。

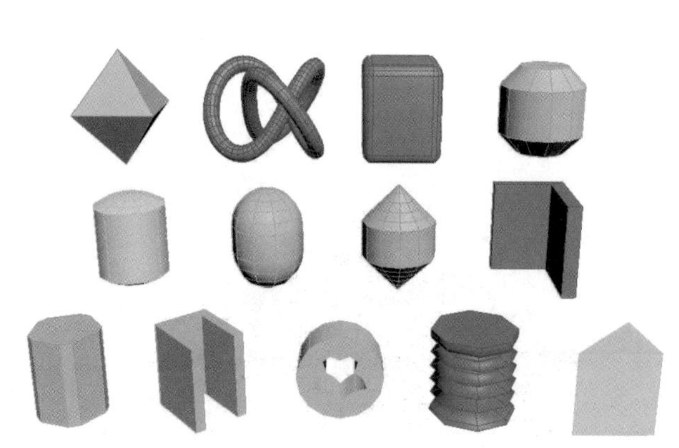

图4-25

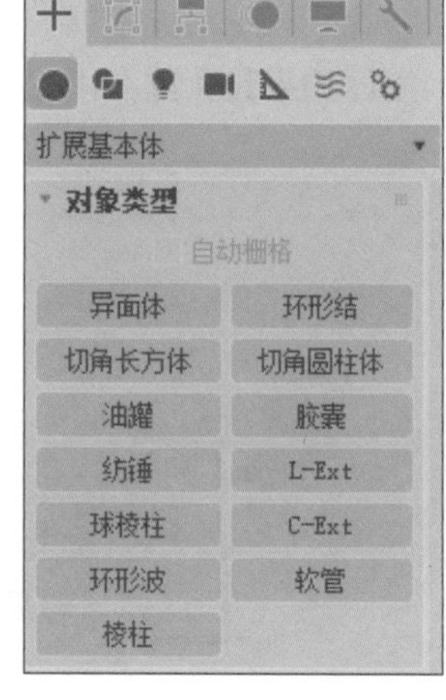

图4-26

2. FFD（自由变换）修改器

FFD代表“自由形式变形”，它是3ds Max中非常重要的一个三维模型编辑命令。它根据创建出来的模型的分段数，通过控制点使模型产生平滑一致的编辑效果。FFD（自由变换）修改器分为“FFD 2×2×2”“FFD 3×3×3”“FFD 4×4×4”。

为对象添加FFD修改器后，常见的调整方式是在修改器堆栈中选择“控制点”，再结合放缩和移动等工具调整物体外观，如图4-27所示。

在“修改”面板的“修改器”下拉列表中选择“FFD 2×2×2”“FFD 3×3×3”或“FFD 4×4×4”选项，即可为对象添加FFD（自由变换）修改器，相关卷展栏如图4-28所示。

3. FFD（长方体/圆柱体）修改器

在“修改”面板的“修改器”下拉列表中选择“FFD（长方体）”或“FFD（圆柱体）”选项，即可为对象添加FFD（长方体/圆柱体）修改器，相关卷展栏如图4-29所示。

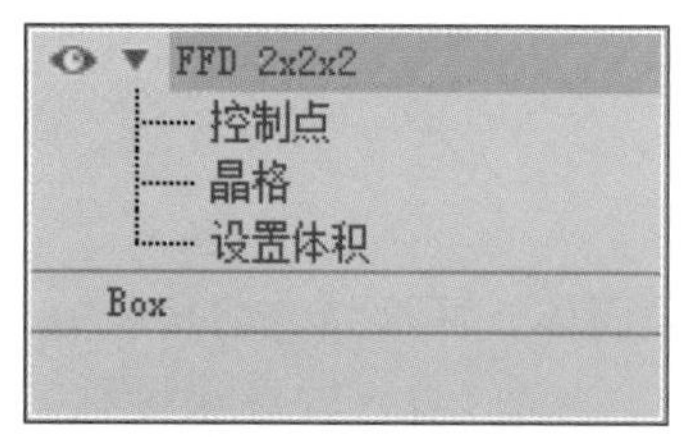

图4-27

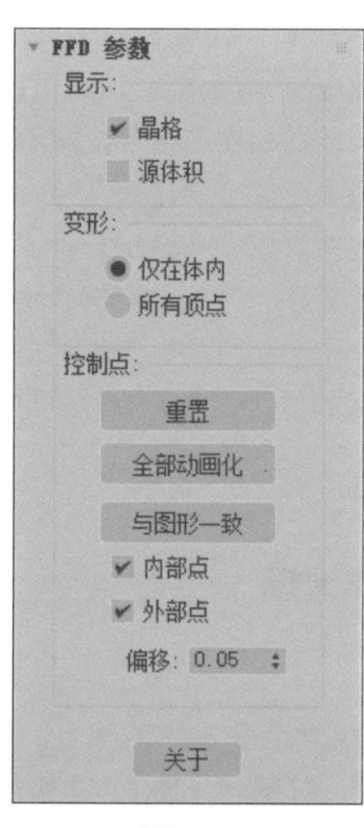

图4-28

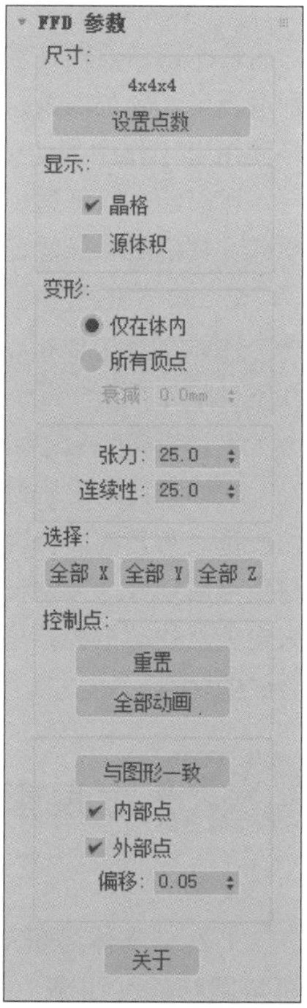

图4-29

4.3.3 案例应用——制作软体沙发三维模型

某国际家具公司希望为他们的新产品建立三维模型库，用于官网展示。首先要制作的是软体家具类。

解决方案：使用扩展基本体建模的方法，配合FFD修改器的功能，制作出软体沙发三维模型，如图4-30所示。

源 文 件：\Ch04\软体沙发\软体沙发.jpg。

案例应用——制作软体沙发三维模型

图4-30

操作步骤如下。

步骤 1 打开名为“软体沙发.jpg”的图片文件，作为模型临摹制作的参考依据。

步骤 2 使用扩展基本体建模方法制作沙发模型。

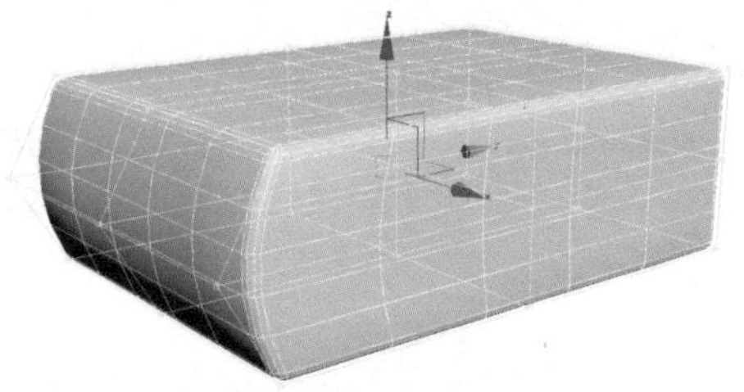
图4-31

步骤 3 创建一个切角长方体，修改其长度为830mm、宽度为600mm、高度为300mm、圆角为15mm、长度分段为5mm、宽度分段为5mm、高度分段为5mm、圆角分段为3mm。

步骤 4 使用“FFD 3×3×3”修改器调整沙发座椅模型，如图4-31所示。

步骤 5 复制出4个沙发座椅模型，一共得到5个模型，并将其摆放至效果图图4-30所示位置。

步骤 6 使用上面的方法，制作靠背模型和靠垫模型，采用临摹方式，完成软体沙发三维模型的制作。

知识延展

我们在行业内会经常听到“次世代建模”这个词，但很少有人深入地了解过“次世代建模”的含义。“次世代”源自日语，指的是下一个时代。次世代建模是对下一代游戏建模标准的统称。

如今的3A游戏基本上都采用了次世代建模，如图4-32所示。每个三维模型都是由一定数量的面组成的。面越少，模型看起来就越简单；面越多，模型看起来就越精细。每个模型刚做出来的时候都是灰扑扑的。为了让模型显示出皮肤、衣物、金属等纹理，我们需要往模型上面贴一层“皮”，即我们常说的“贴图”。次世代建模，就是在模型面数和贴图质量上标准比较高的建模方法。简单来说，次世代建模要求增加模型面数，从简单粗糙的低模升级为精细复杂的高模，并在贴图上普遍运用基于物理渲染的PBR材质，追求更写实的效果。

图4-32

一般来说，面数越多、精度越高的模型，所需要的性能开销就越大，越容易造成游戏的卡顿。但是，次世代建模有一套独有的流程。依靠这套流程，次世代模型可以完美平衡精度和流畅度间的问题。

本章总结

本章介绍了利用3ds Max建模的基础知识，详细讲解了捕捉、图形的创建与编辑、挤出修改器、扩展基本体建模、FFD修改器等内容。通过对3个案例的细致讲解，帮助读者更好地掌握不同类型的建模技巧，并打下坚实的软件基础，以便更好地适应后续章节的系统练习。

本章习题

【填空题】

1. “修改”面板提供了许多控件，支持编辑对象参数，并将修改器应用于__________和调整修改器设置。

2. 切角长方体位于__________选项中，它可以创建出带有圆角的长方体。

3. 捕捉有助于在__________或__________对象时精确控制对象的尺寸和位置。

4. “可编辑样条线”提供__________、__________和__________3个子对象层级，将模型作为样条线模型进行操纵控制。

【选择题】

1. “可编辑样条线”未提供的子对象层级是（　　）。

A.点　　B.线段　　C.边界　　D.样条线

2. “挤出”是二维图形建模中关键的一个环节，可以将二维图形转换为（　　）模型。

A.四维　　B.三维　　C.一维　　D.十维

【简答题】

1.请简述FFD（自由变换）修改器的基本使用流程。

2.简述可编辑样条线的操作步骤。

【技能题】

1.制作沙发凳，如图4-33所示。

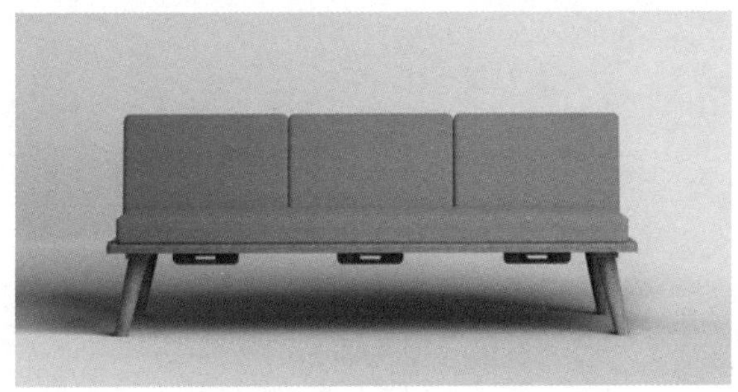

图4-33

操作引导如下。

（1）利用长方体制作木材质底座与四角。

（2）创建切角长方体，通过复制得出沙发部分。

（3）渲染输出JPEG格式文件。

2.制作梳妆台组合，如图4-34所示。

图4-34

操作引导如下。

（1）利用二维线制作出桌面和椅面。

（2）创建切角长方体，通过复制得到柱形承重件。

（3）用圆柱体制作梳妆镜。

（4）渲染输出JPEG格式文件。

建筑三维效果图的制作

学习目标

通过对本章的学习，读者可以了解制作建筑三维效果图的基础理论和软件操作特点，掌握多边形建模的方法和建筑三维效果图的制作技巧。本章可帮助读者将所学知识应用到实际的案例制作中，并具备一定的建筑三维效果图制作能力。

学习要求

知识要求	能力要求
1. 建筑三维效果图	1. 了解3ds Max在建筑三维效果图中的应用
2. 建筑三维模型的制作	2. 具备使用软件制作建筑三维模型的能力
3. 建筑三维效果图的制作流程	3. 具备使用软件制作建筑三维效果图的能力

思维导图

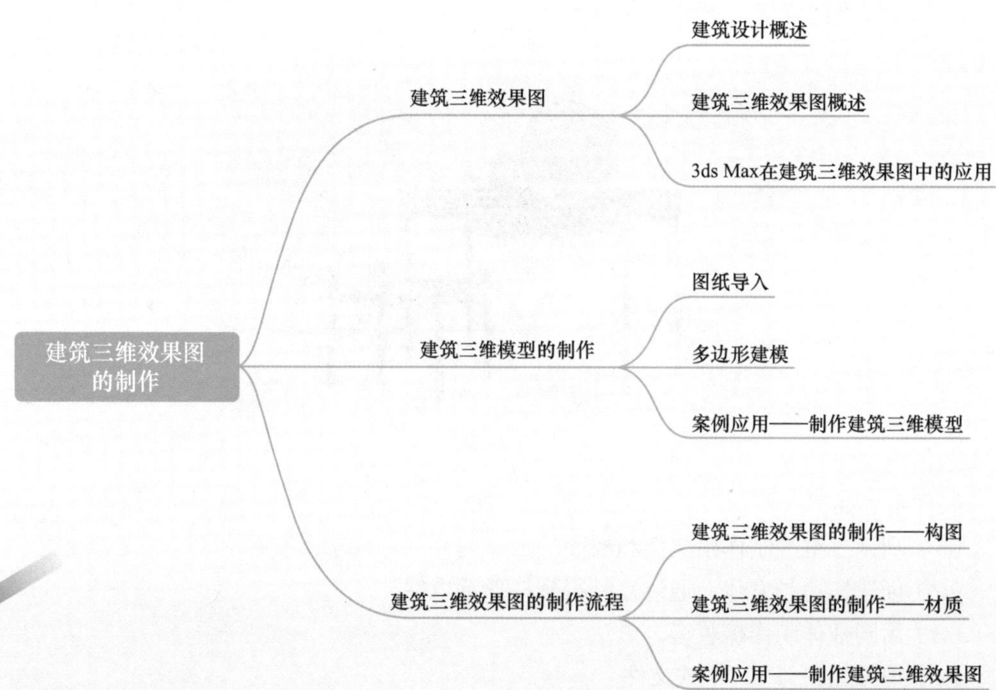

本章导读

没有3D的年代，建筑大师梁思成是这样画建筑的

1931 年，梁思成回到北平任中国营造学社法式部主任，次年主持文渊阁的修复工作，著成《清式营造则例》一书。书中详细介绍了清代宫廷建筑的形制样式，分析了各建筑部件的做法和作用，图文并茂，用现代建筑学的分析模式，将古建筑完整地呈现在人们的眼前。图5-1所示为《清式营造则例》书中插图。

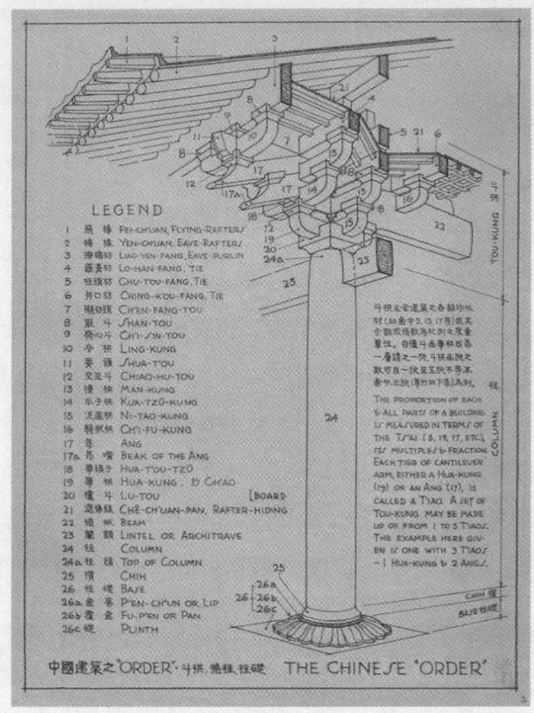

图5-1

值得一提的是，书中序言由林徽因执笔，文末一句“尽信书不如无书”道破了田野调查对建筑学科的重要意义。书中28幅现代工程绘图就是夫妻二人多年田野调查的成果。

在没有计算机辅助软件的年代，梁思成、林徽因夫妇就靠着简简单单的尺规，完成了从测量到绘图的全部工作。而且他们是严格按照现代工程绘图的标准，一丝不苟、分毫不差地完成了书中的图示。

直到今天，3ds Max的出现，让我们利用计算机的编辑功能很快便能制作出那些年代的大师花费数日才能完成的效果。这是时代的进步，同时也推动了建筑行业的飞速发展。

建筑三维效果图

1. 了解建筑设计的基本概念；
2. 了解建筑三维效果图的基本概念；
3. 熟悉3ds Max在建筑三维效果图中的应用。

马岩松之三亚凤凰岛酒店

马岩松的设想是：这是一个海里的岛，岛上的建筑就应该像从海里长出来的一样，所有建筑都是曲面的，像珊瑚、海星等生物，拼在一起感觉就是一个群体。而这种群体的标志性建筑很少见。当今世界的任何地方，一般将一幢楼或者双塔作为标志，很少有将一个群体建筑作为标志的，他的设想也体现了其设计作品的独创性。

作为中国优秀的青年建筑师，马岩松曾就读于北京建筑工程学院（现北京建筑大学），后毕业于美国耶鲁大学，获建筑学硕士。他曾经在伦敦的扎哈·哈迪德事务所和纽约埃森曼事务所工作，其诸多作品引起业界瞩目。图5-2所示为三亚凤凰岛酒店照片。

图5-2

5.1.1 建筑设计概述

建筑设计是指设计师在建筑物建造之前，按照建设任务对施工过程中所涉及的所有可能出现的问题的一个设想，然后把这些设想用图纸或者文件的形式表现出来。

1. 建筑设计的原则

（1）由于建筑物的首要目的是使用，所以建筑设计首先要满足使用要求。

（2）建筑设计均采用合理技术的措施原则。

（3）建筑设计需要考虑美观性原则，在设计的时候需要合理地规划它的外形构造、表面装饰和颜色等。

2. 建筑设计的应用

建筑设计常应用在城市规划领域，但是近几年很多国外和国内的城市漫游动画中也出现了建筑设计。这些城市漫游动画中的建筑设计具有很强的人机交互性，空间感非常真实，人们能够在一个虚拟的三维环境中审视未来的建筑或者城区建设。

5.1.2 建筑三维效果图概述

建筑三维效果图是由计算机建模渲染而成的建筑设计表现图，传统的建筑设计表现图是由人工绘制的，二者的区别是绘制工具不同，表现风格不同。建筑三维效果图的表现更真实，能逼真地模拟建筑建成后的效果，还能体现建筑的设计风格和艺术性。在设计过程中，这二者是可以互相借鉴、互相融合的。建筑三维效果图示例如图5-3所示。

图5-3

5.1.3 3ds Max在建筑三维效果图中的应用

3ds Max在我国建筑设计领域中占有极其重要的地位。使用3ds Max进行建筑设计不仅是未来建筑设计的主流，还要能够表达出丰富多彩的建筑效果。使用3ds Max制作效果图主要有以下几个基本流程。

1. 剖析图纸

读懂设计图纸，明白设计意图。设计人员需要熟悉设计的空间尺寸，理解空间的布局、格调、表现方式。

2. 修改图纸

在CAD中把不需要的内容删除（或是通过图层暗藏标尺、文件注释等一些辅助线形），以减少在将图纸导入3ds Max中时占用的系统资源，而且精简的图纸也便于参考与制作。

3. 导入图纸

在3ds Max中，选择“文件”|“导入”命令，将处理过的CAD文件导入场景中。在导入图纸前，一定要设置好系统单位。

4. 建立模型

建立模型时主要以多边形建模的方法为主。

5. 调整材质

每一部分模型制作完成以后，设计人员应当依据图纸设计的外观效果调制其材质并赋予该建筑构件。建筑常用的材料有外墙涂料、铝塑板、玻璃幕墙、墙砖、马赛克、花岗岩等。

6. 设置摄影机和灯光

基本模型制作完成后，设计人员就要在场景中安排恰当的摄影机和灯光效果。摄影机和灯光在三维创作中起着举足轻重的作用。

（1）架设摄影机

制作效果图时，一个场景中可以设置多个摄影机，以便从不同角度观察效果图。在一般的建筑效果图中，大多都将摄影机设置为两点透视关系，摄影机和目标点在一个面上，距地面约1.7m高。这种摄影机视角的建筑效果最接近人肉眼所看到的效果。

（2）设置灯光

在3ds Max中设置灯光时，系统默认的灯光会主动关闭。另外，灯光的颜色可以依据需要进行设定，所有灯光都可以投射暗影、投射图像、附加质量等。

7. 后期处理

在3ds Max中，渲染完成的效果图只是一个低级产品。在一般情形下，还要将渲染完成的效果图导入Photoshop中进行后期处理。

5.2 建筑三维模型的制作

1. 掌握在3ds Max中导入CAD图纸的流程与方法；
2. 掌握多边形建模的流程与方法；
3. 能将软件工具的使用方法应用到建筑三维模型的制作中。

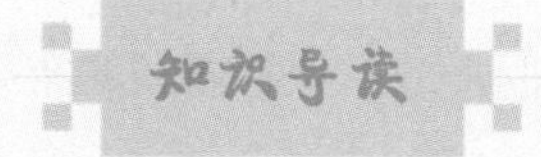

宁波博物馆

每一座建筑都有自己的故事，每一位建筑师都在用自己独特的造型语言为观者讲述着这个故事。王澍教授在设计宁波博物馆的时候，在建筑的外形设计上，严谨而颇具创意，蕴涵了宁波从渡口到江口、港口的城市发展轨迹。其平面呈简洁的长方形集中式布置，但两层以上建筑突显开裂状，微微倾斜，演绎成抽象的山体。这种形体的变化使建筑整体呈向南滑动的独有态势，宛如行进中的巨舟，耐人寻味。建筑的内外由竹条模板混凝土和用20种以上回收旧砖瓦混合砌筑的墙体包裹，宁波博物馆建筑本身就是特殊意义上的展品，如图5-4所示。

图5-4

设计者提出“重建当代中国本土建筑学”主张，正是出于对现代建筑设计与传统建筑设计的全新认知，以自然之道、人文地理、景观诗学为出发点，强调建筑与自然融为一体的设计理念。宁波博物馆的设计就是这种主张的探索和实践。王澍教授用自己的建筑语言向全世界重新诠释了中国文化，他也成了普利兹克建筑奖首位中国籍获得者。

5.2.1 图纸导入

制作建筑三维模型，设计人员需要先把相关的CAD图纸导入3ds Max中。导入图纸前的处理步骤包括：修改CAD图纸、设置系统单位和导入DWG文件或DXF文件。

1. 修改CAD图纸

在导入CAD图纸文件前，设计人员需要在CAD中保留制作建筑三维模型时需要的信息，删除不需要的图纸信息。图5-5所示为原始平面图，图5-6所示为修改后的平面图。

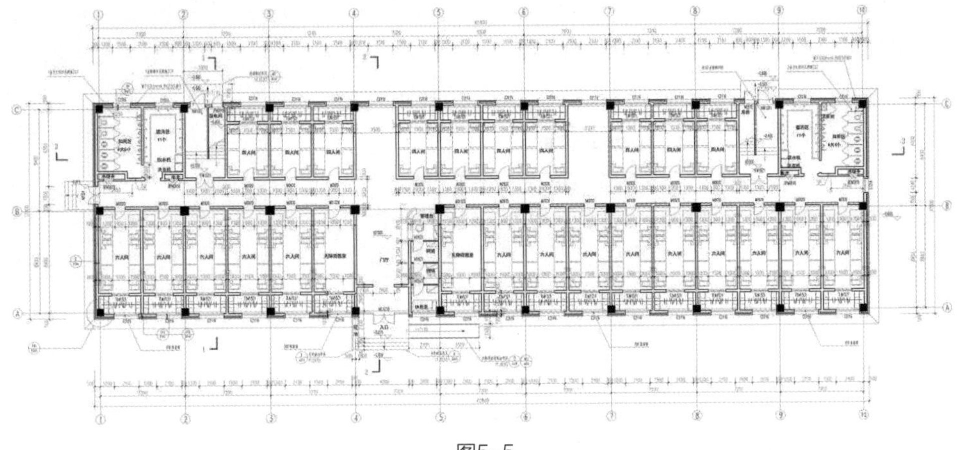

图5-5

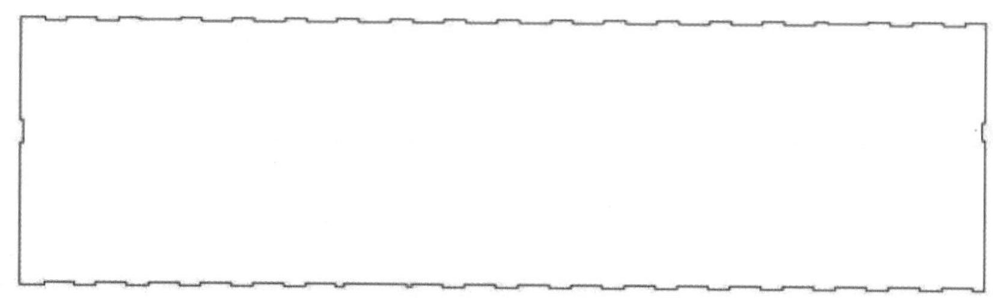

图5-6

2. 设置系统单位

在制作建筑类三维模型时，设计人员需要设置3ds Max的系统单位。建筑图纸常用的平面图尺寸单位是mm，所以在制作三维模型前，需要把3ds Max的系统单位设置为mm。

（1）“单位设置”对话框

“单位设置”对话框用于设置单位的显示方式，通过它可以在通用单位和标准单位间进行选择，也可以创建自定义单位，这些自定义单位可在创建任何对象时使用。

选择“自定义”|“单位设置”命令，即可打开“单位设置”对话框，如图5-7所示。

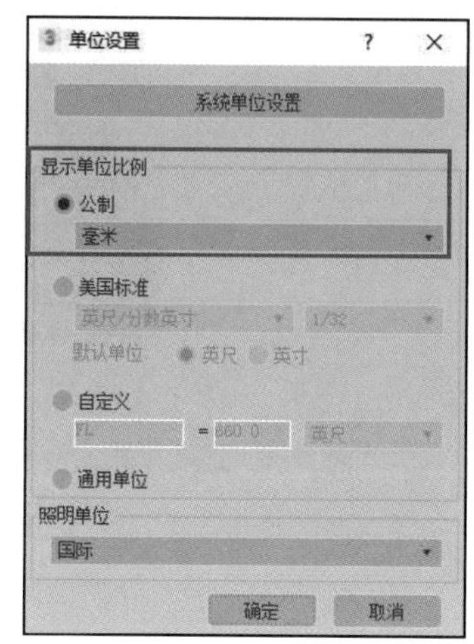

图5-7

（2）系统单位与显示单位

理解系统单位与显示单位之间的差异十分重要。显示单位只影响几何体在视口中的显示方式，而系统单位决定几何体实际的比例。例如，如果导入一个含有1×1×1长方体的DXF文件（无单位），那么3ds Max可能以英寸或英尺为单位导入长方体的尺寸，具体情况取决于系统单位的设置。这样会对场景产生重大影响，也是在导入或创建几何体之前务必要设置系统单位的原因。

（3）“系统单位设置”对话框

在“单位设置”对话框中单击“系统单位设置”按钮可打开“系统单位设置”对话框，如图5-8所示。

3. 导入DWG文件或DXF文件

选择“文件”|“导入”命令，在打开的“选择要导入的文件”对话框中的“文件类型”下拉列表中选择“AutoCAD图形（*.DWG、*.DXF）”选项，选择DWG文件或DXF文件后单击“打开”按钮，打开“AutoCAD DWG/DXF导入选项”对话框，如图5-9所示，设置相关参数后即可导入DWG文件或DXF文件。

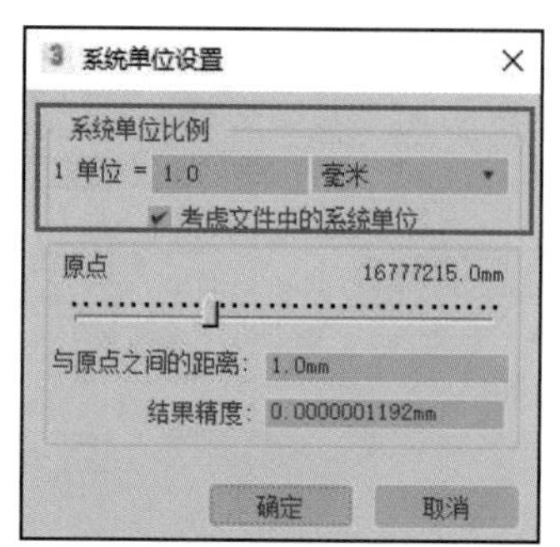

图5-8

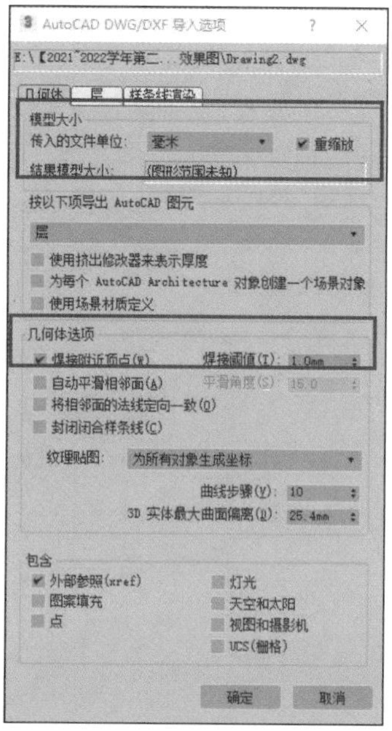

图5-9

5.2.2 多边形建模

多边形建模（Polygon Modeling）是三维软件两大流行建模方法之一（另一个是NURBS建模），用这种方法创建的模型表面由直线段组成，在建筑方面用得较多，例如室内设计、环境艺术设计。多边形建模是一种常见的建模方法，具体方法是首先将一个对象转换为可编辑的多边形对象，然后通过对该多边形对象的各种子对象进行编辑和修改来实现建模。

1. 多边形的概念

多边形就是由多条边围成的一个闭合路径。其相应术语如下。

（1）顶点（Vertex）：线段的端点，它是构成多边形的最基本元素。

（2）边（Edge）：连接两个多边形顶点的直线段。

（3）面（Face）：由多边形的边所围成的一个面。三角形面（也称三边面）是所有建模的基础。在渲染前每种几何表面都会被转换为三边面，这个过程称为镶嵌。设计时应遵循这一原则，尽量使用三边面或四边面。

（4）法线（Normal）：表示面的方向。法线朝外的是正面，朝内的是背面。顶点也有法线，设计人员均匀、打散顶点法线可以控制多边形的外观平滑度。

2. 可编辑多边形

可编辑多边形是一种可编辑对象，它包含顶点、边、边界、多边形和元素5个子对象层级。

创建或选择对象，右击对象，在弹出的快捷菜单中选择“转换为”|“转换为可编辑多边形”命令，如图5-10所示，即可将多边形转换为可编辑多边形。

3. “选择”卷展栏

“选择”卷展栏提供了各种工具，用于访问不同的子对象层级、显示设置及创建与修改选定内容，此外还显示了与选定实体有关的信息。

要创建或选择可编辑多边形对象就需要在“修改”面板中展开“选择”卷展栏，如图5-11所示。

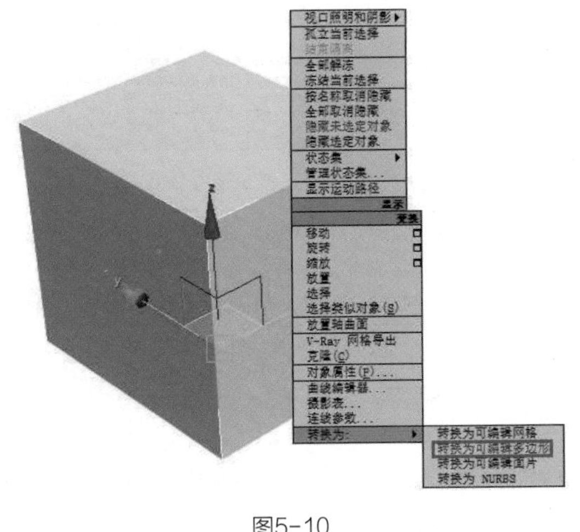

图5-10

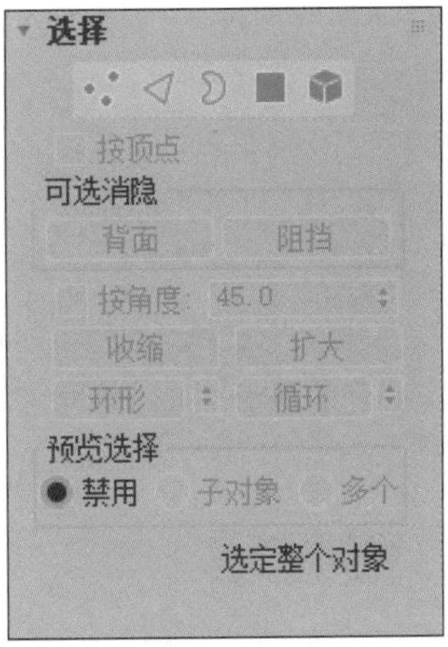

选择
按顶点
可选消隐
背面
阻挡
按角度 45.0
收缩
扩大
环形
循环
预览选择
禁用
子对象
多个
选定整个对象

图5-11

（1）可编辑多边形的“选择”卷展栏下有5个可选择的子对象层级，如图5-12所示。

（2）“可选消隐”组下的内容如图5-14和图5-15所示，扩大和收缩的效果如图5-16所示。

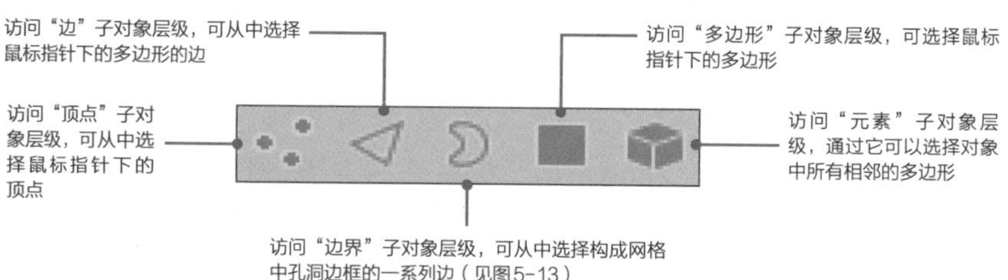

图5-12

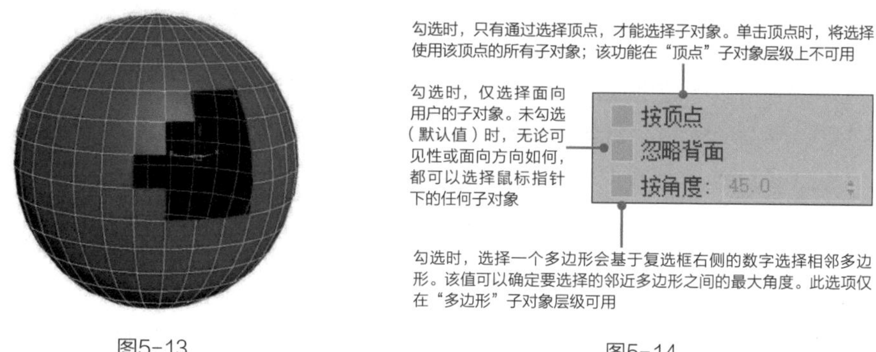

图5-13　　图5-14

注意：此设置不影响子对象的选择，如果未勾选“忽略背面”复选框，即使看不到子对象，仍然可以选择它们。

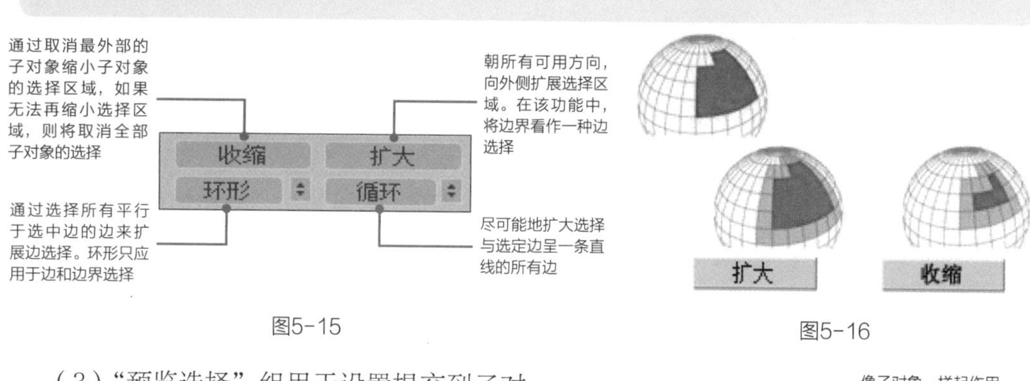

图5-15　　图5-16

（3）“预览选择”组用于设置提交到子对象选择之前的预览状态。根据鼠标指针的位置，用户可以在当前子对象层级预览，或者自动切换子对象层级，如图5-17所示。

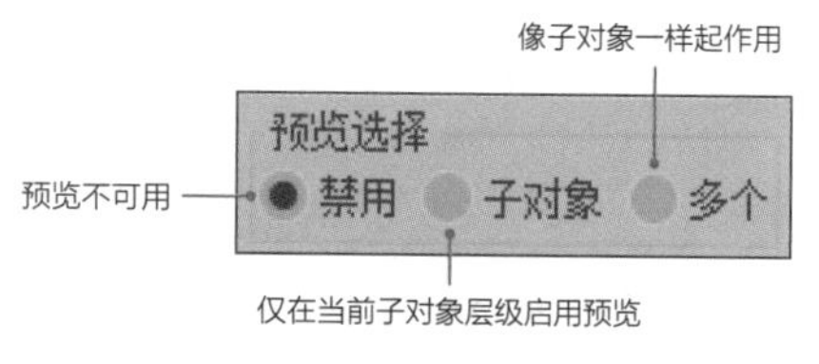

图5-17

注意：若要在当前层级选择多个子对象，我们可以按住 Ctrl 键，将鼠标指针移动到高亮显示的子对象处，然后单击。

4．“软选择”卷展栏

“软选择”卷展栏允许部分地显式选择邻接处的子对象，这样会使显式选择的行为就像被磁场包围了一样。启用“软选择”选项后，选择的子对象周围区域会形成一个包裹区域，类似于“磁场”，我们在对被选择的子对象进行变换操作时，在“磁场”范围内的子对象就会被平滑地进行绘制；这种效果随着距离或部分选择的“强度”而减弱，如图5-18和图5-19所示。

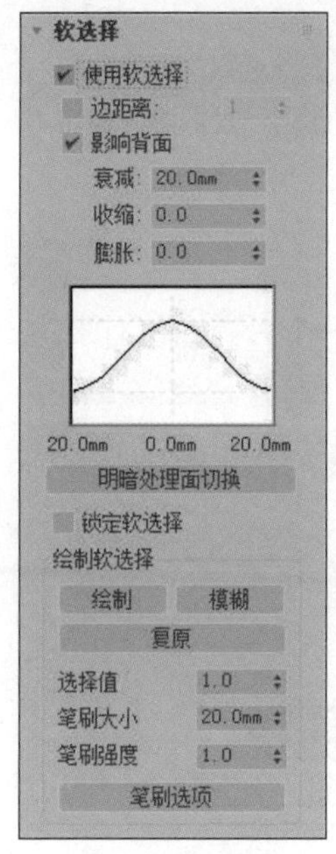

图5-18

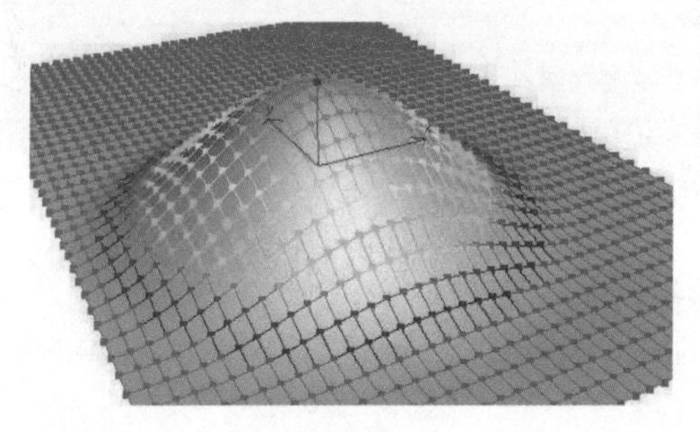

图5-19

5. “编辑（子对象）”卷展栏

“编辑（子对象）”卷展栏提供了子对象特有的功能，用于编辑可编辑的多边形对象及其子对象。“编辑顶点”卷展栏、“编辑边”卷展栏、“编辑边界”卷展栏、“编辑多边形”卷展栏和“编辑元素”卷展栏统称为“编辑（子对象）”卷展栏。

（1）“编辑顶点”卷展栏

顶点是空间中的点，用于定义组成多边形对象的其他子对象（边和多边形）的结构。移动或编辑顶点时，也会影响通过该点连接的几何体。顶点也可以独立存在，这些独立的顶点可以用来构建其他几何体，但在渲染时，它们是不可见的。

“编辑顶点”卷展栏包含了用于编辑顶点的按钮，如图5-20所示。单击相应命令按钮右侧的■按钮后显示的信息如图5-21～图5-23所示。

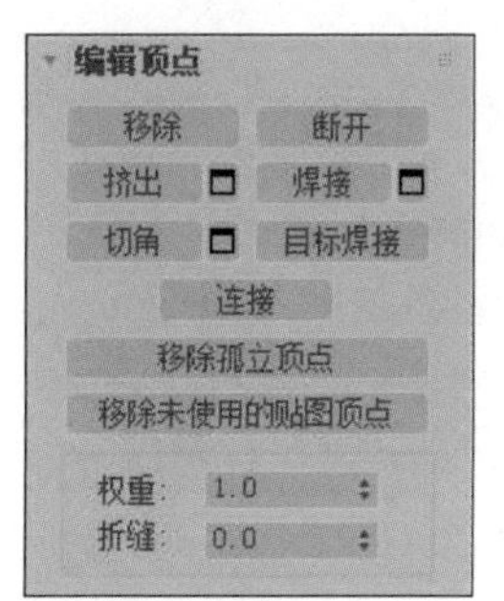

图5-20

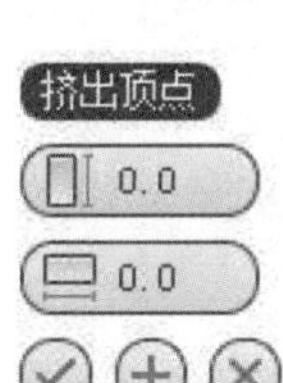

图5-21

图5-22

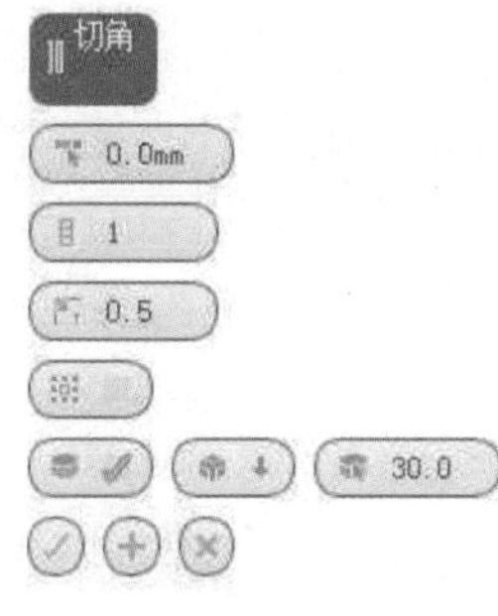

图5-23

注意：若要删除顶点，我们可以先选中它们，然后按 Delete 键，但这样会在网格中创建孔洞；若要删除顶点而不创建孔洞，我们可以单击“编辑顶点”卷展栏中的“移除”按钮。

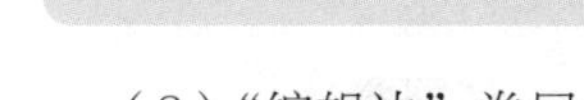

（2）“编辑边”卷展栏

边是连接两个顶点的线段，它可以作为多边形的边。边不能被两个以上的多边形共享。

“编辑边”卷展栏中包括特定的编辑边的按钮，如图5-24所示。单击“切角”按钮右侧的■按钮后显示的信息如图5-25所示。

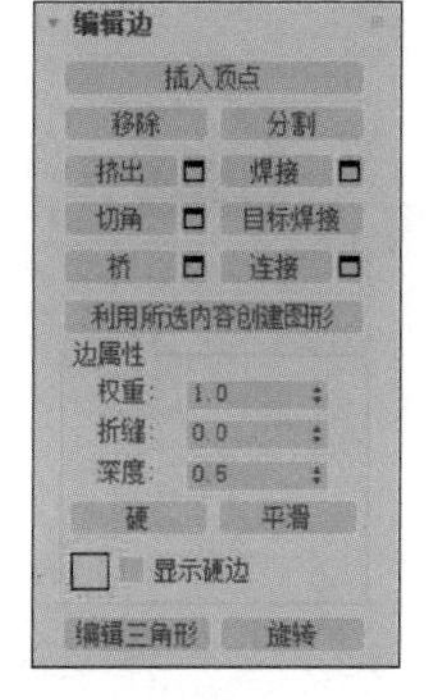

图5-24

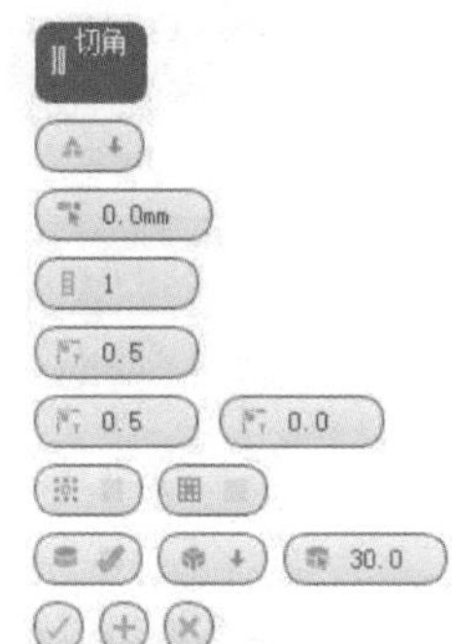

图5-25

注意：若要删除某些边，我们可以先选中边，然后按 Delete 键，但这样会删除选择的所有边和附加的所有多边形，从而在网格中创建一个或多个孔洞；若要删除边而不创建孔洞，我们可以单击“编辑边”卷展栏中的“移除”按钮。

（3）“编辑边界”卷展栏

边界是网格的线性部分，通常可以描述为孔洞的边缘。它通常是一个只有一侧有多边形的边序列。

“编辑边界”卷展栏中包括特定的编辑边界的按钮，如图5-26所示。单击相应命令按钮右侧的■按钮后显示的信息如图5-27和图5-28所示。

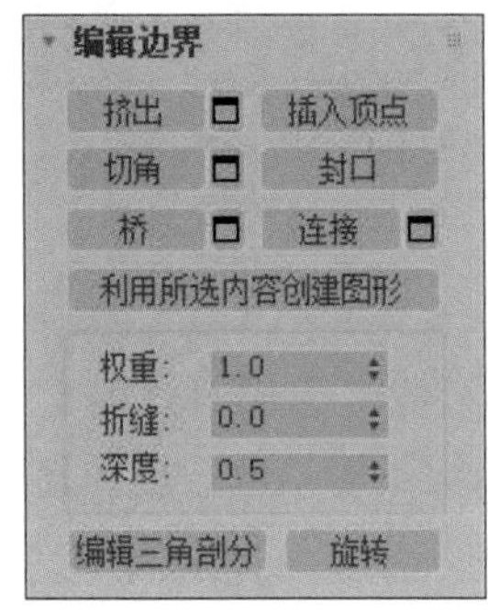

图5-26

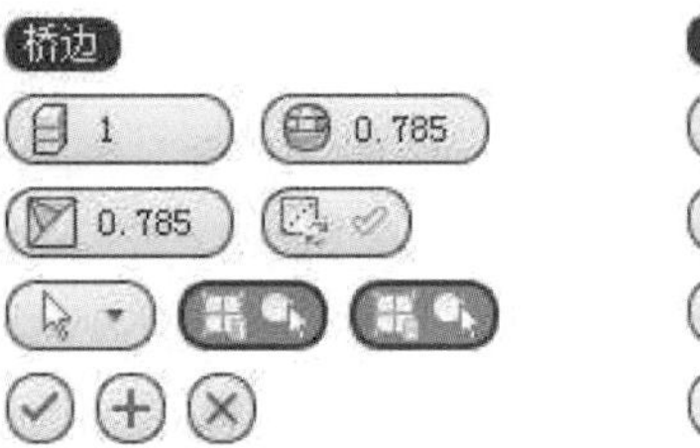

图5-27

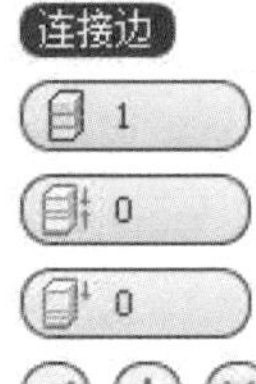

图5-28

（4）“编辑多边形”卷展栏和“编辑元素”卷展栏

多边形是通过曲面连接的3条或多条边的封闭序列。多边形提供了可渲染的可编辑多边形对象曲面。

在“多边形”层级，“编辑多边形”卷展栏包含这些按钮和对多边形特有的多个按钮。在“元素”子对象层级，“编辑元素”卷展栏包含常见的用于编辑多边形和元素的按钮。在这两个层级中都可用的按钮包括“插入顶点”“翻转”“编辑三角剖分”“重复三角算法”“旋转”，如图5-29所示，单击部分命令按钮右侧的■按钮后显示的信息，如图5-30～图5-36所示。

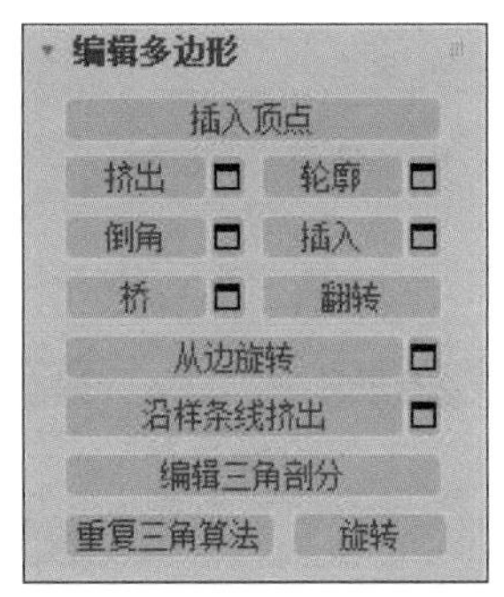

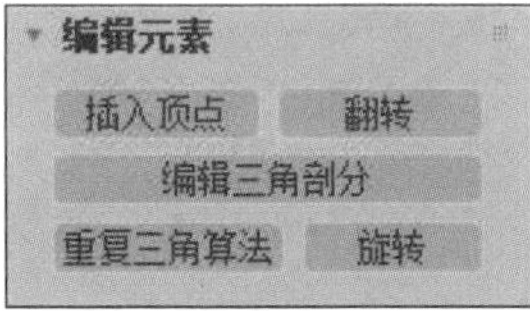

图5-29

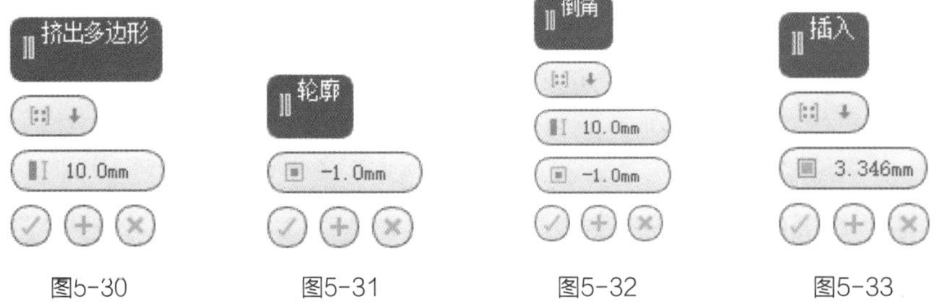

图5-30　　图5-31　　图5-32　　图5-33

注意：若要删除多边形或元素，请将其选中，然后按 Delete 键。

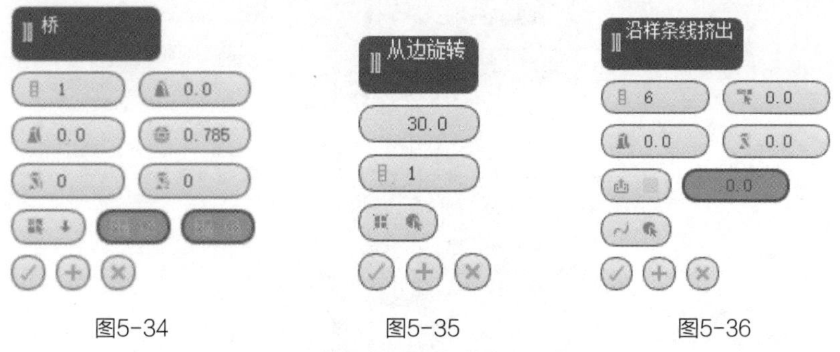

图5-34　　图5-35　　图5-36

（5）“多边形：材质 ID”卷展栏

“多边形：材质 ID”卷展栏，如图5-37所示。

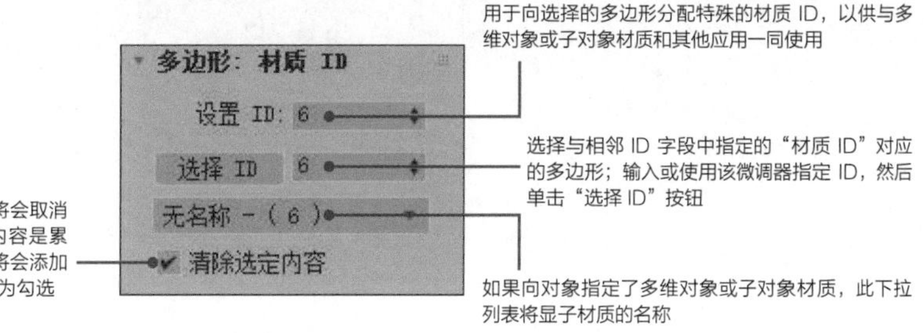

图5-37

（6）“多边形：平滑组”卷展栏

“多边形：平滑组”卷展栏，如图5-38所示。

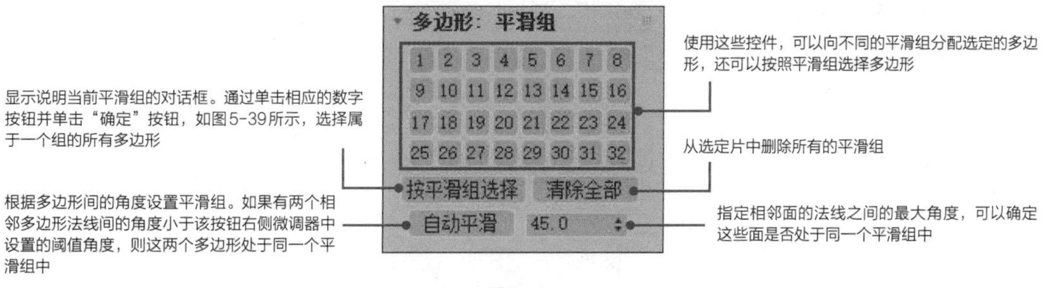

图5-38

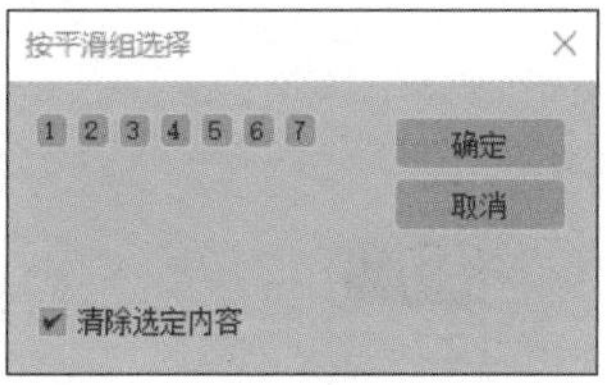

图5-39

6.“编辑几何体”卷展栏

“编辑几何体”卷展栏提供了用于在顶（对象）层级或子对象层级更改多边形对象几何体的全局控件。除以下注明的控件以外，其余控件在所有层级中均相同，如图5-40～图5-45所示。

编辑几何体
重复最近使用的命令
重复上一个
约束
无
边
面
法线
使用现有的几何体可以约束子对象的变换。
无：没有约束，这是默认选项。
边：约束子对象到边界的变换。
面：约束子对象到单个曲面的变换。
法线：约束每个子对象到其法线（或法线平均）的变换
勾选此复选框后，可以编辑子对象，而不影响对象的UV贴图
保持UV
创建
塌陷
附加
分离
切片平面
分割
切片
重置平面
快速切片
切割
使用这些工具，可以沿着平面（切片）或在特定区域内细分（切割）多边形网格
网格平滑
细化
平面化
X
Y
Z
视图对齐
栅格对齐
松弛
隐藏选定对象
全部取消隐藏
隐藏未选定对象
隐藏选定对象：隐藏选定的子对象。
全部取消隐藏：将隐藏的子对象恢复为可见。
隐藏未选定对象：隐藏未选定的子对象
命名选择：
复制
粘贴
删除孤立顶点
完全交互

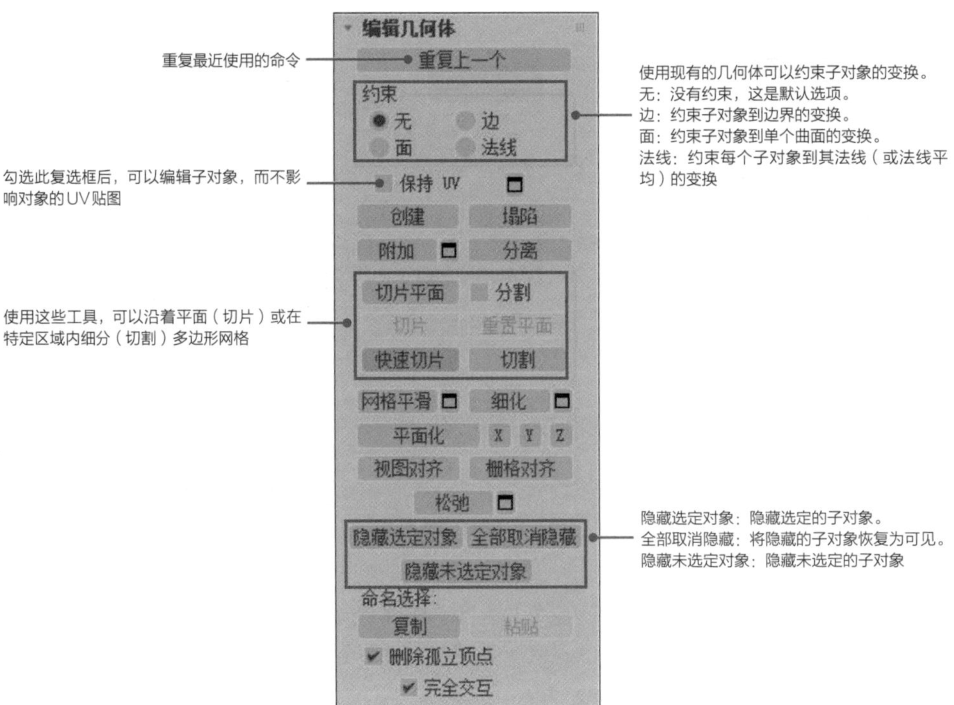

图5-40

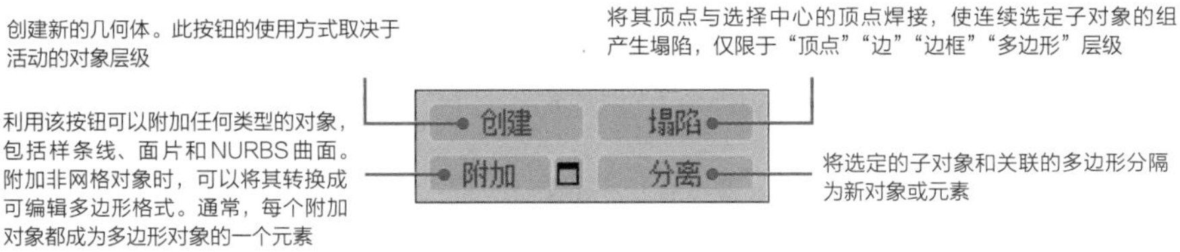

创建新的几何体。此按钮的使用方式取决于活动的对象层级
将其顶点与选择中心的顶点焊接，使连续选定子对象的组产生塌陷，仅限于“顶点”“边”“边框”“多边形”层级
创建
塌陷
附加
分离
利用该按钮可以附加任何类型的对象，包括样条线、面片和NURBS曲面。附加非网格对象时，可以将其转换成可编辑多边形格式。通常，每个附加对象都成为多边形对象的一个元素
将选定的子对象和关联的多边形分隔为新对象或元素

图5-41

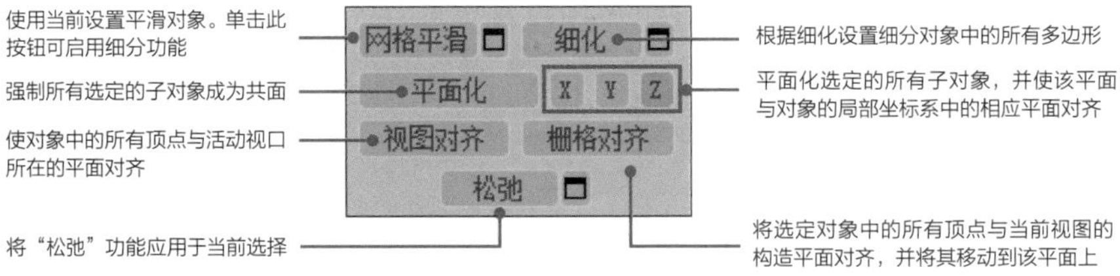

使用当前设置平滑对象。单击此按钮可启用细分功能
网格平滑
细化
根据细化设置细分对象中的所有多边形
强制所有选定的子对象成为共面
平面化
X
Y
Z
平面化选定的所有子对象，并使该平面与对象的局部坐标系中的相应平面对齐
使对象中的所有顶点与活动视口所在的平面对齐
视图对齐
栅格对齐
松弛
将“松弛”功能应用于当前选择
将选定对象中的所有顶点与当前视图的构造平面对齐，并将其移动到该平面上

图5-42

网格平滑
1.0

图5-43

细化
0.0

图5-44

松弛
0.5
1

图5-45

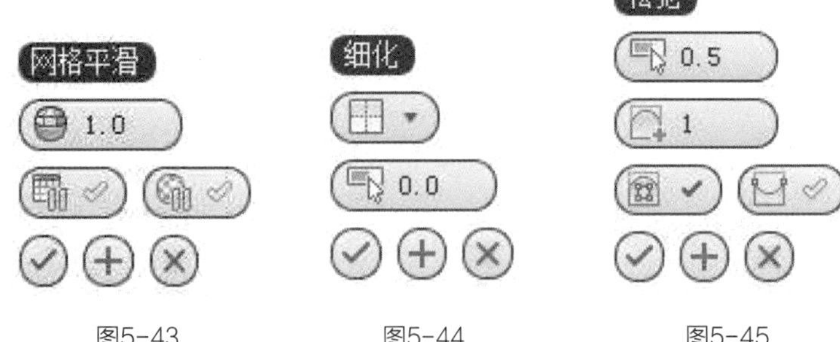

5.2.3 案例应用——制作建筑三维模型

建筑设计院在研讨设计方案时，常讨论建筑的外观设计是否美观，功能是否合理。但非专业的甲方仅凭抽象的施工图纸不能感受到造型美感，希望能够看到建筑三维模型。

解决方案： 通过CAD修改施工图纸，删除无用内容；设置3ds Max的系统单位为mm；导入DWG文件，应用多边形建模方法完成建筑三维模型的制作，如图5-46所示。

源 文 件： \Ch05\建筑施工图.dwg、一层平面.dwg、二层平面.dwg、三层平面.dwg。

案例应用——
制作建筑三维模型

图5-46

操作步骤如下。

步骤 1 导入“一层平面.dwg”CAD文件，并使用“挤出”修改器设置挤出“数量”为3630mm。

步骤 2 将当前模型转换为可编辑的多边形，运用“多边形”子对象层级中的“挤出”，把顶面向上挤出120mm。

步骤 3 根据施工图纸（或根据参考模型）制作出门窗，并区分材质ID（选择一个面赋予任意材质，相同ID的面赋予相同材质，使用颜色区分即可），如图5-47所示。

步骤 4 选择窗口的面，在“边”子对象层级中使用“连接”分割窗格，在“多边形”子对象层级中使用“插入”制作60mm宽的窗框，最后选择玻璃的部分挤出-50mm（同样区分好材质ID），如图5-48所示。

步骤 5 用相同的方法制作二层模型与三层模型。

步骤 6 复制二层和三层模型，完成建筑楼体外观的模型制作，如图5-49所示。

图5-47

图5-48

图5-49

步骤 7 根据施工图纸（或根据参考模型），制作雨搭模型、踏步模型和坡道模型，完成建筑三维模型的制作。

5.3 建筑三维效果图的制作流程

1. 掌握建筑三维效果图的构图方式与方法；
2. 掌握建筑三维效果图的材质制作方法；
3. 能将软件工具的使用方法应用到建筑三维效果图的制作中。

中国古代建筑的采光

光的存在，让人们能感知物体的形态、质感的变化，感知四季的变迁。在设计领域，尤其是在建筑设计中，它主要以自然光的形式出现，是人们视觉感官赖以发挥作用的重要媒介。

中国古代的建筑在用光上也颇为讲究。例如，中国古代建筑中的木格窗所采用的透光材料极为特殊，古代富贵人家会使用由大量明瓦镶嵌的花窗，那木格花窗上的一格镶嵌一块明瓦，不但解决了采光问题，而且几乎一扇窗便是一件精致的艺术品，真正体现了巧夺天工的民族技艺，如图5-50所示。

图5-50

在建筑的外观表现上用不同的光线可以营造不同的艺术效果，没有光的建筑是不完整的。建筑三维效果图的用光方法与实际建筑用光是一样的。

5.3.1 建筑三维效果图的制作——构图

构图是造型艺术术语，其指作品中艺术形象的结构配置方法。它是造型艺术表达作品思想内容并获得艺术感染力的重要手段。构图是在视觉艺术表现中常用的技巧，特别是在绘画、平面设计、摄影与三维效果图制作中时常被用到。

1. 建筑效果图中常见的几种构图方式

（1）九宫格构图

九宫格构图又称井字构图，它实际上也属于黄金分割的一种形式，就是把画面平均分成9块，用中心块4个角上的任意一点来安排主体。最佳的位置当然还应考虑平衡、对比等因素，如图5-51所示。

这种构图能呈现变化与动感，让画面富有活力。上方两个点的动感比下方的强，左面的比右面的强。

（2）“十”字形构图

“十”字形构图就是把画面分成4份，也就是通过画面中心画横竖两条线，中心交叉点用于放置主体。此种构图增强了画面的安全感、平衡感、庄重感及神秘感。

这种构图适宜表现对称式建筑，如表现古代建筑、法式建筑，可产生中心透视效果，如图5-52所示。

图5-51

图5-52

（3）三角形构图

三角形构图是将画面中要表达的主体放在三角形中或者影像本身形成的态势中。如果是自然形成的线形结构，我们可以把主体安排在三角形斜边的中心位置，让图有所突破。

三角形构图易给人稳定感（“A”字形构图类似），如图5-53所示。

（4）“V”字形构图

“V”字形构图是最富有变化的一种构图方式，其主要变化是方向上的安排，如倒放、横放，但不管怎么放，其交合点必须是向心的。“V”字形构图单用双用皆可。双用“V”字形构图呈现“W”字形构图，能使对象的性质发生根本变化。“W”字形构图具有很好的向心力且很稳定。

正“V”字形构图一般用在前景中，作为前景的框式结构来突出主体，如图5-54所示。

（5）对角线构图

对角线构图能产生延伸、冲动的视觉效果。采用对角线构图的画面要比采用垂直线构图的画面更具动感，而且能形成深度空间，使画面具有活力。

对角线构图常用于鸟瞰和小透视角度，如图5-55所示。

（6）垂直线构图

垂直线构图能充分显示景物的高大和纵深，常用于街道、建筑等大型场景中。采用这种构图方式的画面表现力强，构图简练，如图5-56所示。

(7)"S"形构图

"S"形构图能在画面中充分地体现出曲线的美感，且动感效果强。

"S"形构图一般都是从画面的左下角向右上角延伸，如图5-57所示。

(8)"口"形构图

"口"形构图也称框式构图，一般多应用在前景构图中，如利用门、窗、框架等作为前景来表达主体，阐明环境。

这种构图符合人的视觉经验，使人感觉像透过门窗观看影像，可产生空间感和强烈的透视效果，如图5-58所示。

图5-53

图5-54

图5-55

图5-56

图5-57

图5-58

(9)"C"形构图

"C"形构图具有曲线美的特点又能产生视线焦点，画面简洁、明了。在安排主体对象时，我们必须将其安排在"C"形缺口处，使人的视线随着弧线推移到主体对象上。

"C"形构图可在方向上任意调整，一般情况下，多在小透视上使用，如图5-59所示。

(10)均衡式构图

均衡式构图中的均衡是一种感觉上的均衡。要使画面均衡，关键是要选好均衡点。只要位置恰当，小的物体可以与大的物体均衡，远的物体可以与近的物体均衡，动的物体可以与静的物体均衡，高的景物可以与低的景物均衡，如图5-60所示。

图5-59

图5-60

2. 布置摄影机

在3ds Max中合理地布置摄影机，能很好地解决三维效果图的构图问题。布置投影机的步骤为：设置出图高宽比、架设摄影机、摄影机校正和合并场景模型。

（1）通过对构图方式的学习，我们可以根据三维效果图的需求，设置合理的出图高宽比，相当于为三维效果图选择一张合适的画布。

（2）架设摄影机。一般采用目标摄影机，参数设置时备用镜头选择28mm，摄影机的高度一般为1700mm，目标点略向天空移动，使视角略微仰，如图5-61所示。

（3）摄影机校正。因架设的摄影机角度为仰视，所以建筑物的边缘在视口中不是垂直的线，此时需要使用摄影机校正功能校正摄影机。

选择摄影机后，选择“修改器”列表 | “摄影机校正”命令，即可在“修改”面板中调整相关参数，如图5-62所示。

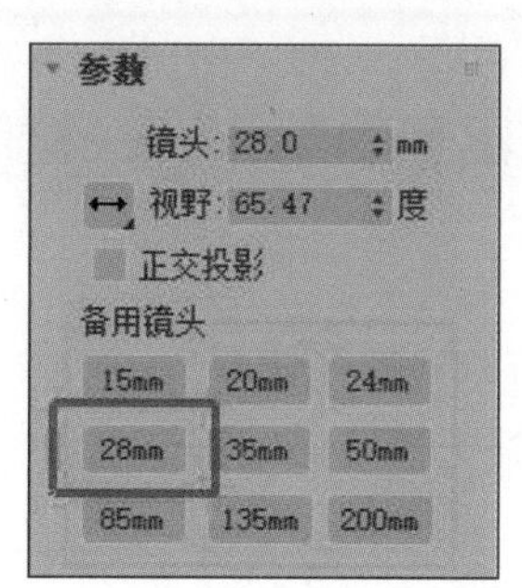

图5-61

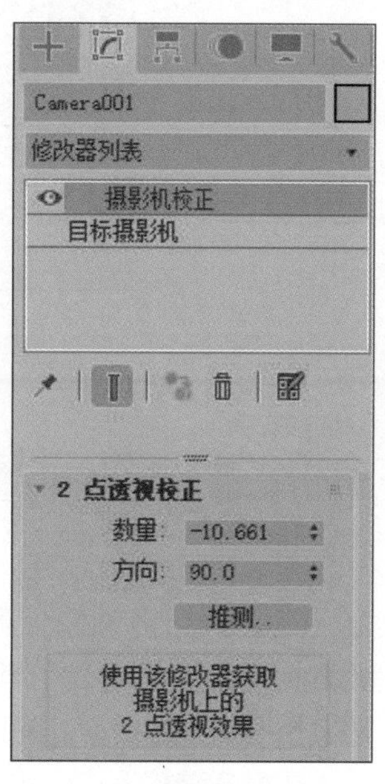

图5-62

（4）合并场景模型。为模型搭配合适的场景，能够让三维效果图的效果更加丰富。我们可以使用网络下载模型或自己创建场景模型。

选择“文件” | “导入” | “合并”命令，在打开的对话框中设置即可将场景模型合并，如图5-63所示。

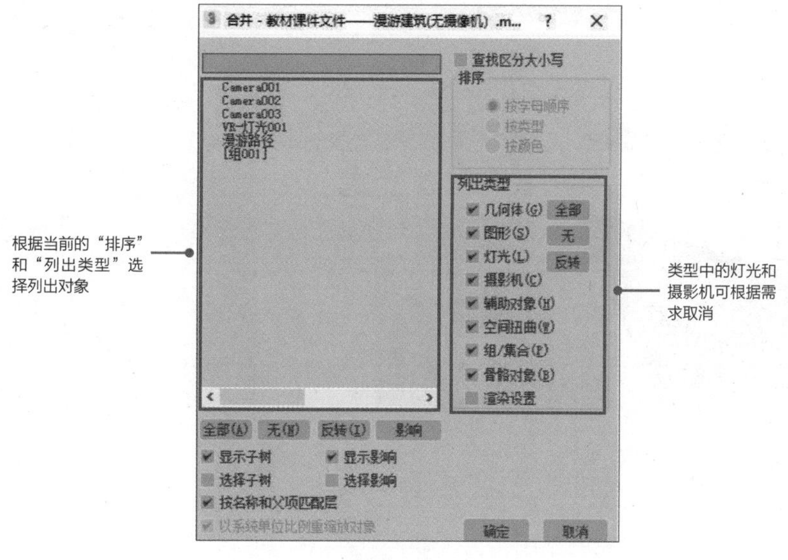

图5-63

合并模型时会出现重名的情况，只需选择自动重命名即可。

（5）阵列模型。使用“阵列”命令可以排列有序的树木模型和路灯模型等。

选择需要阵列的模型对象，选择“编辑” | “复制” | “阵列”命令，即可在打开的“阵列”对话框中进行阵列设置，如图5-64所示。

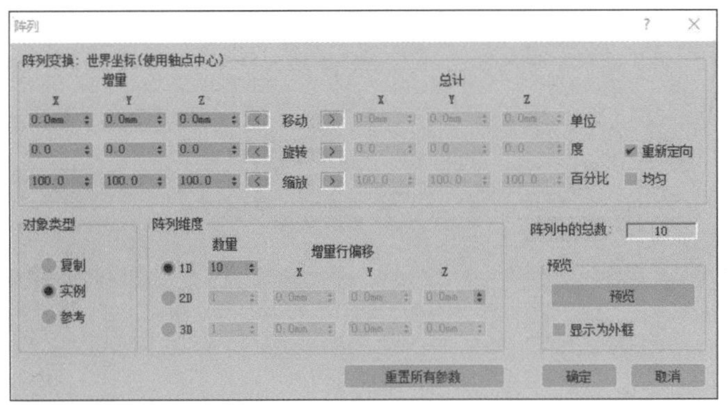

图5-64

5.3.2 建筑三维效果图的制作——材质

1. 多维/子对象材质

使用多维/子对象材质可以根据几何体的子对象层级分配不同的材质。创建多维材质，将其指定给对象并使用“网格选择”修改器选中面，然后选择多维材质中的子对象材质并将其指定给选中的面，如图5-65所示。

在材质编辑器中，单击（获取材质）按钮，打开“材质/贴图浏览器”对话框，在“材质”卷展栏的“通用”卷展栏中选择“多维/子对象”，如图5-66所示。

图5-65

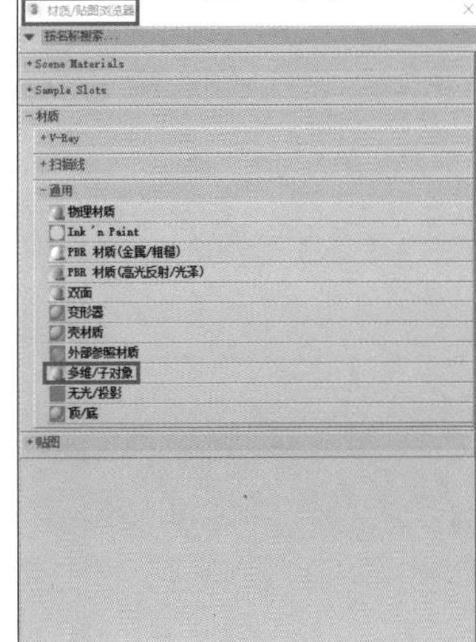

图5-66

2. 贴图通道

贴图通道将贴图和对象的贴图坐标关联。

为某一对象启用“生成贴图坐标”时，坐标将使用贴图通道1。此时可以通过将“UVW贴图”或“UVW展开”等修改器应用到对象来指定带有新贴图坐标的新贴图通道。贴图通道值的范围为1~99。

图5-67所示为场景使用不同的贴图通道将同一贴图的不同副本放置到不同位置的效果。

图5-68所示的3幅贴图是用来创建街道的素材和街道上的交通线标素材。

图5-67

图5-68

3. "UVW贴图"修改器

将贴图坐标应用于对象，可通过"UVW 贴图"修改器控制在对象曲面上如何显示贴图材质和程序材质。贴图坐标指定如何将位图投影到对象上。*uvw*坐标系与*xyz*坐标系相似。位图的*u*轴和*v*轴对应于*xyz*坐标系中的*z*轴和*y*轴，对应于*z*轴的*w*轴一般仅用于程序贴图。我们可在材质编辑器中将位图切换为VW贴图或WU贴图，在这些情况下，位图会被旋转后投影到对象上，使其垂直于曲面。

图5-69

选择对象后，在"修改"面板中选择"修改器列表"选项，选择"UVW 贴图"选项，如图5-69和图5-70所示，即可为所选对象添加"UVW 贴图"修改器。

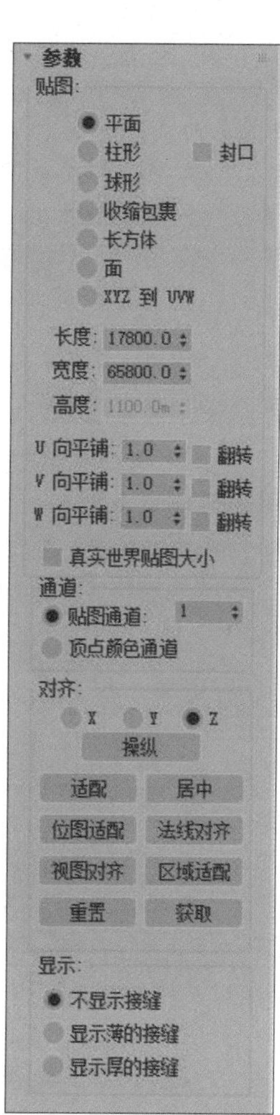

图5-70

5.3.3 案例应用——制作建筑三维效果图

通过建筑三维模型的制作展示，委托设计方确认了建筑的功能与结构，但是对建筑的外观效果还存有疑虑，希望能够通过建筑三维效果图来展示整体方案效果。

解决方案：打开名为"建筑设计外观三维模型.max"的文件；布置摄影机，调整出图尺寸与高宽比，校正摄影机，布置VRay 太阳光，合并名为"场景模型.max"的文件；使用VRay渲染器渲染出图，保存为JPG格式文件，如图5-71所示。

源 文 件：\Ch05\建筑设计外观三维模型.max、场景模型.max、建筑材质.mat、贴图。

案例应用——制作建筑三维效果图

图5-71

操作步骤如下。

步骤 1 打开名为“建筑设计外观三维模型.max”的三维模型文件，在“材质/贴图浏览器”对话框中打开名为“建筑材质.mat”的材质库文件。

步骤 2 调整建筑三维模型的多边形的材质ID，调整外墙砖ID为1、灰色外墙涂料ID为2、窗框ID为3、玻璃ID为4。

步骤 3 在“材质/贴图浏览器”对话框中选择“建筑材质”组中的“建筑材质”选项并将其添加到材质编辑器中，把“建筑材质”赋予建筑三维模型。

步骤 4 使用UVW贴图调整模型贴图尺寸，使贴图大小与真实场景效果相似。

步骤 5 按ID选择多边形，选择玻璃部分多边形，使用分离命令把玻璃模型分离为独立模型，并使用“壳”修改器给玻璃增加厚度，参数设置如图5-72所示。

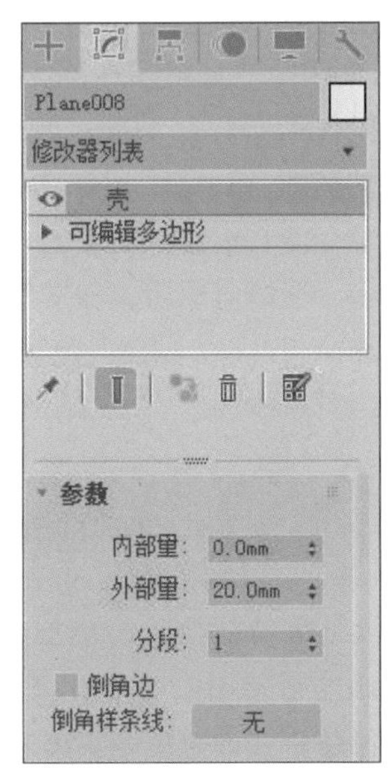

图5-72

步骤 6 布设VRay太阳光，太阳的强度倍增参数值设置为0.02，大小倍增参数值设置为4，调整灯光角度，控制环境光影关系，利用测试渲染保证光线均匀。

步骤 7 合并名为“场景模型.max”的三维模型文件。导入模型后，如果材质丢失，我们可以重新指定材质贴图的路径，选择“自定义”|“配置项目路径”命令，在打开的对话框中单击“外部文件”选项卡，单击“添加”按钮，如图5-73所示。

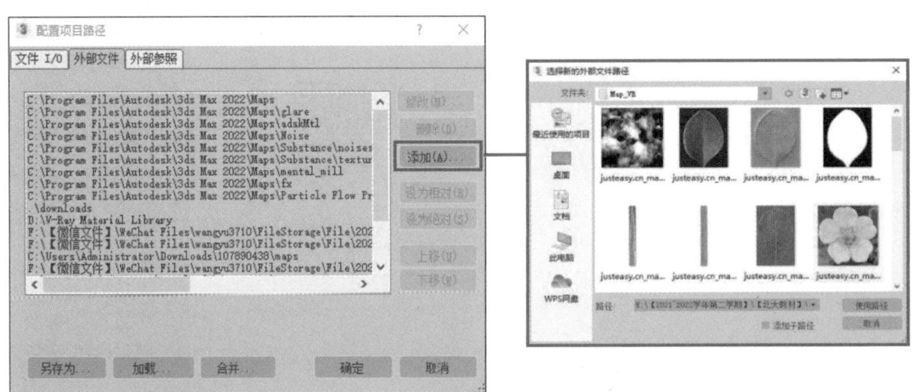

图5-73

步骤 8 使用“阵列”命令复制多个楼体，填充画面，调整构图比例使其合理。

步骤 9 运用成品图渲染参数，完成效果图的最终渲染，并保存为JPG格式的图像文件。

知识延展

建筑漫游就是利用虚拟现实技术对现实中的建筑进行三维仿真，具有人机交互性、真实建筑空间感、大面积三维地形仿真等特性。在城市漫游动画应用中，人们能够在一个虚拟的三维环境中，用动态交互的方式对未来的建筑或城区进行身临其境的全方位审视：可以从任意角度、距离和精细程度观察场景，可以选择并自由切换多种运动模式，如行走、驾驶、飞翔等，并可以自由控制浏览的路线。而且，在漫游过程中，还可以实现多种设计方案、多种环境效果的实时切换与比较，能够给用户带来强烈、逼真的感官冲击，使用户获得身临其境的体验。

本章总结

本章介绍了建筑设计的概念，3ds Max与建筑三维效果图的关系，建筑三维效果图的制作方法，多边形建模方法、建筑效果图的构图方式、多维/子对象材质的使用方法和UVW 贴图的应用技巧等内容。我们期待通过案例的详解，能够帮助读者掌握建筑三维模型和建筑三维效果图的制作方法与技巧，以便更好地满足当前建筑效果图制作的需求。

本章习题

【填空题】

1.建筑三维效果图是由________________建模渲染而成的建筑设计表现图。

2.多边形建模是三维软件________________流行建模方法之一。

3.可编辑多边形是一种可编辑对象，它包含以下5个子对象层级：__________、__________、__________、__________和__________。

【选择题】

1.建筑效果图中常见的构图方式有（　　）种。

A.5　　B.8　　C.10　　D.12

2.在3ds Max中导入其他模型时，我们需要使用“文件”菜单中的（　　）命令。

A.“打开”　　B.“另存”　　C.“合并”　　D.“导出”

【简答题】

1. 请简述系统单位和显示单位之间的差异。

2. 请简述3ds Max中效果图的制作主要分成哪几个基本流程。

【技能题】

1. 制作学校食堂外观三维效果图。

操作引导如下。

（1）源文件：\Ch05\学校食堂。

（2）制作一张学校食堂外观三维效果图。

（3）渲染输出JPG格式文件。

2. 制作办公楼外观三维效果图。

操作引导如下。

（1）源文件：\Ch05\办公楼。

（2）制作一张办公楼外观三维效果图。

（3）渲染输出JPG格式文件。

景观三维效果图的制作

学习目标

通过对本章的学习，读者可以了解3ds Max景观制作的基础理论和软件操作特点，掌握景观设计中的小品、地形效果图的制作方法，通过植物种植工具掌握公园鸟瞰效果图的制作方法。本章可帮助读者将所学知识应用到实际的案例制作中，并具备一定的景观设计能力。

学习要求

知识要求	能力要求
1.景观小品三维效果图的制作	1.具备使用软件制作景观小品三维效果图的能力
2.地形景观三维效果图的制作	2.具备使用软件制作地形景观三维效果图的能力
3.公园景观鸟瞰图的制作	3.具备使用软件制作公园景观鸟瞰图的能力

思维导图

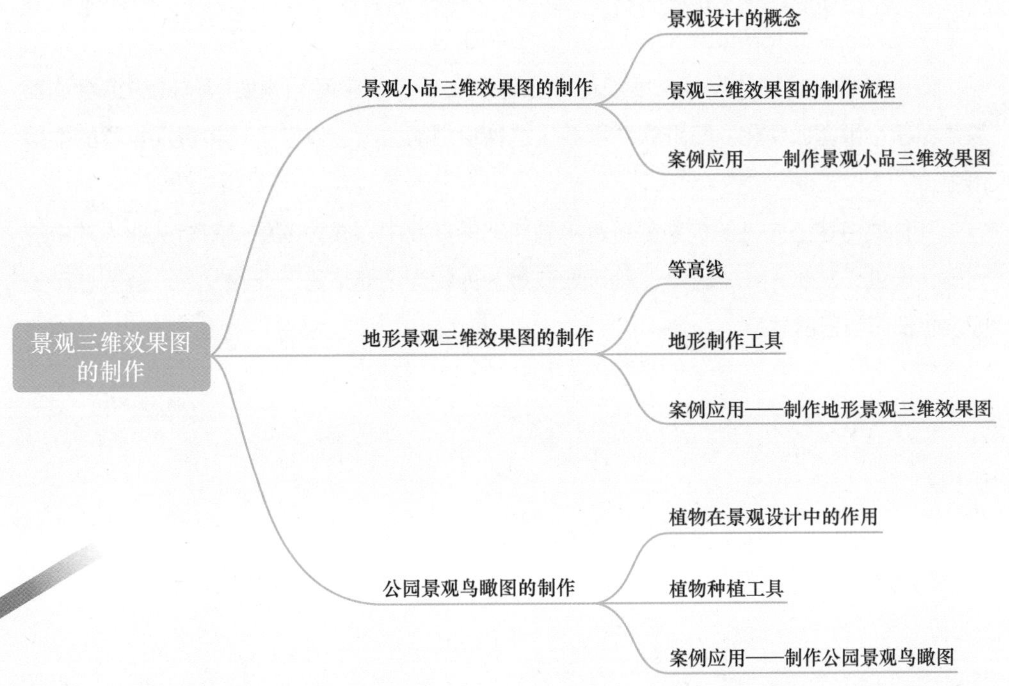

本章导读

现实景观世界的虚拟再生

《清明上河图》是北宋画家张择端的画作，是“中国十大传世名画”之一。图6-1所示为张择端《清明上河图》的局部画面。

图6-1

试想，当你想看河的对岸有什么，从街边孩童的视角来看匆匆的行人，从飞鸟的视角俯瞰繁忙的集市，透过小楼的窗户看河面泛舟的船夫，看一天中从日出到日落的效果，看雨雪天气下河边的景色，难道都要再手工画一幅《清明上河图》？在现代社会，通过软件就可以实现。

随着时代的发展，我们对人居景观环境的要求也在不断提高。无论是传统的手绘还是三维的实体模型，都无法超过现代社会出现的三维图形软件带给我们的视觉震撼效果。这些效果不断地刷新人们的认知，如沉浸式体验、全息投影、AR和VR等虚拟场景。一些虚拟数字化技术也在不断地更新迭代，如建筑信息模型（Building Information Modeling，BIM）、城市信息模型（City Information Modeling，CIM）与景观信息模型（Landscape Information Modeling，LIM）等。

无论是多么美好的设想，景观这个土地及土地上的空间和物质所构成的综合体都需要保留、重塑、深化。三维软件承载了这种设想能力，它宣告了现实景观世界的虚拟再生。

我们要将这些先进的成果创新运用到自己的专业中，成为创意、创新从业人才中的一员，通过“文化+”“数字+”等产业政策，为我国创意文化产业的发展、重塑城市美好设想贡献自己的才智。

6.1 景观小品三维效果图的制作

1. 了解景观设计的基础知识；
2. 掌握景观三维效果图的制作流程；
3. 利用所学知识制作简单的景观小品三维效果图。

知识导读

景观的诞生

“景观”一词最早用于对总体美景的描述。在东西方文化中，“景观”最早的含义多与“风景”有关。它是19世纪初由古典园林的历史发展而来，并逐渐发展为一门新兴的综合学科。公元前11世纪的周文王之灵囿位于今西安，语出《大雅·灵台》：“王在灵囿，麀（yōu）鹿攸伏。”古代的帝王“囿”是我国最早的园林形式，不仅为王室狩猎、祭祀的场所，还兼有游览观赏活动的功能。“园囿”后来逐渐发展为“苑”，成为皇家园林的代表，如图6-2所示。

美国景观设计学奠基人奥姆斯特德（Olmsted）和沃克（Vaux）共同设计的纽约中央公园，如图6-3所示，标志着现代景观设计时代的到来。现如今，景观设计在不断扩容，景观生态学、数字化景观设施、海绵城市等概念不断涌现，景观设计未来的趋势在不断向数字化、生态化转变。这要求我们要时刻关注行业未来的发展趋势，并融入未来发展趋势当中。

图6-2

图6-3

6.1.1 景观设计的概念

景观是指土地及土地上的空间和物质所构成的综合体。它是复杂的自然过程和人类活动在大地上的烙印。景观是多种功能过程的载体，可被理解和表现为风景、栖居地、生态系统、符号。景观大体分为人为景观和自然景观，如图6-4和图6-5所示。

景观设计是关于景观的分析、规划布局、设计、改造、管理和恢复的专门设计。

图6-4

图6-5

1. 景观小品的表现

景观小品是指在景观中供人休息、观赏，方便开展游览活动，供游人使用，或者为了园林管理而设置的小型景观设施。景观小品布局非常灵活多变，是现代景观中不可或缺的元素。景观小品的功能主要是起到点景、休憩、装饰和组织游览路线的作用。图6-6和图6-7所示为现代景观亭和水中树池。

图6-6

图6-7

2. 景观微地形的表现

在园林景观中，依照天然地貌或人为造出的微小丘陵地形称为“微地形”。微地形一般不高，大多模仿自然界中地势起伏变化。地形图通常绘有等高线、地界线、原有构筑物、道路及现存植物等。等高线表示法是最常用的地形平面图表示法。微地形效果图的后期表现上注重与其他软件的结合，如与Photoshop的结合，微地形效果图如图6-8和图6-9所示。

图6-8

图6-9

3. 景观鸟瞰图的表现

景观鸟瞰图就是从高处的一点俯视某一区域所看到的立体图，比平面图更具真实感。

它的作用是有利于空间方案的表达，便于交流和把控整体。图6-10和图6-11所示为居住区鸟瞰图和街边游园鸟瞰图。

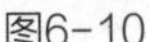

图6-10

图6-11

6.1.2 景观三维效果图的制作流程

景观三维效果图是表现园林规划的一种比较理想的方式。它通过透视感极强的三维空间，清楚地表现出园林建筑之间的形体及建筑与环境之间的关系，同时还能反映出建筑色彩的整体协调程度，以及园林各设施之间的关系、园林绿化的效果。这里只以景观鸟瞰效果图的制作来说明景观三维效果图制作的一般流程。

1. 景观三维效果图微地形模型制作

微地形模型三维效果图是将从CAD中输出的图形在3ds Max中拉伸制作而成的，而将主要的工作量——描线，放在CAD 中进行。这样可以充分利用各种软件的专长，最大限度地减少工作量，并确保模型的精确程度，如图6-12所示。

图6-12

2. 景观建筑、景观小品、景观设施等模型制作

通过前几章节的介绍可知，用3ds Max建模的方法比较多，同样一个效果可以有多种实现方法。建模方法的选择取决于是否便于修改，因此，选择最容易控制、最容易修改的方法是提高工作效率的有力保障。

远粗近细、不见不建。“远粗近细”是指距离观察点远的造型可以制作得粗糙一些，距离观察点近的造型要制作得精细一些。这样既能够满足精度的需要，又可以尽可能地减少模型的面数。“不见不建”是指对于看不见的部分，如建筑的背立面、侧立面等都可以省略，不用制作模型。

3. 模型整合阶段

将制作好的建筑、小品等模型用“合并”命令合并到地形场景中，并调整其在场景中的位置。

4. 调配并赋予造型材质

景观三维效果图材质的制作主要包括主路面材质、路沿材质、人行道材质、硬质铺装材质、绿地材质的制作。在制作时需要注意，大型场景中使用的贴图坐标不能过小，否则可能会因为纹理过细而无法正确渲染，出现材质色斑的现象。

5. 摄影机及灯光的设置

景观三维效果图的摄影机和灯光的设置，与一般正常视点的摄影机、灯光的设置略有区别。在景观三维效果图中，一般情况下使用镜头大于43mm的窄镜头，以减轻图像的透视变形；而且一定要将摄影机的视点升高，形成表现力极强的三点透视，使建筑与环境（道路、绿化、院落、广场、河流等）及建筑群之间的关系一目了然。

而且，一般都使用VRay太阳光作为主光源来计算阴影，因为这种灯光的照射效果比较均匀，比较容易控制。对于灯光，主要使用三点布光法，即主光源、辅助光源和背景光源。在此基础上再增加一些辅助照明，就能够产生不错的光照效果。在效果图中，主光源的入射角度非常重要，主光源至少要照亮建筑的一个表面，才能产生足够的光感和体积感。最常用的方法是将主光源放在与建筑正面约呈45°角的位置，这样可以使建筑显得更加明朗，建筑的细部和体积感也很容易被表现出来。

6. 景观三维效果图的渲染输出

在3ds Max中将创建好的景观三维效果图渲染输出并保存为TGA格式文件，以便可以调入Photoshop中进行后期处理。

7. 景观三维效果图的后期处理

景观三维效果图的后期处理较为复杂，一般包括裁图、调整图像品质、制作背景、添加乔木和灌木等绿地植物。另外还要添加人物、汽车等配景，以及景观鸟瞰效果图的景深效果的制作，最后还要对整张图进行色彩、明暗等方面的协调处理。如果景观三维效果图的场景很大，将所有的造型一起渲染，需要很长的渲染时间，而且建筑与地形连在一起，也不利于后期环境的制作，可以将建筑和地形分类渲染，并可将渲染的任务分流到其他计算机上，从而节省制作时间。图6-13所示为公园鸟瞰图。

图6-13

6.1.3 案例应用——制作景观小品三维效果图

客户想要在自家的庭院中放置一个流水墙，但不知道放在什么位置、用什么样的造型好看。他需要设计师制作一张效果图，以确认最终效果。

解决方案： 制作一个单体流水墙的景观小品，通过建模和后期表现完成模型的制作，导出各种角度的效果图让客户能够更加清晰地了解流水墙效果，如图6-14所示。

源 文 件： \Ch06\景观小品.dwg。

案例应用——制作景观小品三维效果图

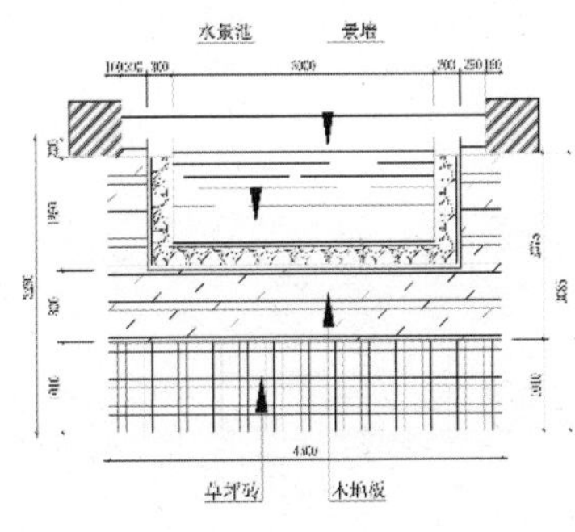

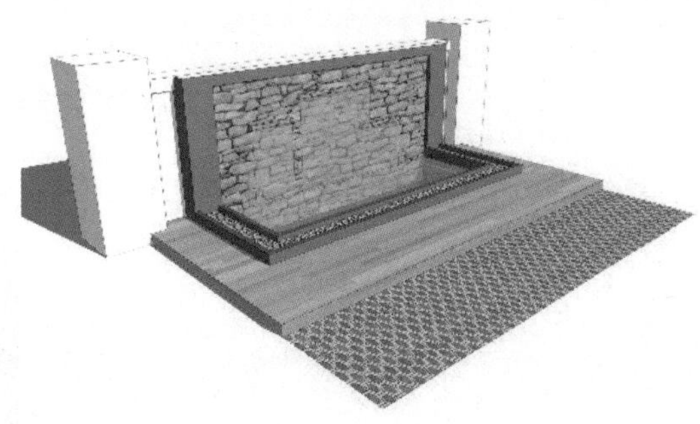

图6-14

操作步骤如下。

步骤 1 在菜单栏中选择“文件”|“导入”|“导入”命令，导入指定的CAD文件。

步骤 2 使用最容易控制的建模方法进行景观小品模型的制作。

步骤 3 调配并赋予模型材质，材质包括文化石、外墙防水漆、水、户外防滑地砖和草坪等。

步骤 4 创建VRay太阳光，在创建太阳光的同时创建VRay天空，如图6-15所示。

步骤 5 按快捷键8打开“环境和效果”窗口，并将环境贴图复制到材质编辑器中，设置“太阳强度倍增”为0.04，如图6-16所示。

步骤 6 设置出图宽度为2000像素、高度为1500像素，并按照第3章所讲的成品图渲染参数设置渲染器。

步骤 7 渲染完成后保存为TGA格式文件。

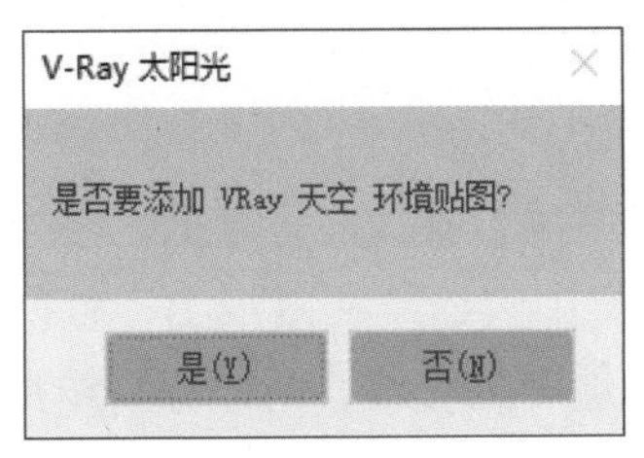

图6-15

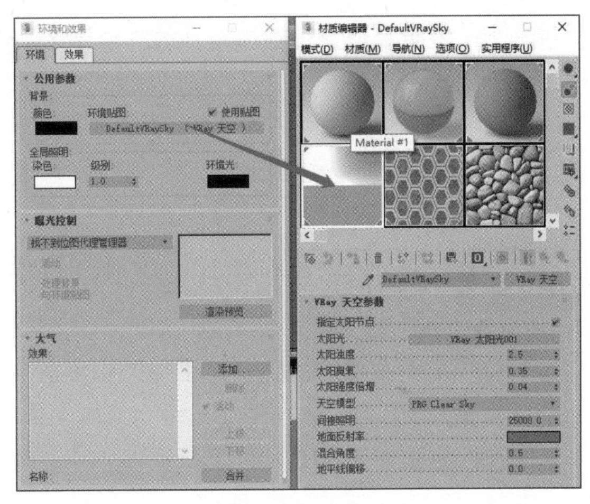

图6-16

6.2 地形景观三维效果图的制作

1. 了解等高线的基础知识；
2. 掌握地形制作工具的使用；
3. 能将软件工具的使用方法应用到地形景观的制作案例中。

知识导读

冬奥之旅

2022年北京冬季奥运会是由我国举办的国际性奥林匹克赛事，于2022年2月4日开幕，2月20日闭幕。冬季奥林匹克运动会(Olympic Winter Games，简称冬奥会)是世界上规模最大的冬季综合性运动会，每4年举办一届。自1924年举办第1届，截至2022年共举办了24届。图6-17所示为北京国家高山滑雪中心。

图6-17

北京冬奥会的成功举办彰显了我国强大的影响力，更彰显了我国的技术自信。运动健将在自由滑雪项目上赢得了多枚金牌。这些项目的背后都离不开高标准的场地环境建设。例如，延庆赛区的竞赛场馆——国家高山滑雪中心，张家口赛区的竞赛场馆——北欧中心越野滑雪场，这些比赛场地无不都是在高山上，同时也离不开地形的规划与设计。

地形规划与设计离不开软件的表达，准确的坡度数据、地形的虚拟空间演示为实现高标准的场地环境提供了重要的技术支撑。地形景观的制作可以重塑原有高低起伏的地形现状，在此基础上设置道路、构筑物等景观元素，将复杂的工艺、构造、技术等环节立体化和形象化地展示出来。

6.2.1 等高线

等高线指的是地形图上高度相等的相邻各点所连成的闭合曲线。把地面上海拔高度相同的点连成的闭合曲线垂直投影到一个水平面上，并按比例缩绘在图纸上，就得到等高线。等高线也可以看作是不同海拔高度的水平面与实际地面的交线，所以等高线是闭合曲线。在等高线上标注的数字为该等高线的海拔。

1. 特征

等高线具有以下特征。

（1）位于同一等高线上的地面点，其海拔高度相同。但海拔高度相同的点不一定位于同一条等高线上，如图6-18所示。

（2）在同一幅图内，除了陡崖以外，不同高度的等高线不能相交。

（3）在图廓内相邻等高线的高差一般是相同的，因此地面坡度与等高线之间的等高线平距成反比。等高线平距愈小，等高线排列越密，说明地面坡度越大；等高线平距越大，等高线排列越稀，则说明地面坡度越小。

（4）等高线是一条闭合的曲线。如果不能在同一幅图内闭合，则必在相邻或者其他图幅内闭合。

（5）等高线经过山脊或山谷时改变方向。因此，山脊线或者山谷线应垂直于等高线转折点处的切线。

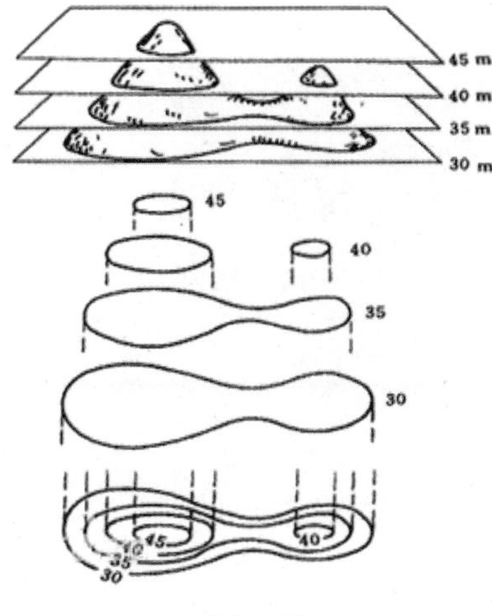

图6-18

2. 概念

与等高线相关的概念如下。

（1）海拔（绝对高度）：以海平面为起点，地面某个地点高出海平面的垂直距离。

（2）相对高度：某个地点高出另一个地点的垂直距离。

（3）等高距：相邻等高线之间的高度差。同一幅地图中，等高距相等，如图6-19所示。

（4）等高线地形图：用等高线表示一个地区地面的实际高度和高低起伏的地图。

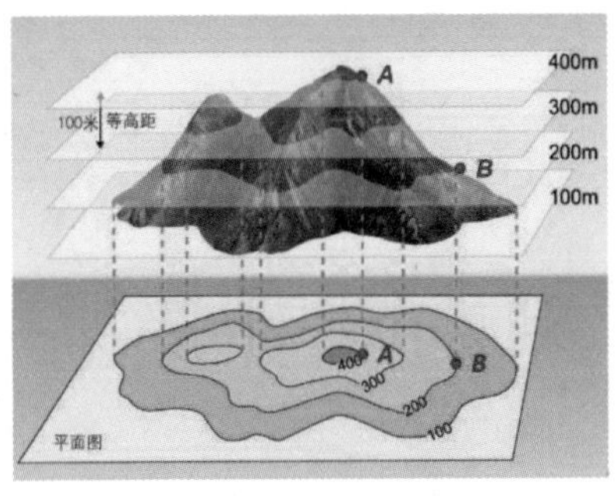

图6-19

3. 分类

等高线按其作用不同，分为首曲线、计曲线、间曲线与助曲线4种。

（1）首曲线又叫基本等高线，它是按基本等高距测绘的等高线，一般用细实线（0.15mm）描绘，是表示地貌状态的主要等高线。

（2）计曲线又叫加粗等高线（0.3mm），用于判断等高线的高程，它是自高程起算面开始，每隔4条首曲线加粗描绘的等高线。一般在适当位置断开注记高程，字头朝向上坡方向。计曲线是辨认等高线高程的依据。

（3）间曲线又叫半距等高线，它是当首曲线不能显示某些局部地貌时，按1/2等高距描绘的等高线。间曲线一般用细长虚线绘制，仅在局部地区使用，可不闭合，但应对称。

（4）助曲线又叫辅助等高线，它是按1/4等高距描绘的细短虚线，用以显示间曲线仍不能显示的某些微型地貌。

6.2.2 地形制作工具

1. 地形复合对象

地形复合对象是使用等高线数据创建的曲面。

选择样条线轮廓后，在“创建”面板中单击●（几何体）按钮，选择“复合对象”

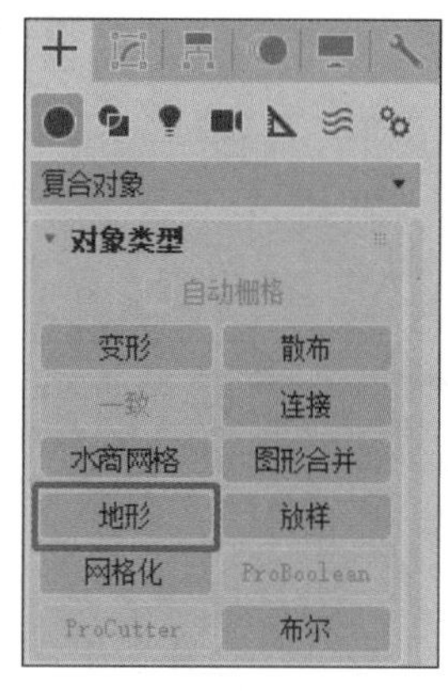

图6-20

选项，展开“对象类型”卷展栏，单击“地形”按钮，如图6-20所示，创建地形复合对象。

地形复合对象中有5个卷展栏，分别是“名称和颜色”卷展栏、“拾取运算对象”卷展栏、“参数”卷展栏、“简化”卷展栏和“按海拔上色”卷展栏。

（1）“名称和颜色”卷展栏用于显示地形对象的名称。3ds Max 将使用所选对象之一的名称来命名地形对象，如图6-21所示。

图6-21

（2）“拾取运算对象”卷展栏如图6-22所示。

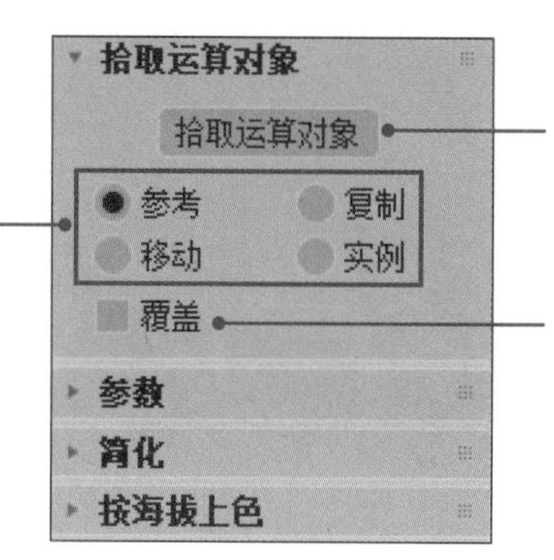

图6-22

（3）“参数”卷展栏如图6-23所示。

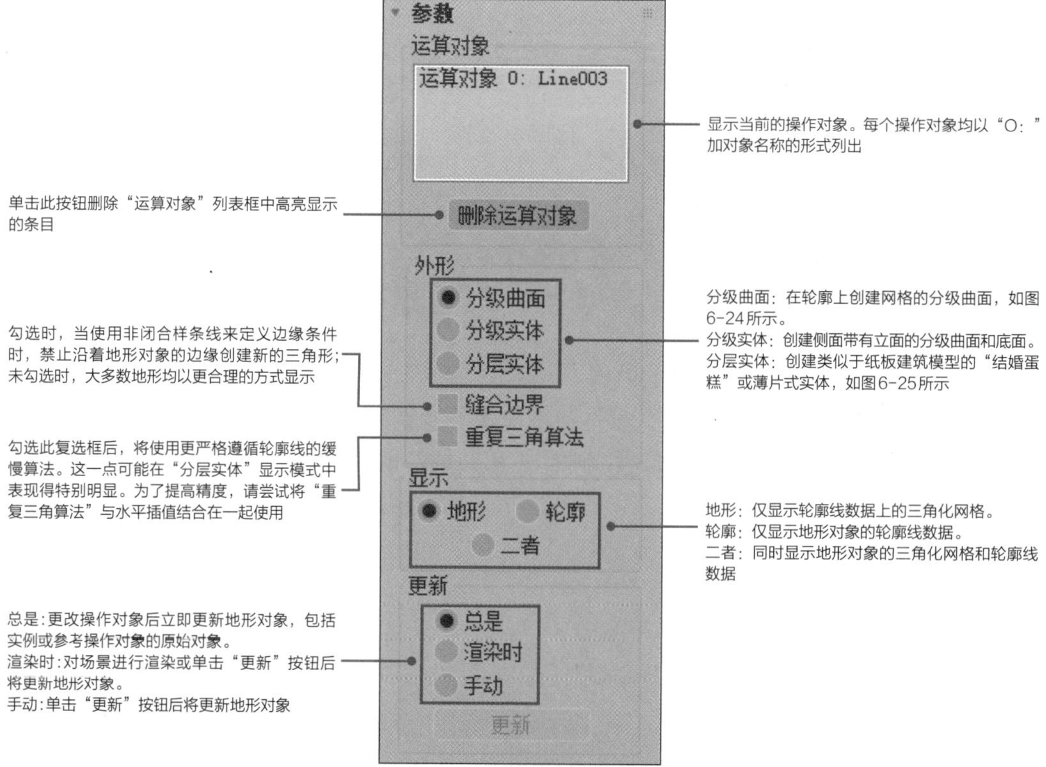

图6-23

图6-24

图6-25

（4）“简化”卷展栏如图6-26所示。

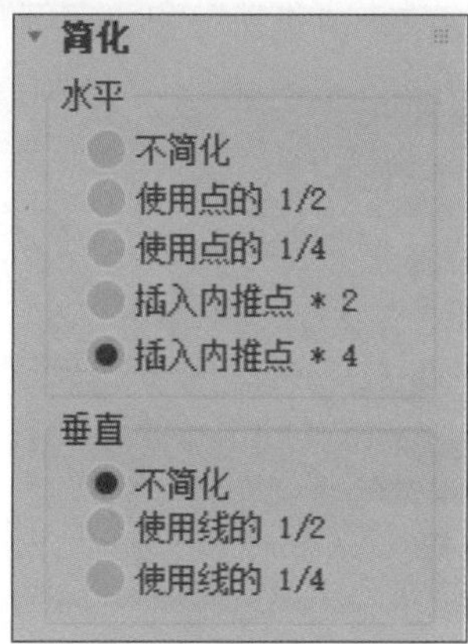

图6-26

（5）“按海拔上色”卷展栏如图6-27所示。

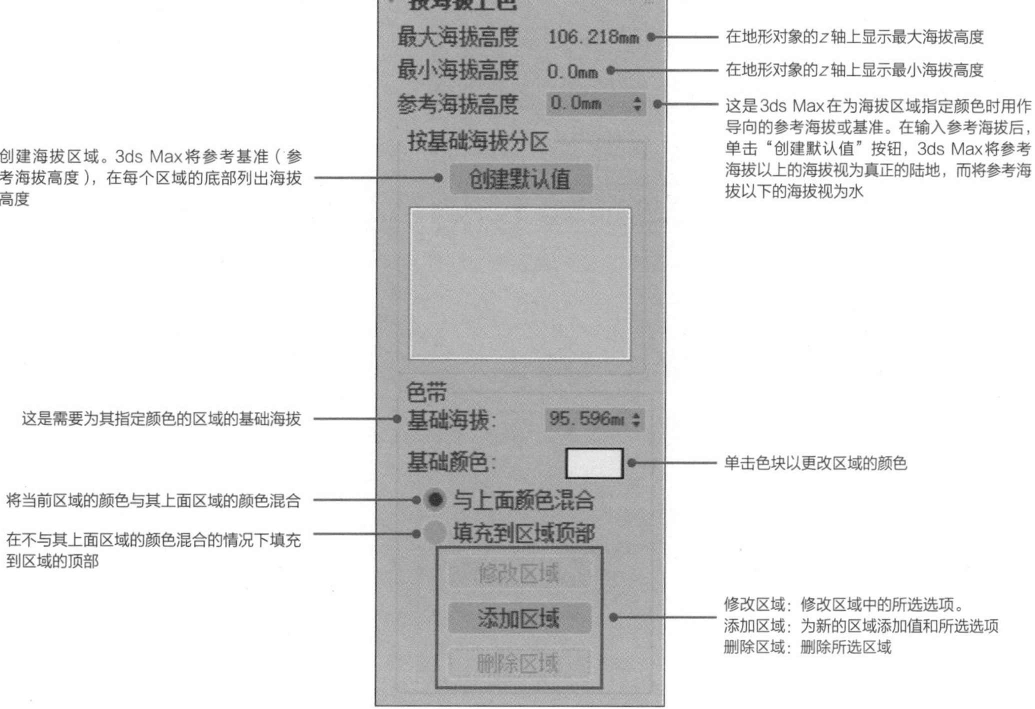

图6-27

2. 图形合并复合对象

使用“图形合并”来创建包含网格对象和图形的复合对象。这些图形嵌入在网格中（将更改边与面的模式），或者从网格中消失。

选择对象后，在“创建”面板中单击●（几何体）按钮，选择“复合对象”选项，展开“对象类型”卷展栏，单击“图形合并”按钮，如图6-28所示，创建复合对象。

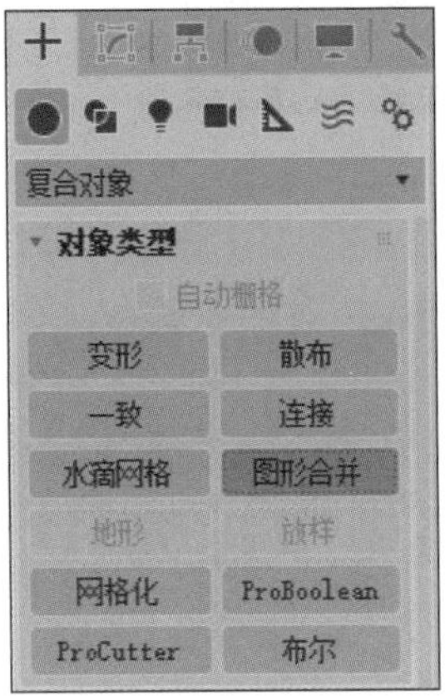

图6-28

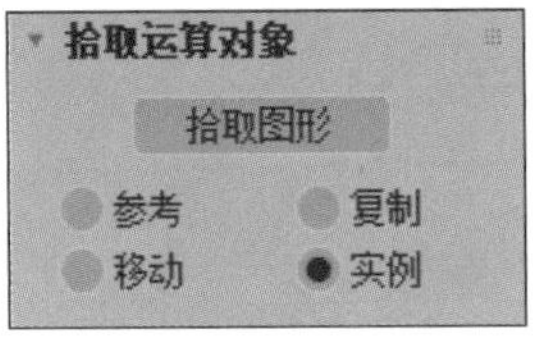

图形合并复合对象中有3个卷展栏，分别是“拾取运算对象”卷展栏、“参数”卷展栏和“显示/更新”卷展栏。

（1）“拾取运算对象”卷展栏如图6-29所示。

图6-29

单击“拾取图形”按钮，然后单击要嵌入网格对象中的图形。此图形沿图形局部负z轴方向投射到网格对象上。“参考”“复制”“移动”和“实例”用于指定如何将拾取的图形传输到复合对象中。拾取的图形可以作为参考、副本、实例或移动的对象（如果不保留原始图形）进行转换。

（2）“参数”卷展栏如图6-30所示。

如果选择了列表框中的对象，则此处显示对象名称。我们可以在此处编辑以更改对象名称

提取选中操作对象的副本或实例。在列表框中选择操作对象时此按钮才可用

此组决定如何将图形应用于网格中。
饼切：切去网格对象曲面外部的图形。
合并：将图形与网格对象曲面合并。
反转：反转“饼切”或“合并”效果

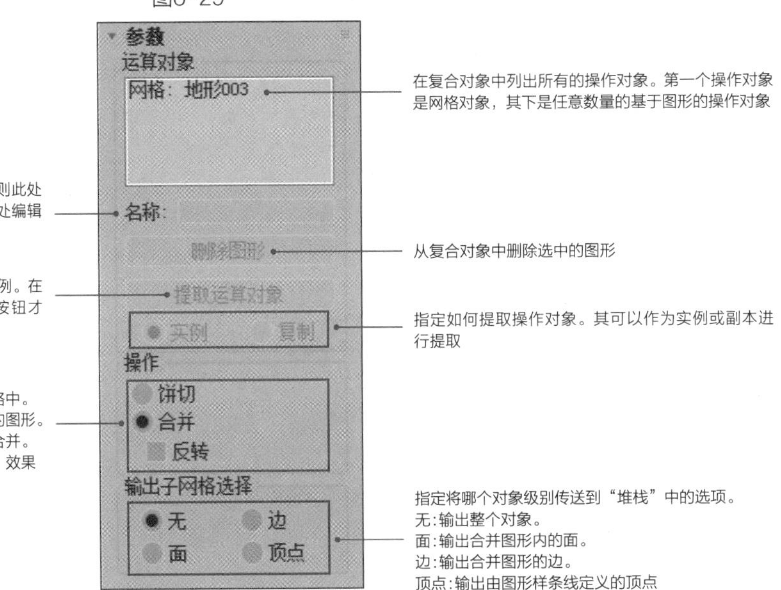

图6-30

（3）“显示/更新”卷展栏如图6-31所示。

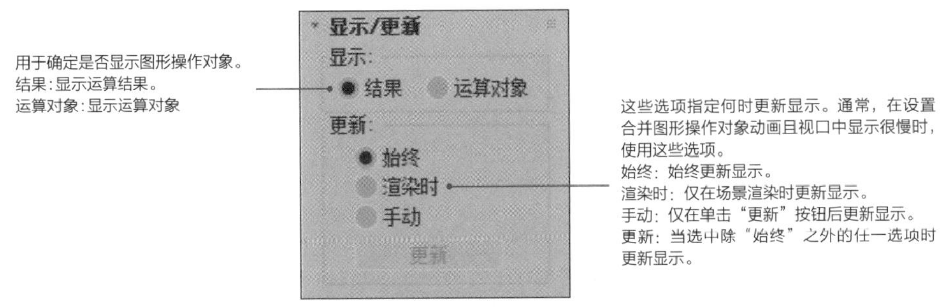

图6-31

6.2.3 案例应用——制作地形景观三维效果图

制作完成的场地环境较平坦，甲方要求有地形起伏的景观效果，并能沿规划的道路进入和参与活动，希望能够看到效果图展示。

解决方案：通过CAD软件完成地形的绘制，并将其导入3ds Max中，根据场地环境要求调整地形高度，生成地形效果图，效果如图6-32所示。

源 文 件：\Ch06\地形效果图.dwg、凉亭.max、植物.max。

案例应用——制作地形景观三维效果图

操作步骤如下。

步骤 1 导入“地形效果图.dwg”CAD文件，如图6-33所示。

步骤 2 选择名为“Layer:等高线2”的可编辑样条线，通过对样条线的编辑使等高线沿z轴调整高度，高度分别为8600mm、7400mm、5900mm、3900mm、2700mm、1700mm和600mm，效果如图6-34所示。

图6-32

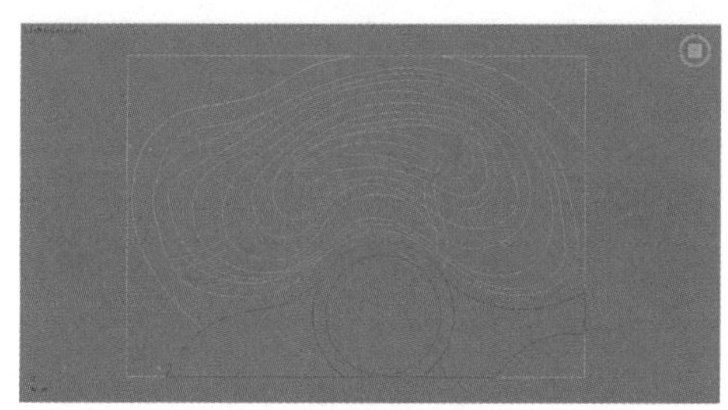

图6-33

图6-34

步骤 3 创建地形复合对象并将其转换为可编辑的多边形，删除多余的面，如图6-35所示。

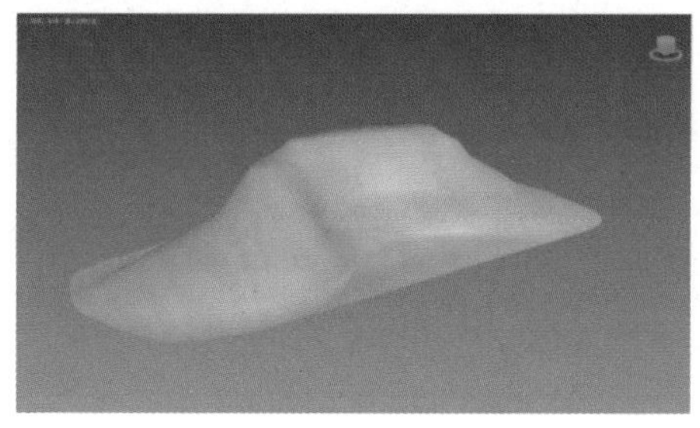

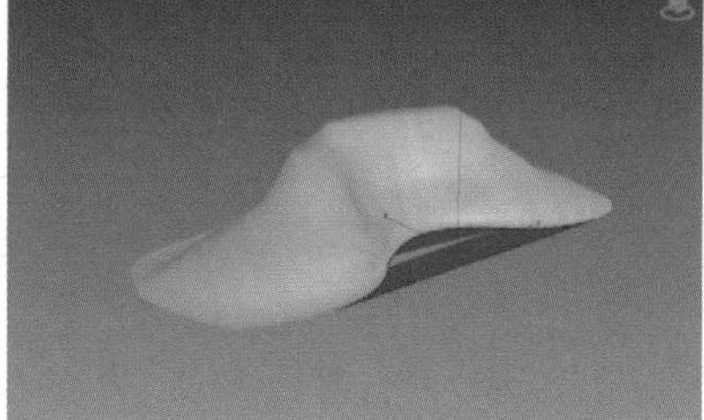

图6-35

步骤 4 使用“图形合并”选项创建假山上的道路，并区分道路与假山材质，效果如图6-36所示。

步骤 5 使用转换为可编辑的多边形方式创建景观模型，效果如图6-37所示。

步骤 6 为场景中的模型赋予相应的材质，并合并“凉亭.max”模型和“植物.max”模型；创建摄影机，并调整摄影机视角，效果如图6-38所示。

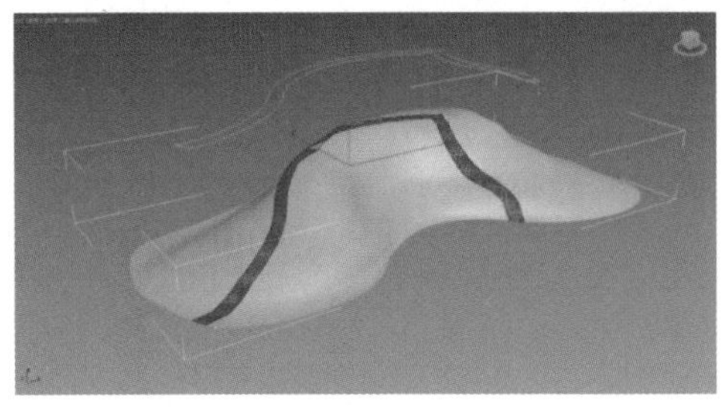

图6-36

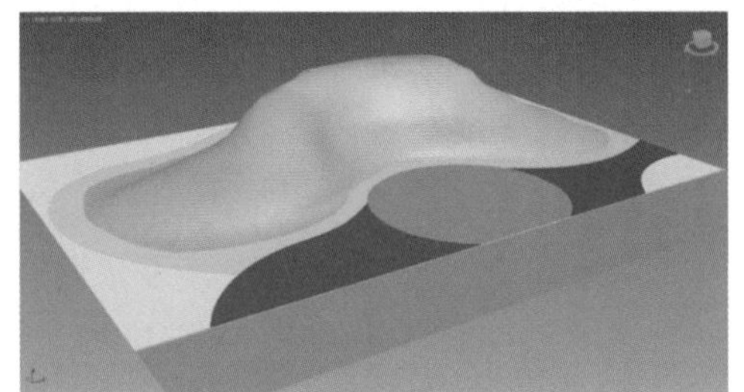

图6-37

步骤 7 创建VRay 太阳光，调整强度倍增值为0.01、大小倍增值为4，并调整灯光角度，使光线分布均匀，明暗对比合理。

步骤 8 设置出图宽度为3000像素、高度为1800像素；按照第3章所讲的成品图渲染参数设置渲染器。

步骤 9 渲染完成后保存为TGA格式文件。

图6-38

6.3 公园景观鸟瞰图的制作

1. 了解植物在景观设计中的作用；
2. 掌握植物种植工具应用的技巧与方法；
3. 能将软件工具的使用方法应用到公园景观鸟瞰图的案例制作中。

“景观数字化”开启园林4.0时代

20世纪90年代以来，规划设计领域发生了一系列工具革命，从图版到计算机绘图、从经纬仪到遥感与三维扫描、从手工模型到3D打印……工具的发展产生了一系列连锁反应，园林景观建设也向着数字化、科学化方向推进。

“数字化景观”一般是指景观设计与实现的各个过程结合了如地理信息系统、遥感、多媒体、人工智能、虚拟现实等数字化技术的产物。数字化的出现，派生了建筑信息模型、城市信息模型与景观信息模型等。在数字化领域，风景园林特有的核心竞争力是植物信息模型与竖向信息模型，这些信息模型是其他专业所不具有的，如图6-39和图6-40所示（数字化景观——成都麓湖·云朵乐园）。

图6-39

图6-40

风景园林的数字化过程也是将真实场景虚拟化的过程。虚拟空间也会在较小的成本下带来更大的尝试，并能以现状数据为基础进行时间层面的预期演算，如植物生长、雨洪预测、四季景观、维护周期等，以便对未来的隐患产生预警，对远期效果提前干预，随时保证景观的最佳效果。

设计师在提升设计水平的同时，也应不甘止步于当前技术，不要忽视新技术与制度对行业的冲击。数字化是风景园林行业的一场革新，也是建设行业的一场革新。

6.3.1 植物在景观设计中的作用

植物是景观设计中的重要元素。植物种类繁多，形态各异，在生长过程中呈现出鲜明的季节变化，丰富了景观效果。人们利用植物的特性进行合理的配置。植物在景观设计中主要有以下几个方面的作用。

1. 季节和时序变化

在景观设计中，植物不但是构图的元素，还是一种渲染手段。随着时间的推移和季节的变化，植物展示了发芽、开花、落叶等一系列形态变化。人们利用这些变化可以进行观形、观花、观叶、观果等活动，如图6-41和图6-42所示。

图6-41

图6-42

2. 创造景观节点

植物作为营造景观的主要元素，其本身就具有独特的艺术美。人们利用植物创造了规则式、自然式的配置方法，巧妙地搭配出草、花、藤、灌、乔相结合的群落景观。

3. 营造空间变化

植物本身有体量关系，它是营造空间结构的重要组成部分，具有构成空间、分隔空间、引起空间变化的功能，可通过视线的改变产生“步移景异”的空间效果，如图6-43和图6-44所示。

图6-43

图6-44

4. 改善生态环境

在气候干燥的环境下，植物能够增加景区内空气的湿度。植物能够抵御噪声污染，可使景区环境更安静。

6.3.2 植物种植工具

1. AEC扩展

“AEC扩展”专为建筑、工程和构造领域的使用而设计。

在“创建”面板中单击●（几何体）按钮，选择“AEC扩展”选项，展开“对象类型”卷展栏，单击“植物”按钮，如图6-45所示，即可使用植物种植工具。

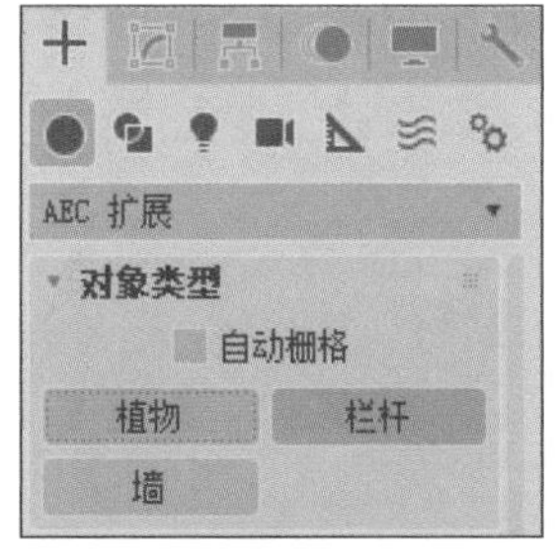

图6-45

植物种植工具可以控制高度、密度、修剪、种子、显示和详细程度等级。其“参数”卷展栏中的“种子”选项用于控制同一树种的不同表示方法的创建，可以为同一树种创建上百万个变体，因此，每个对象都可以是唯一的。通过“视口树冠模式”组可以控制植物细节的数量，减少3ds Max显示的植物顶点和面的数量，如图6-46所示。

2. 间隔工具

使用“间隔工具”可以基于当前选择沿样条线或用一对点定义的路径分布对象。分布的对象可以是当前选定对象的副本、实例或参考。我们可以通过拾取样条线或两个点并设置参数来定义路径，也可以指定对象之间的间隔方式，以及对象的轴点是否与样条线的切线对齐。

选择“工具”|“对齐”|“间隔工具”命令，即可打开“间隔工具”窗口，如图6-47所示。我们可以使用包含多个样条线的复合图形作为分布对象的样条线路径。在创建图形之前，先取消“创建”面板中的“开始新图形”复选框，然后创建图形。3ds Max可将每个样条线添加到当前图形中，直至重新勾选“开始新图形”复选框。如果选择复合图形并用“间隔工具”将它用作路径，则对象会沿该复合图形的所有样条线进行分布。

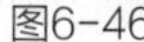
图6-46

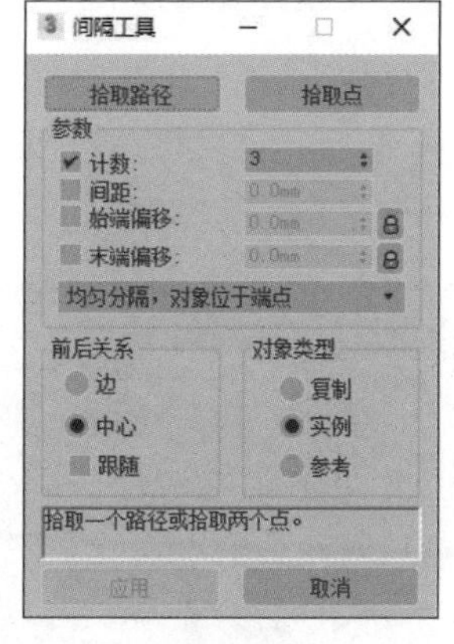

图6-47

6.3.3 案例应用——制作公园景观鸟瞰图

尽管已经展示了很多视角的效果图，可是甲方还是对环境没有整体的认识和了解，希望能有个可观看全局的效果图。

解决方案： 调整摄影机的角度以便从高处俯瞰整个区域，厘清道路、绿化、铺装、构筑物等景观元素，利用植物种植工具丰富景观效果，最后进行渲染，效果如图6-48所示。

源 文 件： \Ch06\公园景观鸟瞰图.max。

案例应用——制作公园景观鸟瞰图

图6-48

操作步骤如下。

步骤 1 打开“公园景观鸟瞰图.max”文件。

步骤 2 在前视图中创建一个目标摄影机“Camera001”，调整摄影机的位置，使画面构图比例合理，如图6-49所示。

步骤 3 选择名为“Ash-tree_01”的大树模型，使用“间隔工具”拾取名为“Line001”的样条线作为间隔路径，设置“计数”为12。

步骤 4 选择名为“Tilia_platyphyllos_01”的大树模型，使用“间隔工具”分别拾取名为“Line002”和“Line003”的样条线作为间隔路径，设置“计数”为6。

步骤 5 完成植物种植效果后，隐藏或删除样条线，调整当前视图为摄影机视图，效果如图6-50所示。

图6-49

图6-50

步骤 6 创建VRay 太阳光，调整强度倍增值为0.01、大小倍增值为4，并调整灯光的角度，使光线分布均匀，明暗对比合理。

步骤 7 设置出图宽度为3000像素、高度为1800像素；按照第3章所讲的成品图渲染参数设置渲染器。

步骤 8 渲染完成后保存为TGA格式文件。

知识延展

沉浸式旅游即通过全景式的视、触、听交互体验，使游客有一种“身临其境”的感觉。互联网技术的崛起、高科技的应用将使人类进入“时空穿梭”和“虚拟世界”时代，旅游产业也将迎来体验化的新时代。虚拟旅游是以真实的旅游景区为原型，运用数字景观的方式，借助互联网平台与虚拟现实技术，建构虚拟的旅游空间环境。

三维软件的另一个重要应用就是为沉浸式旅游贡献数字化设计，提供定量数据。全息投影、AR、VR等场景的营造都离不开3D技术的运用。沉浸式旅游现在已成为“设计+艺术+科技”三位一体的互联网产品，是科技与艺术的完美结合。设计师需要做的是找到符合他们设计手法的沉浸形式，因为“沉浸式设计”可能会在未来成为常态。

本章总结

本章主要介绍了景观设计的概念、三维模型在景观中的应用，景观小品三维效果图的制作方法，地形景观三维效果图的表现与制作，公园景观鸟瞰图的制作方法和植物种植工具的应用技术等内容。我们期待通过案例的详解，能够帮助读者掌握制作景观小品三维效果图、地形景观三维效果图、景观鸟瞰图的技巧，以便更好地适应当前三维虚拟现实展示的需求。

本章习题

【填空题】

1.景观设计是关于__________、__________设计、改造、管理和__________的专门设计。

2.景观小品是指在景观中供人__________、__________，方便开展游览活动，供游人使用，或者为了园林管理而设置的__________设施。

【选择题】

1.地形复合对象中有5个卷展栏，以下不属于地形复合对象中卷展栏的是（　　）。

A.“名称和颜色”卷展栏　　B.“拾取运算对象”卷展栏

C.“参数”卷展栏　　D.“对象类型”卷展栏

2.等高线按其作用不同，分为（　　）种类型。

A.3　　B.4　　C.5　　D.6

【简答题】

1.简述地形工具的使用方法。

2.简述景观三维效果图的制作流程。

【技能题】

1.制作景墙和绿化组合体效果图。

操作引导如下。

（1）源文件：\Ch06\景墙和绿化组合体练习.max。

（2）完成景观小品组合体的建模。

（3）后期渲染表现出图。

2.制作小游园的鸟瞰效果图。

操作引导如下。

（1）源文件：\Ch06\小游园鸟瞰图练习.max。

（2）完成小游园的建模。

（3）后期渲染表现出图。

室内效果图的制作

学习目标

通过对本章的学习，读者可以了解3ds Max 2022在室内设计中的运用和软件操作特点，掌握室内单帧效果图及全景效果图的制作原理和方法。本章可帮助读者将所学知识应用到实际的案例制作中，并具备一定的制作室内三维效果图的能力。

学习要求

知识要求	能力要求
1. 室内设计概述	1. 了解室内效果图制作的基础知识
2. 室内三维效果图的制作	2. 具备使用软件制作室内三维效果图的能力
3. VR室内全景效果图的制作	3. 具备使用软件制作室内全景效果图的能力

思维导图

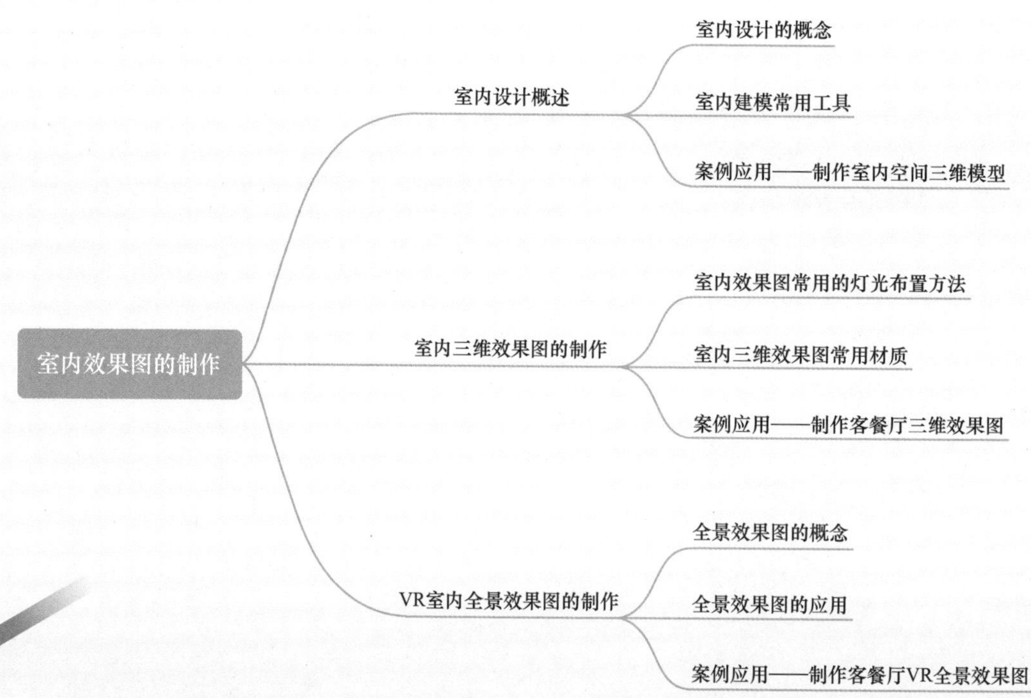

本章导读

中国室内设计发展史

西安半坡人的室内空间就已经有了科学的功能划分，且对装饰有了最初的运用。春秋战国时期砖瓦及木结构装修有了新发展，出现了专门用于铺地的花纹砖。春秋时期思想家老子的《道德经》中提出“凿户牖以为室，当其无，有室之用。故有之以为利，无之以为用。”的哲学思想，揭示了室内空间设计中“有”与“无”之间互相依存、不可分割的关系。

秦汉时期，中国封建社会的发展达到了第一次高峰，建筑规模体现出宏大的气势。壁画在此时已成为室内装修的一部分。而丝织品以帷幔、帘幕的形式参与空间的分隔与遮蔽，增加了室内环境的装饰性，此时的家具也丰富起来，有床榻、几案、茵席、箱柜、屏风等几大类。

宋朝是文人的时代，当时的室内设计气质秀雅，装饰风格简练、生动、严谨、秀丽。

明清时期，建筑和室内设计的发展达到了新的高峰。室内空间具有明确的指向性，根据使用对象的不同具有一定的等级差别。室内陈设更加丰富和艺术化，室内隔断在空间划分中起到重要的作用，这个时期的家具工艺也有了很大发展。

几千年的文化一脉相承，发展到今天，室内设计更加专业化、规范化、技术化及数字化，在满足“以人为本”的生活方式的同时，也能让人更加直观地感受到室内设计带来的魅力。

室内设计概述

1. 了解室内设计的概念及特点；
2. 掌握室内设计建模常用工具的使用方法；
3. 利用所学工具完成室内建模。

知识导读

“精益求精，专注创新”的工匠精神

鲁班生于公元前507年，在当时生产力极其低下的情况下，他在机械、土木、手工工艺等方面的发明极大提高了当时的社会生产力。鲁班是我国历史上影响深远的传奇人物之一，也是我国历史上著名的工程师、伟大的发明家，被奉为“百工之祖”。时至今日，他已不仅是木匠的祖师，更是我国“工匠精神”的代表性人物，如图7-1所示。

图7-1

工匠精神是一种职业精神，是从业者在职业能力、职业道德、职业品质等方面的综合体现。工匠精神的内涵包括敬业精益、专注创新等方面，是室内设计的思想源泉，也是从业者个人成长的精神指引。

工匠精神对室内设计师而言是必须具备的职业精神。一个完美的设计体现需要设计师经过细致的思考，对空间结构的精准把握，结合三维场景技术操作，精益求精、细致揣摩，才能得以呈现。这个过程需要我们坚守自己的目标，敬业精益，专注创新，迎难而上，永不言弃。

7.1.1 室内设计的概念

室内设计是指根据建筑物的使用性质、所处环境和相应标准，运用物质技术手段和建筑设计原理，创造功能合理、满足人们物质和精神生活需要的室内环境。其主要是为满足人们生产、生活的需求而有意识地营造理想化、舒适化的内部空间设计，图7-2所示为室内设计作品。

图7-2

效果图制作是设计思路的一种体现，也是对设计的准确表达，对室内设计起着至关重要的作用。客户的家需要装修设计，但是对于怎样设计，他们是没有概念的；通过效果图，他们能对设计效果一目了然。可以说，室内设计中效果图是设计师与客户沟通的“桥梁”。

7.1.2 室内建模常用工具

1. “扫描”修改器

“扫描”修改器用于沿着基本样条线或NURBS曲线路径按一定轨迹前进挤出横截面，从而创建出三维图形，一般用于室内棚线建模。

选择对象后，在“修改”面板中选择“修改器列表”选项，选择“扫描”选项，即可为所选对象添加“扫描”修改器，如图7-3所示。

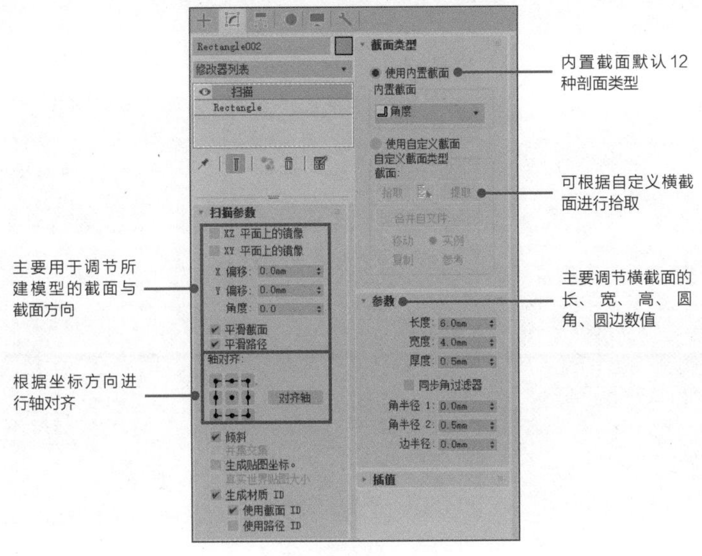

图7-3

2. “对称”修改器

“对称”修改器用于围绕x轴、y轴或z轴镜像网格，可以切分网格。若有需要可移除其中一部分，并可以沿着公共缝自动焊接顶点，从而创造出新的三维模型。

选择对象后，在“修改”面板中选择“修改器列表”选项，选择“对称”选项，即可为所选对象添加“对称”修改器，如图7-4所示。

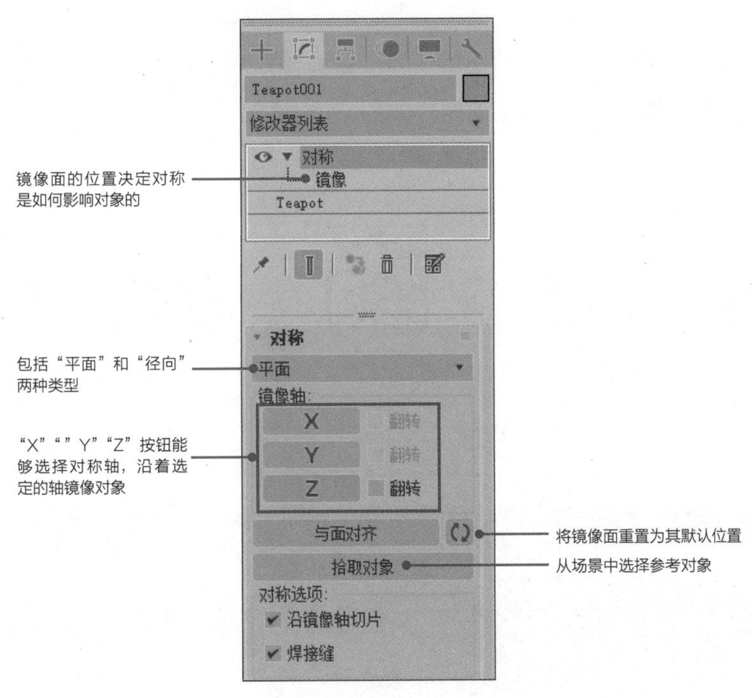

图7-4

3. 布尔运算

布尔运算将两个对象通过并集、差集、交集的运算来得到新的对象形态。在室内设计中一般用于制作门窗洞。

在“创建”面板中选择“复合对象”选项，展开“对象类型”卷展栏，单击“布尔”按钮，即可进行布尔运算，如图7-5所示。

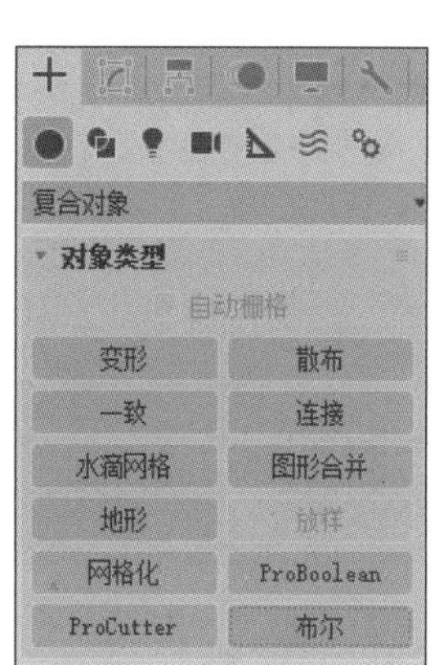

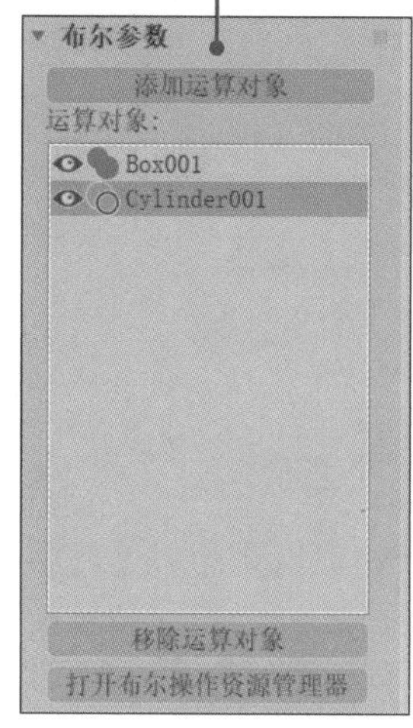

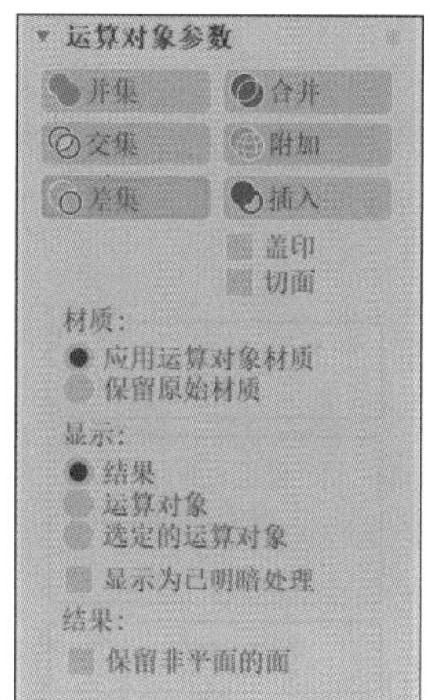

图7-5

7.1.3 案例应用——制作室内空间三维模型

客户想看一个户型，但他不了解实际空间结构样式。经理要求准备一个数字虚拟室内空间三维模型，让客户能够仿佛身临其境般地感受空间。

解决方案：制作一个室内客餐厅模型，通过室内建模的常用工具，完成该区域的墙、顶、地面及造型模型的制作，如图7-6所示。

源 文 件：\Ch07\室内空间平面图.dwg。

案例应用——制作室内空间三维模型1

案例应用——制作室内空间三维模型2

案例应用——制作室内空间三维模型3

案例应用——制作室内空间三维模型4

案例应用——制作室内空间三维模型5

图7-6

操作步骤如下。

步骤 1 导入名为“室内空间平面图.dwg”的CAD文件。

步骤 2 制作客餐厅墙、顶、地面模型，打开2.5D捕捉开关，捕捉内面墙线，并设置挤出高度为2800mm，如图7-7所示。

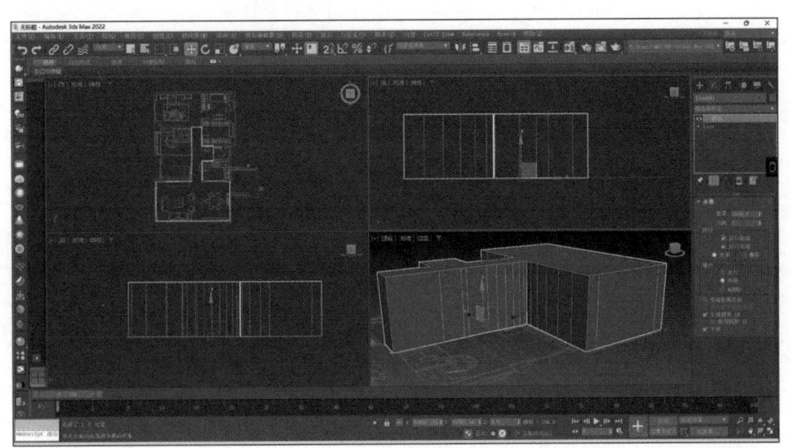

图7-7

步骤 3 选中模型，将其转换为可编辑多边形，制作门窗洞口及门窗模型，门高2000mm，窗高2400mm。

步骤 4 制作踢脚线模型。二维线捕捉锚点，在对应修改器的“Line”子层级中选择“样条线”选项，设置轮廓数值为10mm、挤出数值为80mm。

步骤 5 制作吊顶模型。绘制一个长为4280mm、宽为8250mm的矩形，并将其转换为可编辑样条线，设置轮廓数值为300mm、挤出数值为300mm，通过“扫描”修改器制作石膏线。

步骤 6 制作沙发背景墙模型。绘制一个矩形，设置其宽度为4050mm、高度为2500mm、挤出数值为60mm，将其转换为可编辑多边形，制作造型背板。使用布尔工具，完成造型背板的圆洞建模，效果如图7-8所示。

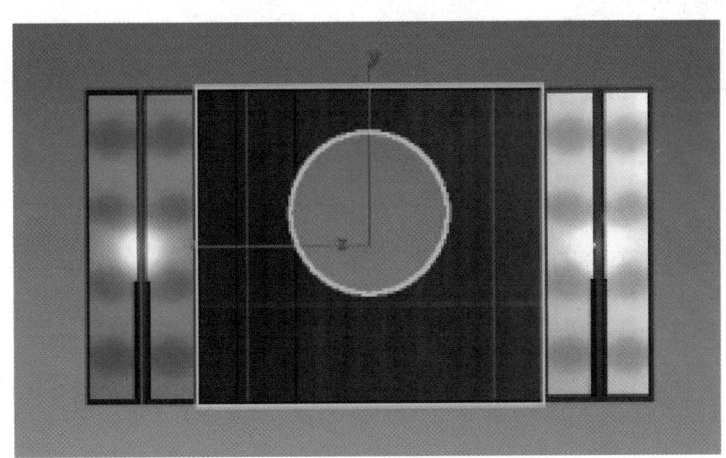

图7-8

步骤 7 制作电视背景墙模型。绘制一个矩形，设置其宽度为4050mm、高度为2500mm、挤出数值为60mm，将其转换为可编辑多边形并进行造型建模。

步骤 8 合并家具、灯具、饰品、绿植、挂画等软装。

7.2 室内三维效果图的制作

1. 掌握室内效果图常用的灯光布置方法；
2. 掌握室内三维效果图常用材质的设置；
3. 能将软件工具的使用方法应用到室内三维效果图的案例制作中。

振兴民族文化，坚定文化自信

艺术作为一种文化，它和民族文化是密不可分的，二者相互融合，又相互体现。

中式风格的建筑作为一种文化，历经数千年的风雨依然没有被取代或被淘汰，原因是其自身具有一种代表中国的精神。文化自信是一个国家、一个民族对自身拥有的生存方式和价值体系的充分肯定，是对自身文化的生命力、创造力、影响力的坚定信念，关乎民族精神状态和社会精神风貌，关乎国家发展进步的动力与活力。

中式风格的各种元素也可以运用在室内设计当中，我们可通过灯光、色彩、材质的变化去体现中式浪漫，如图7-9所示。

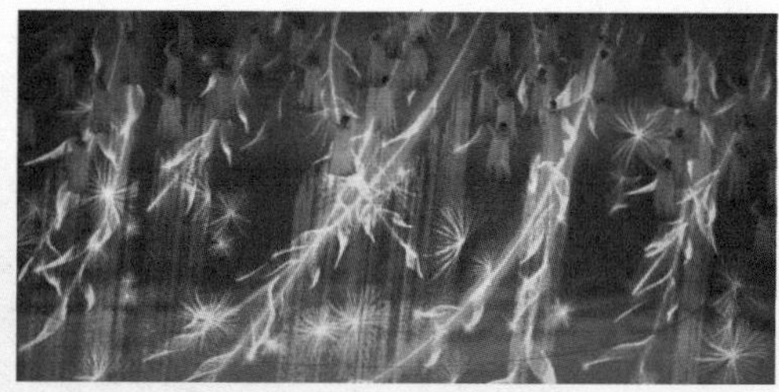

图7-9

7.2.1 室内效果图常用的灯光布置方法

1. 直行暗藏灯布光方法

在前视图中布置VRay灯光（注意在不同场合有不同方向，例如天花板暗藏灯光要向上打，也有向前的打法和向下的打法），强度一般控制在5左右，测试合适即可，灯光调整为不可见。

2. 异形暗藏灯布光方法

有造型的灯槽是不能使用VRay灯光进行布光的，但可以通过一些替代物去施加自发光，从而制造出异形暗藏灯。例如，天棚上有一个圆形灯槽，我们可利用上述方法布置一个暗藏灯带，如图7-10所示。

3. 室内射灯与筒灯的布光方法

图7-10

室内射灯是使用VRayIES灯光结合光域网文件（IES文件）布置的，其倍增参数可根据场景大小和灯的距离自由设置，一般在以CD为单位时，大小控制在800到3000之间。如果墙跟筒灯之间的距离太近，我们可以将筒灯适当拉远。

4. 各式灯箱的布光方法

灯箱材质的制作是在VRay_灯光材质中添加一张灯箱贴图。在VRay_灯光材质基础上追加VRay_材质包裹器。这个时候会发现灯箱里面的图片不清晰，我们要想改变其清晰程度则需在VRay_灯光材质中将倍增值降低到0.5左右，然后在VRay_材质包裹器下面将生成GI值提高到2左右，从而让灯箱变亮且不会出现色溢。

5. 各式吊灯、吸顶灯、台灯和壁灯的布光方法

各式吊灯、吸顶灯、台灯和壁灯通常采用VRay 灯光，类型设置为球形，比吊灯大一些的灯需要调节颜色和倍增（倍增值在0.5左右），且设置灯光为不可见。在给吸顶灯布光时，我们需要把灯光向屋顶上方拖曳，只让其露出一半即可。

6. 天空光与阳光搭配的设置

同时使用VRay 太阳光和VRay 天空（是一张贴图）时，参数设置如下。

（1）VRay 太阳光：浊度值设置为15，强度倍增值设置为0.02，大小倍增值设置为4。

（2）VRay 天空：浊度值设置为5，强度倍增值设置为0.03，大小倍增值设置为4。

7.2.2 室内三维效果图常用材质

1. 木纹材质与木地板材质

木纹材质与木地板材质如表7-1所示。

表7-1

材质名称	示例图	贴图	参数设置		用途
高光木纹材质			漫反射	漫反射通道为贴图	家具及地面装饰
			反射	反射颜色为红40、绿40、蓝40，高光光泽度为0.75，反射光泽度为0.7，细分为15	
			折射	—	
			其他	凹凸通道为贴图，环境通道为输出贴图	
哑光木纹材质			漫反射	漫反射通道为贴图，模糊为0.2	家具及地面装饰
			反射	反射颜色为红213、绿213、蓝213，反射光泽度为0.6，菲涅耳反射为勾选	
			折射	—	
			其他	凹凸通道为贴图，凹凸强度为60	
木地板材质			漫反射	漫反射通道为贴图，瓷砖（平铺）UV为6	地面装饰
			反射	反射颜色为红55、绿55、蓝55，反射光泽度为0.8，细分为15	
			折射	—	
			其他	—	

2. 石材材质与地砖材质

石材材质与地砖材质如表7-2所示。

表7-2

材质名称	示例图	贴图	参数设置		用途
大理石地面材质			漫反射	漫反射通道为贴图	地面装饰
			反射	反射颜色为红228、绿228、蓝228，细分为15，菲涅耳反射为勾选	
			折射	—	
			其他	—	
人造石台面材质			漫反射	漫反射通道为贴图	台面装饰
			反射	反射通道为衰减贴图，衰减类型为Fresnel，高光光泽度为0.65，反射光泽度为0.9，细分为20	
			折射	—	
			其他	—	
拼花石材材质			漫反射	漫反射通道为贴图	地面装饰
			反射	反射颜色为红228、绿228、蓝228，细分为15，菲涅耳反射为勾选	
			折射	—	
			其他	—	
仿旧石材材质			漫反射	漫反射通道为混合贴图，颜色#1通道为旧墙贴图，颜色#2通道为破旧纹理贴图，混合量为50	墙面装饰
			反射	—	
			折射	—	
			其他	凹凸通道为破旧纹理贴图，凹凸强度为10，置换通道为破旧纹理贴图，置换强度为10	
文化石材质			漫反射	漫反射通道为贴图	墙面装饰
			反射	反射颜色为红30、绿30、蓝30，高光光泽度为0.5	
			折射	—	
			其他	凹凸通道为贴图，凹凸强度为50	
砖墙材质			漫反射	漫反射通道为贴图	墙面装饰
			反射	反射通道为衰减贴图，侧为红18、绿18、蓝18，衰减类型为Fresnel，高光光泽度为0.5，反射光泽度为0.8	
			折射	—	
			其他	凹凸通道为灰度贴图，凹凸强度为120	
玉石材质		—	漫反射	漫反射颜色为红180、绿214、蓝163	陈设品装饰
			反射	反射颜色为红67、绿67、蓝67，高光光泽度为0.8，反射光泽度为0.85，细分为25	
			折射	折射颜色为红220、绿220、蓝220，光泽度为0.6，细分为20，折射率为1，影响阴影为勾选，烟雾颜色为红105、绿150、蓝115，烟雾倍增为0.1	
			其他	半透明类型为硬（蜡）模型，正/背面系数为0.5，正/背面系数为1.5	

3. 玻璃材质

玻璃材质如表7-3所示。

表7-3

材质名称	示例图	贴图	参数设置		用途
普通玻璃材质		—	漫反射	漫反射颜色为红129、绿187、蓝188	家具装饰
			反射	反射颜色为红20、绿20、蓝20，高光光泽度为0.9，反射光泽度为0.95，细分为10，菲涅耳反射为勾选	
			折射	折射颜色为红240、绿240、蓝240，细分为20，影响阴影为勾选，烟雾颜色为红242、绿255、蓝253，烟雾倍增为0.2	
			其他	—	
窗玻璃材质		—	漫反射	漫反射颜色为红193、绿193、蓝193	窗户装饰
			反射	反射通道为衰减贴图，侧为红134、绿134、蓝134，衰减类型为Fresnel，反射光泽度为0.99，细分为20	
			折射	折射颜色为白色，光泽度为0.99，细分为20，影响阴影为勾选，烟雾颜色为红242、绿243、蓝247，烟雾倍增为0.001	
			其他	—	
彩色玻璃材质		—	漫反射	漫反射颜色为黑色	家具装饰
			反射	反射颜色为白色，细分为15，菲涅耳反射为勾选	
			折射	折射颜色为白色，细分为15，影明阴影为勾选，烟雾颜色为自定义，烟雾倍增为0.04	
			其他	—	

4. 金属材质

金属材质如表7-4所示。

表7-4

材质名称	示例图	贴图	参数设置		用途
亮面不锈钢材质		—	漫反射	漫反射颜色为红49、绿49、蓝49	家具及陈设品装饰
			反射	反射颜色为红210、绿210、蓝210，高光光泽度为0.8，细分为16	
			折射	—	
			其他	双向反射为沃德	
哑光不锈钢材质		—	漫反射	漫反射颜色为红40、绿40、蓝40	家具及陈设品装饰
			反射	反射颜色为红180、绿180、蓝180，高光光泽度为0.8，反射光泽度为0.8，细分为20	
			折射	—	
			其他	双向反射为沃德	
拉丝不锈钢材质			漫反射	—	家具及陈设品装饰
			反射	反射颜色为红77、绿77、蓝77，反射通道为贴图，反射光泽度为0.95，反射光泽度通道为贴图，细分为20	
			折射	—	
			其他	双向反射为沃德，各向异性（-1,1）为0.6，旋转为-15，凹凸通道为贴图	

材质名称	示例图	贴图	参数设置		用途
银材质		—	漫反射	漫反射颜色为红103、绿103、蓝103	家具及陈设品装饰
			反射	反射颜色为红98、绿98、蓝98，反射光泽度为0.8，细分为20	
			折射	—	
			其他	双向反射为沃德	
黄金材质		—	漫反射	漫反射颜色为红133、绿53、蓝0	家具及陈设品装饰
			反射	反射颜色为红225、绿124、蓝24，反射光泽度为0.9，细分为15	
			折射	—	
			其他	双向反射为沃德	
黄铜材质		—	漫反射	漫反射颜色为红70、绿26、蓝4	家具及陈设品装饰
			反射	反射颜色为红225、绿124、蓝24，高光光泽度为0.7，反射光泽度为0.65，细分为20	
			折射	—	
			其他	双向反射为沃德，各向异性（-1,1）为0.5	

5. 布艺材质

布艺材质如表7-5所示。

表7-5

材质名称	示例图	贴图	参数设置		用途
单色花纹绒布材质（注意，材质类型为标准材质）			明暗器	（O）Oren-Nayar-Blin	家具装饰
			自发光	自发光为勾选，自发光通道为遮罩贴图，贴图通道为衰减贴图（衰减类型为Fresnel），遮罩通道为衰减贴图（衰减类型为阴影灯光）	
			反射高光	高光级别为10	
			其他	漫反射颜色+凹凸通道为贴图、凹凸强度为-180（注意，这组参数需要根据实际情况进行设置）	
麻布材质			漫反射	通道为贴图	家具装饰
			反射	—	
			折射	—	
			其他	凹凸通道为贴图，凹凸强度为20	
抱枕材质			漫反射	漫反射通道为抱枕贴图，模糊为0.05	家具装饰
			反射	反射颜色为红34、绿34、蓝34，反射光泽度为0.7，细分为20	
			折射	—	
			其他	凹凸通道为凹凸贴图，凹凸强度为50	
毛巾材质			漫反射	漫反射颜色为红243、绿243、蓝243	家具装饰
			反射	—	
			折射	—	
			其他	置换通道为贴图，置换强度为8	

续表

材质名称	示例图	贴图	参数设置		用途
半透明窗纱材质		—	漫反射	漫反射颜色为红240、绿250、蓝255	家具装饰
			反射	—	
			折射	折射通道为衰减贴图，折射颜色为红180、绿180、蓝180，侧为黑色，光泽度为0.88，折射率为1.001，影响阴影为勾选	
			其他	—	

7.2.3 案例应用——制作客餐厅三维效果图

室内建模解决了空间立体关系的问题，但客户想要看到施工完成后的家中家具，以及墙面、地面在灯光的照射下呈现的真实效果。

解决方案：在一个室内客餐厅场景中布置材质与灯光，通过渲染出图，完成室内单帧效果图的制作，如图7-11所示。

源 文 件：\Ch07\客餐厅模型.max、光域网文件、材质图片。

案例应用——制作客餐厅三维效果图1

案例应用——制作客餐厅三维效果图2

案例应用——制作客餐厅三维效果图3

图7-11

1. 布置灯光

步骤 1 布置VRay太阳光，设置强度倍增值为0.05、大小倍增值为2，颜色设置为橘色，制作下午阳光照射的效果，渲染测试太阳光，效果如图7-12所示。

步骤 2 窗口处布置VRay灯光，类型设置为平面灯，倍增值设置为8。

步骤 3 室内吊顶处布置VRay灯光，类型设置为球灯，倍增值设置为8。

步骤 4 室内筒灯使用VRayIES布置灯光，使用光域网文件“13.ies”。

步骤 5 柜体处布置暗藏虚光灯带，使用VRay灯光，类型设置为平面灯，倍增值设置为5。

步骤 6 渲染测试灯光，完成灯光的布置。

图7-12

2. 材质贴图的制作

步骤 1 制作顶面材质，调用白色乳胶漆材质，设置材质为VRayMtl，设置漫反射为白色。

步骤 2 制作地面材质，在材质库中选择地砖石材，材质贴图选择大理石地砖，如图7-13所示。

步骤 3 制作壁纸材质，在材质库中选择米色壁纸材质，材质贴图选择米色壁纸，如图7-14所示。

步骤 4 制作木纹材质，在材质库中选择胡桃木木纹材质，材质贴图选择胡桃木木纹，如图7-15所示。

步骤 5 制作金属扣条材质，在材质库中选金属拉丝材质，材质贴图选择金属拉丝，如图7-16所示。

图7-13

图7-14

图7-15

图7-16

步骤 6 测试渲染，测试材质是否达到预期的设置效果。

步骤 7 灯光及材质制作完成后，使用成品图渲染参数，完成室内三维效果图的渲染，并保存为JPG格式文件。

步骤 8 灯光及材质制作完成后，调试大图渲染参数，完成单帧效果图的渲染，效果如图7-17所示。

图7-17

7.3 VR室内全景效果图的制作

1. 了解全景效果图的基础知识；
2. 掌握全景效果图的应用技巧与方法；
3. 能将软件工具的使用方法应用到全景效果图的案例制作中。

知识导读

走在科技创新前沿，让VR全景颠覆室内设计

科技创新是增强经济竞争力的关键，对国家战略能力的提升和长久的发展具有极大的推动作用。古往今来，人类历史经过了石器时代、铁器时代、蒸汽时代、电气时代，科学技术的每一次变革都带来了翻天覆地的变化，科技的进步给人类带来的是经济的发展、生活水平的提高乃至整个社会的进步。高铁的诞生，让人们的出行变得方便，如图7-18所示；因为科技创新，发同样功率的电所需要的煤炭变少了；因为科技创新，人们使用新能源避免了不可再生能源的枯竭；因为科技创新，“天宫一号”被送上太空；因为科技创新，“嫦娥二号”登上了月球；因为科技创新，我们做到了秀才不出门，知天下事；因为科技创新，我们有了更好、更舒适、更加方便的室内环境。

因为科技创新，我们也可以模拟虚拟空间场景，让客户置身其中，沉浸式体验室内空间设计带来的直观感受。VR三维全景效果图的出现，让设计师、客户能体验VR全景式效果图，从而减少沟通的成本。随着时代的变迁，VR技术正在变革我们的生活、工作模式。我们作为室内设计师，更应该走在科技创新的前沿，让VR全景颠覆室内设计，让人们的生活更加高效、便捷，如图7-19所示。

图7-18

图7-19

7.3.1 全景效果图的概念

全景效果图指的是一种利用摄影机等其他专业设备或者特殊的技术塑造出的一个虚拟立体空间，可以直观地与普通的拍摄区别开来。360°全景效果图是一个立体空间式的，也就是三维空间的图像，如图7-20所示。

图7-20

全景三维效果图是近几年才兴起的一种全新的效果图模式，属于一种数字化的展示形式，它能用全面、直观、简单、互动的方式让客户了解到室内设计的精髓，使客户与设计师之间的沟通更加轻松、准确，极大提高了沟通效率，降低了产生误会的可能性，同时也极大提升了设计的科技感。

全景效果图全面地展示了360°球形范围内的所有景致，我们可在图中按住鼠标左键移动鼠标指针，观看场景各个方向的内容。通过3ds Max+VRay进行360°的摄影机设置并渲染，出图后通过合成软件进行后期合成制作，可以加入一些交互热点，以建立人与室内环境的沟通。室内设计中，全景效果图一般分为线上和线下两种合成方式。现在室内设计常用的线上全景合成软件有720云VR全景制作网、建E网VR全景等，线下全景合成软件有Pano2VR等。图7-21和图7-22所示分别为720云网站和Pano2VR。

图7-21

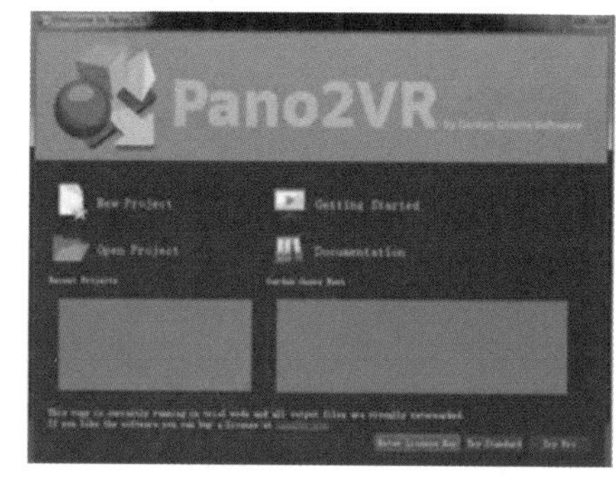

图7-22

7.3.2 全景效果图的应用

全景效果图具有广阔的应用领域，如旅游景点、酒店宾馆、建筑房地产、装修展示等。全景效果图既弥补了普通效果图角度单一的缺憾，又比三维动画更经济实用，可谓是设计师的最佳选择。

1. VR全景效果图的制作

（1）摄影机位置

避开穿模位置。如果要渲染出全景效果图，摄影机视野内的任何角落都不能出现穿帮或者穿模的场景，因此，摄影机要避开架子、体积大的柜子和玻璃等这些关键的地方。通常在顶视图中把目标摄影机放在室内的中心位置，并将摄影机高度设置为90～110cm。如果摄影机靠近某个角落，那么最终的图像会被大面积的墙面遮挡。

（2）全景效果图的渲染设置

全景效果图的渲染设置与普通三维效果图的渲染设置有几点不同：出图的宽高比必须是2：1；“VRay”选项卡中“相机”卷展栏下的“类型”设置为“球形”，勾选“覆盖视野”复选框，并且设置视野值为360；其他设置与普通三维效果图的出图设置一致即可，如图7-23所示。

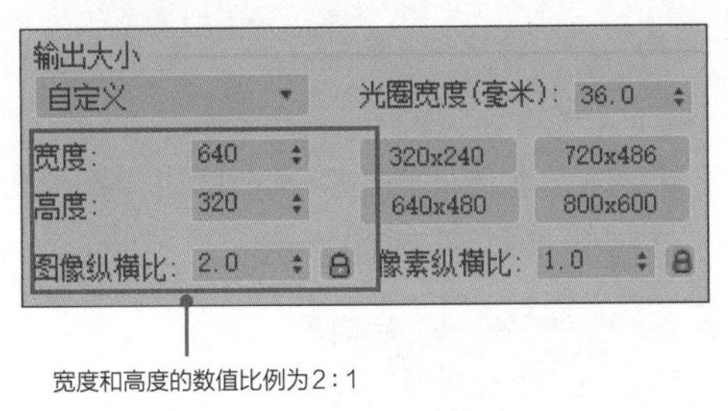

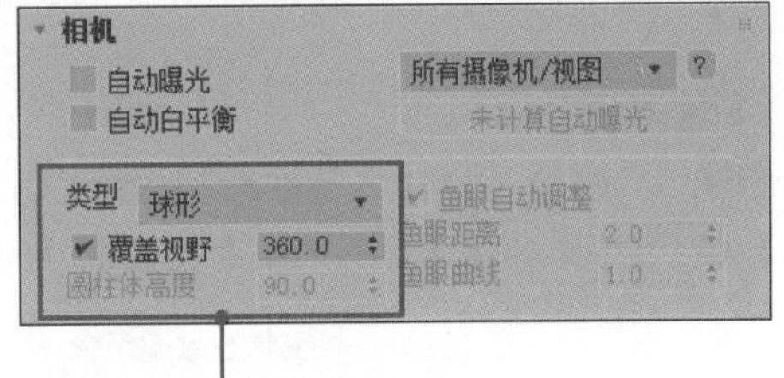

图7-23

2. VR全景漫游合成

一般使用720云VR全景制作网合成全景漫游，如图7-24所示。

图7-24

7.3.3 案例应用——制作客餐厅VR全景效果图

客户对普通三维效果图的展示方式不太满意，因为有些空间展示得不是特别清晰。客户希望能够获得更加全面、更加真实的体验。

解决方案：利用全景漫游技术，制作一个数字化的VR室内全景效果图，渲染输出二维码。这样，客户能够通过扫描二维码，跟随镜头360°全方位无死角、沉浸式地感受空间。

源 文 件：\Ch07\客餐厅模型.max。

案例应用——制作客餐厅VR全景效果图

操作步骤如下。

步骤 1 打开名为“客餐厅模型.max”的模型文件，在顶视图中架设摄影机，把摄影机架设在室内的中心位置，摄影机高度设置为90 ~ 110cm，如图7-25所示。

图7-25

步骤 2 单击“渲染设置”按钮或按F10键，打开“渲染设置”窗口，单击“V-Ray”选项卡，设置相机“类型”为“球形”，勾选“覆盖视野”复选框，视野数值设置为360，如图7-26所示。

步骤 3 使用测试图渲染参数进行测试渲染。

步骤 4 无任何问题后，使用成品图渲染参数，渲染出图。

步骤 5 渲染完成后保存为JPG格式的图片文件，效果如图7-27所示。

步骤 6 打开720云VR全景制作网合成360°全景漫游效果图。

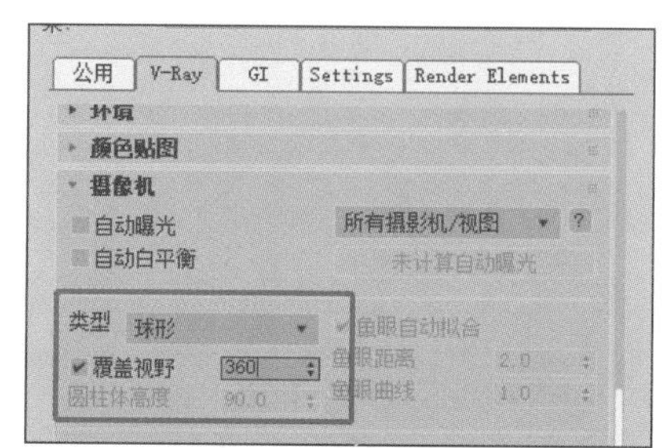

图7-26

图7-27

知识延展

在传统的室内设计中，主要依据设计师与客户之间的沟通来了解客户需求，沟通媒介多为静态效果图。此方式下，客户不能直观感受到设计与需求之间的差异性，细节位置看不到，容易导致沟通不畅。但是在交互式设计系统之下，设计师能够为客户展现三维的设计结构，使客户能够可视化地体验室内设计，并有针对性地提出自己的需求，从而大幅度提高客户的满意程度。另外，利用虚拟现实技术可以开发一个虚拟空间，使客户身临其境般地感受设计。这样既可以丰富设计中的细节，又可以使客户对室内设计有更多的参与感。在与计算机系统交互的过程中，借助可视化的模型刺激客户的感官、捕捉客户心理和感官上的变化，而借助交互体验，能够突出设计的创意性与独特性。

本章总结

本章介绍了室内设计的概念、室内建模常用工具、室内效果图常用的灯光布置方法、室内三维效果图及全景效果图的制作方法等内容。我们期待通过案例的详解，能够帮助读者掌握室内三维效果图和全景效果图的制作方法与技巧，以便更好地适应当前三维虚拟现实展示的需求。

本章习题

【填空题】

1. 对于全景效果图，主要需要调节____________及____________，才能完成制作。
2. 3ds Max 2022 中的“对称”修改器增加了____________功能。
3. “扫描”修改器的主要卷展栏有____________、____________、____________、____________。

【选择题】

1.布尔运算包括（　　）。

A.合集、分集、并集　　B.交集、并集、差集

C.差集、合集、并集　　D.并集、交集、合集

2.通过（　　）可以将二维曲线转换成10mm厚的踢脚线。

A.拆分+挤出　　B.轮廓+挤出

C.附加+噪波　　D.分离+锥化

【简答题】

1.简述室内三维效果图的制作方法。

2.简述全景效果图的优点。

【技能题】

1.制作卧室单帧效果图。

操作引导如下。

（1）源文件：\Ch07\卧室练习.dwg。

（2）渲染输出为JPG格式文件。

2.制作卧室的全景效果图。

操作引导如下。

（1）源文件：\Ch07\卧室练习.dwg。

（2）渲染输出为JPG格式文件。

（3）使用720云VR全景网站制作360°全景漫游效果图。

三维基础动画的制作

学习目标

通过对本章的学习，读者可以了解3ds Max动画制作的基础理论和软件操作特点，掌握动画中帧与时间的关系，掌握各类动画制作及视频后期编辑的方法。本章可帮助读者将所学知识应用到实际的案例制作中，并具备一定的制作三维动画的能力。

学习要求

知识要求	能力要求
1. 三维动画概述	1. 了解三维动画制作的基础知识
2. 工艺流程动画的制作	2.具备使用软件制作工艺流程动画的能力
3. 建筑漫游动画的制作	3.具备使用软件制作漫游动画的能力

思维导图

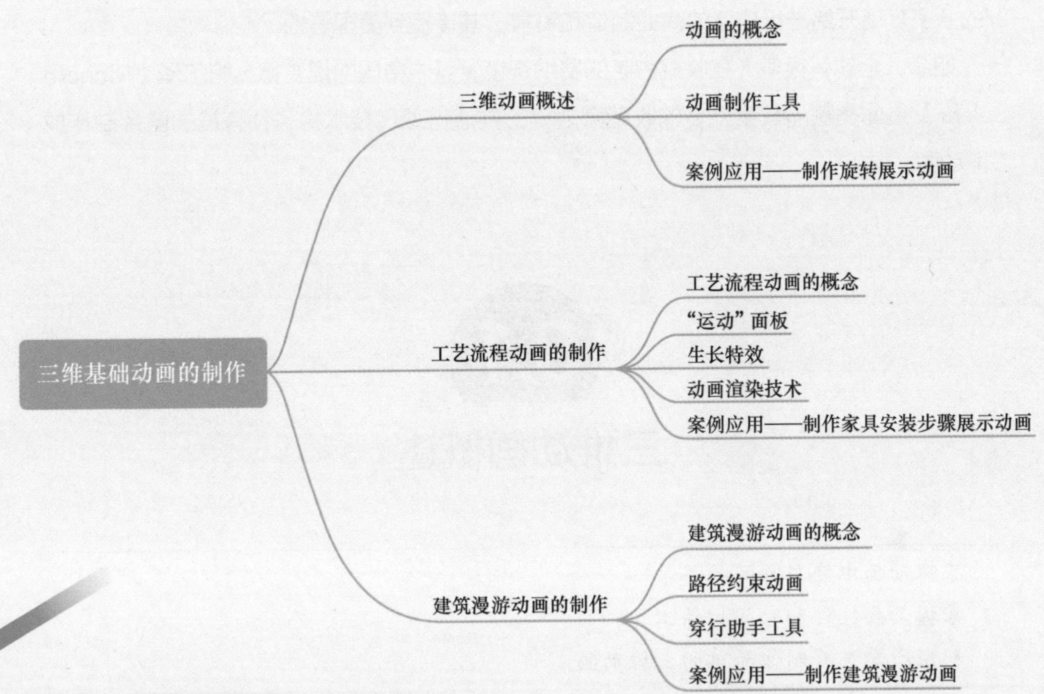

本章导读

维多利亚时期的"黑科技"——费纳奇镜

1832年，比利时人约瑟夫·普拉陶（Joseph Plateau）和奥地利人西蒙·冯·施坦普费尔（Simon Von Stampfer）发明了费纳奇镜（Phenakistoscope），在当时引起了人们极大的好奇和关注。费纳奇镜是早期电影的雏形，如图8-1所示。

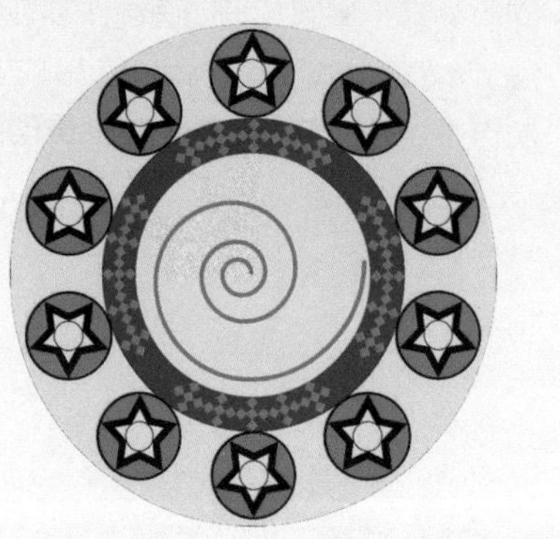

图8-1

费纳奇镜利用了人的视觉暂留现象，在手柄上垂直安装的圆形盘片依靠中心的转动产生动态的画面效果。费纳奇镜作品都是圆形的，围绕同心圆绘制出一系列静帧画片，离圆心越远画片的面积越大，越外侧的画片越具象，越接近圆心的画片越抽象。所以费纳奇镜的构图和位置十分重要。这些画片现在看来也十分生动有趣。

在这项发明问世之后，法国市场上最早开始销售这种光学玩具，英国随后跟进，欧洲的众多厂商开始进行广泛的商业制造和销售，并传播到美国等地。

如今，全球有很多人在收藏古老的费纳奇镜，其中德国的理查德·鲍尔泽（Richard Balzer）是此类藏品数量众多的收藏家之一，并通过现代技术将各种有趣的画片制作成GIF动画。

8.1 三维动画概述

1. 了解动画中帧与时间的关系；
2. 掌握动画控件和时间控件工具；
3. 利用所学工具制作简单的三维动画。

知识导读

动画的诞生

1824年，皮特·马克·罗杰特（Peter Mark Roget）发现了“视觉暂留”现象。人类的眼睛看到一幅画或一个物体后，影像会保留0.1 ~ 0.4s。否则，我们就不会有一系列影像之间的连贯不断的感觉，也就不会有现如今的电影或动画。其实，不是电影在动，而是一些静止的影像通过连贯地放映让人产生了它们在动的感觉。

1828年法国人保罗·罗盖（Paul Rogay）发明了留影盘，这是一个被绳子在两面穿过的圆盘，盘的一面画了一只鸟，另一面画了一个空笼子。当圆盘旋转时，鸟在笼子里出现。留影盘为动画的诞生提供了理论依据，如图8-2所示。

图8-2

8.1.1 动画的概念

动画是通过把人物的表情、动作、变化等分解后画成许多瞬间动作的画幅，再用摄影机以一定速度连续播放，给视觉造成连续变化的图画。它的基本原理与电影、电视的一样，都利用了视觉暂留。利用这一现象，在一幅静止的画面残像还未从人眼中消失前，播放下一幅静止的画面，就会在视觉上产生流畅的动态效果。

图8-3所示的5张图片就构成了一个简单的行走动画，其中一幅图就是一帧，5幅图片连起来后就构成了5帧的动画。

图8-3

1. 关键帧动画

关键帧是指角色或者物体运动变化中关键动作所处的那一帧，相当于二维动画中的原画。关键帧与关键帧之间的动画可以由软件创建添加，叫作过渡帧或者中间帧。帧即动画中最小单位的单幅影像画面，相当于电影胶片上的每一格镜头。在动画软件的时间轴上，帧表现为一格或者一个标记。图8-4所示画面帧标记为1、2和3的是关键帧，其他帧是中间帧。

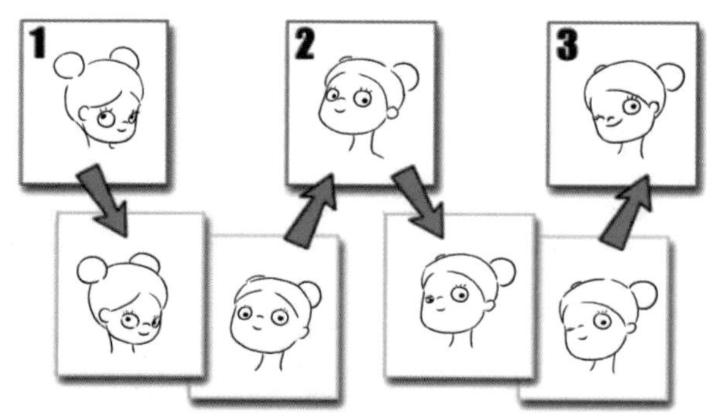

图8-4

2. 3ds Max动画

3ds Max作为世界上最优秀的三维软件之一，为用户提供了一套非常强大的动画系统。制作动画需要动画师对角色或物体的运动有着细致的观察和深刻的体会，抓住运动的“灵魂”才能制作出生动、逼真的动画作品，图8-5、图8-6和图8-7所示为一些非常优秀的动画作品。

图8-5

图8-6

图8-7

3. 帧与时间的关系

动画最常用的两种帧率为：每秒钟24帧和每秒钟30帧。3ds Max就是一个基于时间的动画程序。它测量时间，并存储动画值，内部精度为1/4800s。

8.1.2 动画制作工具

1. 主动画控件

主动画控件是用于在视口中进行动画播放的时间控件，位于工作界面底部的状态栏和视口导航控件之间，如图8-8所示。

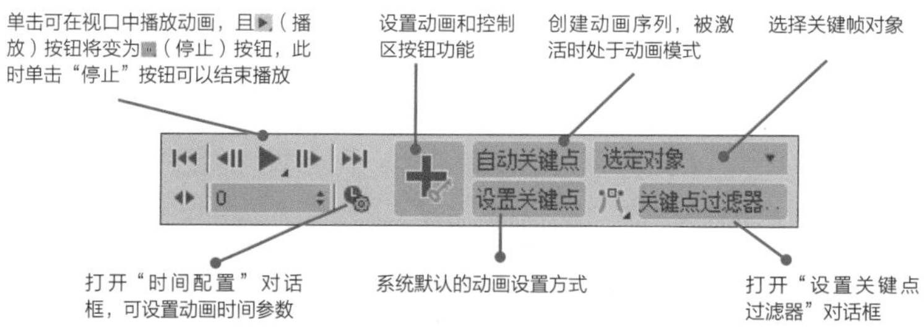

图8-8

2. 时间滑块和轨迹栏

除主动画控制外，另外两个重要的动画控件是时间滑块和轨迹栏，它们位于主动画控件左侧的状态栏中，均可处于浮动或停靠状态，如图8-9所示。

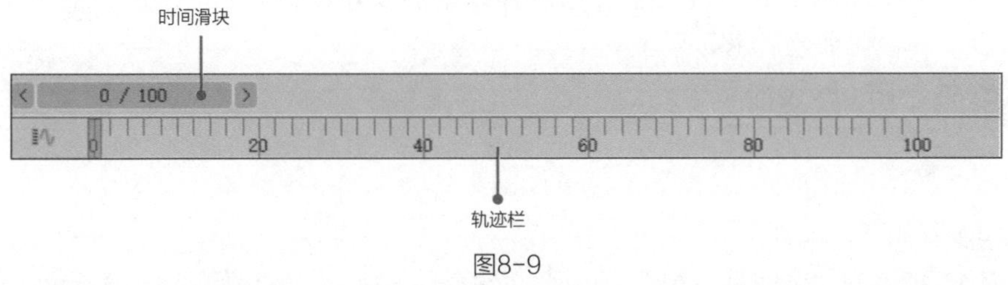

图8-9

轨迹栏上显示了所有关键帧。不同性质的关键帧用不同的颜色块表示，如旋转、位移和缩放性质的关键帧对应的颜色分别是绿色、红色和蓝色，如图8-10所示。

在轨迹栏上单击鼠标右键，会弹出快捷菜单；在时间滑块上单击鼠标右键，会弹出用于设置当前关键帧的快捷菜单，如图8-11所示。

3. 时间配置

“时间配置”对话框提供了帧速率、时间显示、播放和动画的相关设置，使用此对话框可以更改动画的持续时间，还可以设置时间轴上被选中的片段的开始帧和结束帧，如图8-12所示。

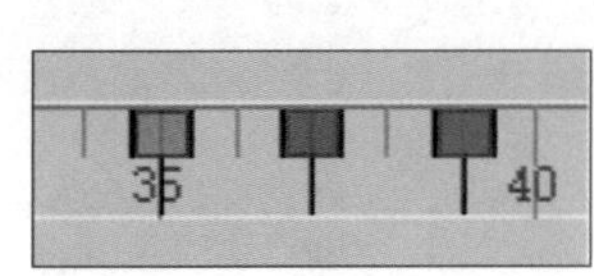

图8-10

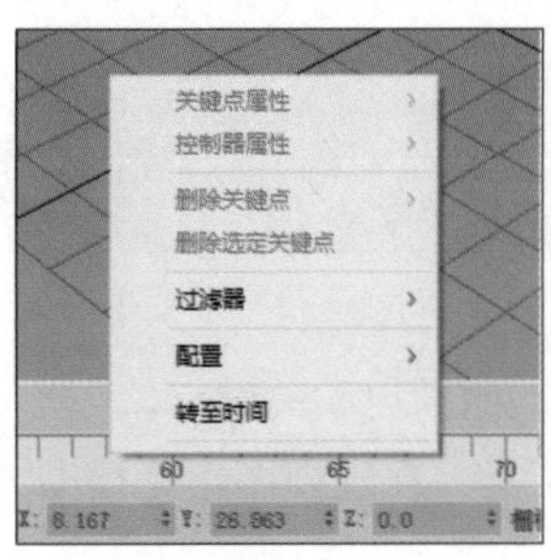

图8-11

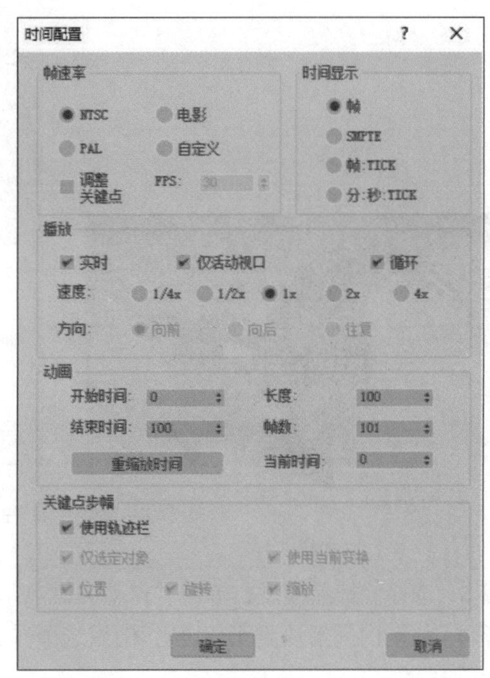

图8-12

8.1.3 案例应用——制作旋转展示动画

经理准备给客户展示设计方案模型。为了全方位地展示设计效果，经理希望模型能够自动旋转，从各个角度进行展示。

解决方案： 制作一段旋转展示动画，在“时间配置”对话框中设置动画“长度”为30，使用动画控件和旋转工具完成模型的旋转展示动画制作，最后使用动画播放按钮播放展示动画。

源 文 件： \Ch08\装饰品.max。

案例应用——制作旋转展示动画

操作步骤如下。

步骤 1 把名为“装饰品.max”的模型文件合并入场景，效果如图8-13所示。

注意：导入模型后，如果材质丢失，可以重新指定材质贴图的路径。

步骤 2 单击（时间配置）按钮，在打开的“时间配置”对话框的“动画”组中将“长度”设置为30，如图8-14所示。

图8-13

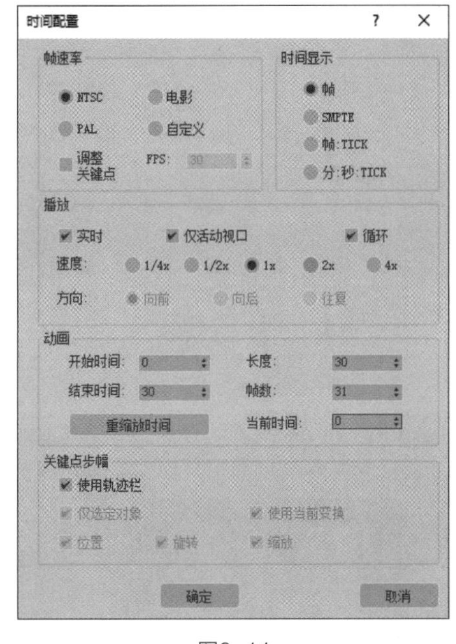

图8-14

步骤 3 选择装饰品模型，单击“自动关键点”按钮，激活自动关键点。

步骤 4 拖动时间滑块到第30帧，使用选择并旋转工具，在透视图中使模型绕z轴旋转一周。

步骤 5 单击“自动关键点”按钮，关闭自动关键点，这样就制作完成一段30帧的旋转展示动画。

步骤 6 通过单击（播放）按钮或（停止）按钮，播放或停止展示动画。

8.2 工艺流程动画的制作

1. 了解工艺流程动画的制作步骤；
2. 掌握移动动画、缩放动画和消隐动画的制作流程与方法；
3. 能将软件工具的使用方法应用到工艺流程动画制作案例中。

知识导读

出征星辰大海

中国空间站（China Space Station，又称天宫空间站）指的是中华人民共和国计划中的一个空间站系统。2021年10月16日6时56分，“神舟十三号”载人飞船与空间站组合体完成自主快速交会对接。航天员翟志刚、王亚平、叶光富进驻天和核心舱，中国空间站开启有人长期驻留时代。2022年1月6日6时59分，经过约47分钟的跨系统密切协同，空间站机械臂转位货运飞船试验取得圆满成功。从1970年“东方红一号”卫星成功发射拉开中国探索宇宙奥秘的序幕，中国航天通过自力更生、自主创新，不断打破国外技术的封锁和垄断，解决了一大批“卡脖子”的关键难题。中国空间站向世界开放，是促进人类和平利用太空的一次生动实践，彰显了太空治理中的中国责任与担当，更加彰显了我国的科技自信。

对于空间站对接的真实场景，我们目前通过实景录像，即便观察到的角度不是很完整，但画面已经十分令人震撼，精准对接的瞬间更是让无数国人对“中国制造”感到无比自豪。“问天”梦的逐步实现，科技人员离不开这样一项操作，那就是构建流程动画，利用虚拟设备进行模型演示。大量带有准确数据的模拟演示，为顺利实时对接起到了保驾护航的作用。图8-15所示为中国空间站视频截图。

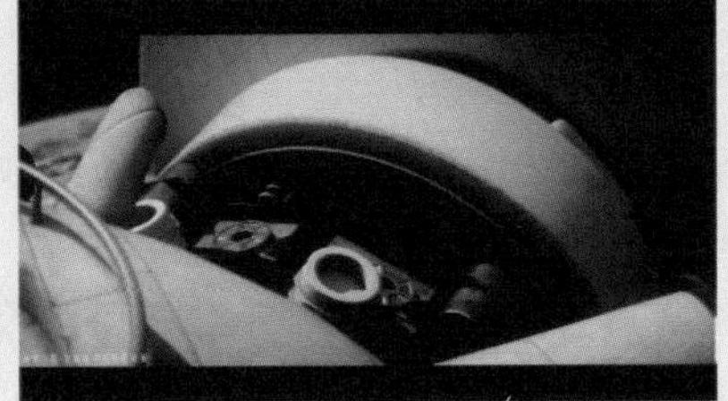

图8-15

8.2.1 工艺流程动画的概念

工艺流程动画是将工业品生产流程制作成三维动画的技术，也就是把工业品生产中，从原料到制成成品各项工序的程序、工艺、技术等环节用三维动画的形式立体化和形象化地表现在屏幕上，进行宣传展示、汇报演示、技术评估、项目分析等。三维数字动画将更广泛地应用于不同行业的工业化进程中。

8.2.2 “运动”面板

“运动”面板位于命令面板区，可以调整变换控制器影响动画的位置、旋转和缩放。“运动”面板可以应用于位移动画、旋转动画和缩放动画的制作中，在工艺流程动画项目的制作中有很强的实用性。

“运动”面板的“参数”级别中包含“指定控制器”卷展栏、“PRS 参数”卷展栏、“关键点信息（基本）”卷展栏和“关键点信息（高级）”卷展栏，如图8-16所示。

1. “指定控制器”卷展栏

“指定控制器”卷展栏能够向单个对象指定并追加不同的变换控制器，还允许在指定控制器中指定控制器，如图8-17所示。

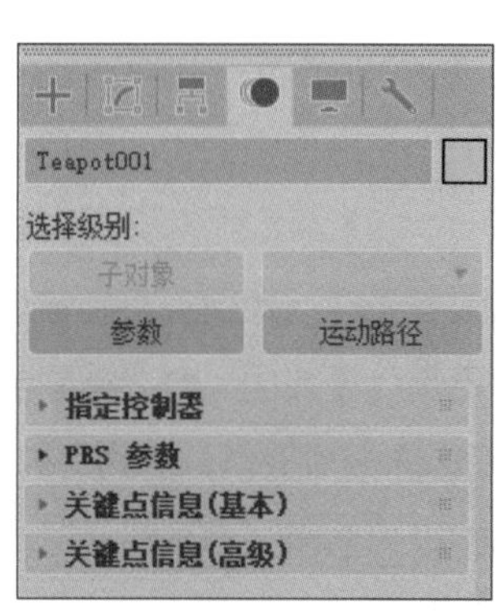

图8-16

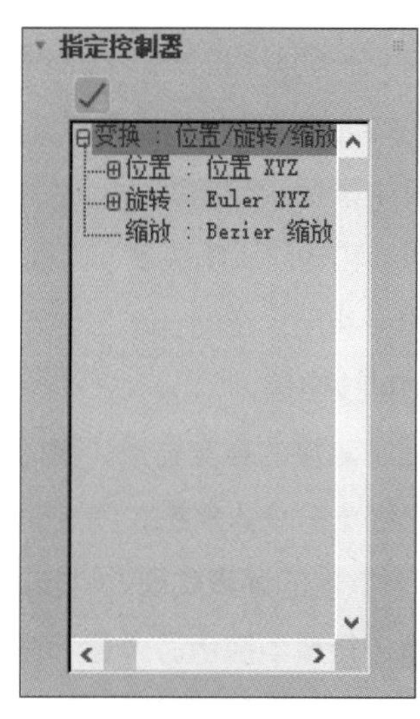

图8-17

2. “PRS 参数”卷展栏

“PRS 参数”卷展栏提供了用于创建和删除关键点的工具，如图8-18所示。PRS代表3个基本的变换控制器：位置、旋转和缩放。

3. “关键点信息（基本）”卷展栏

“关键点信息（基本）”卷展栏可更改一个或多个选定关键点的动画值、时间和插值方法，如图8-19所示。

4. “关键点信息（高级）”卷展栏

“关键点信息（高级）”卷展栏包含除“关键点信息（基本）”卷展栏上的关键点设置以外的其他关键点设置，如图8-20所示。

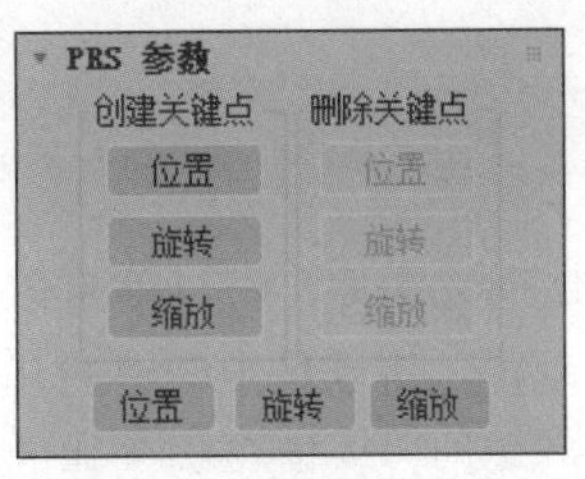

图8-18

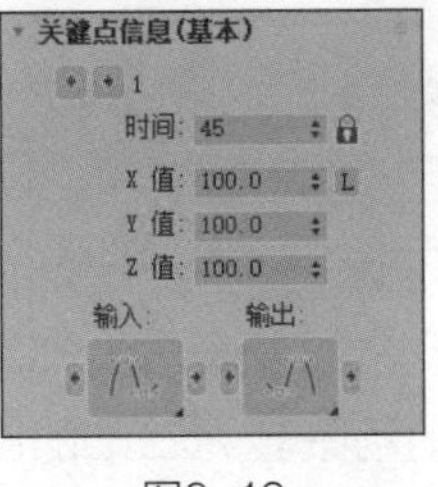

图8-19

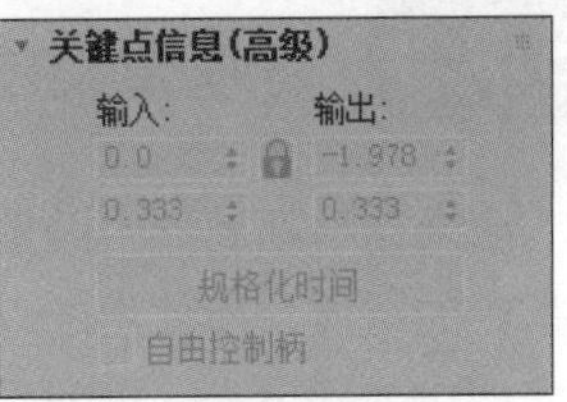

图8-20

8.2.3 生长特效

生长特效，就是利用三维动画技术展现物体从无到有、从少到多、从离到合的构建过程的一种特殊表现方式，通常被运用于建筑信息模型（Building Information Model，BIM）生长动画中，通过一定的艺术加工从不同角度、不同程度诠释建筑动画中各种建筑场景特有的“肢体语言”。生长特效包含两种常见特效类型，分别是渐隐渐现生长特效和切片生长特效。

1. 渐隐渐现生长特效

选择一个或多个对象，单击鼠标右键，在弹出的快捷菜单中选择“对象属性”命令，打开“对象属性”对话框，在“常规”选项卡的“渲染控制”组中设置“可见性”为1，如图8-21所示。

可见性的值为1时，对象在渲染时完全可见；可见性的值为0时，对象在渲染时完全不可见。默认值为1。

2. 切片生长特效

通过“切片”修改器，可以基于切片平面Gizmo的位置，使用切割平面来切片网格，创建新的顶点、边和面。使用顶点可以优化（细分）或拆分网格，也可以从平面的一侧移除网格。使用“径向”切片，还可以基于最小和最大角度将对象切片。

选择对象后，在“修改”面板中选择“修改器列表”选项，选择“切片”修改器，即可制作切片生长特效。“平面”切片的相关设置选项如图8-22所示。“径向”切片的相关设置选项如图8-23所示。

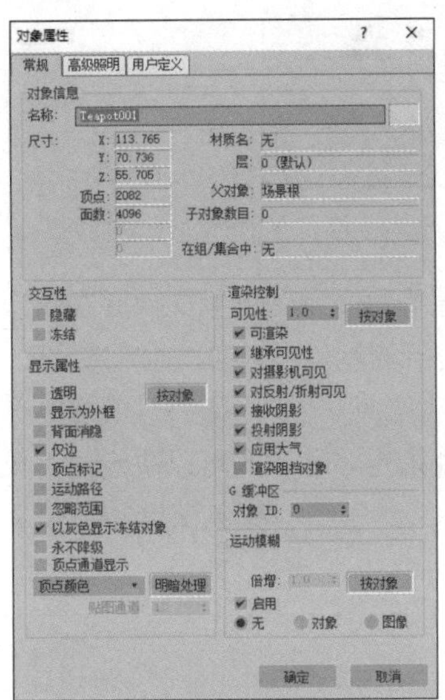

图8-21

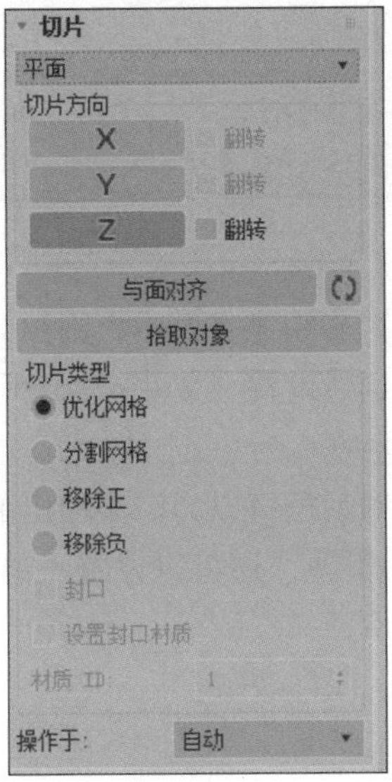

图8-22

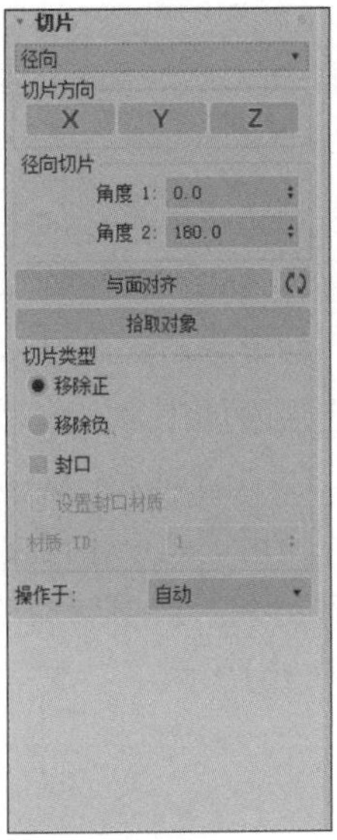

图8-23

8.2.4 动画渲染技术

渲染是动画制作中关键的一个环节，但不一定是在最后完成时才需要。渲染就是依据所指定的材质、所使用的灯光，以及诸如背景与大气等环境的设置，将场景中创建的几何体实体化显示出来，也就是将三维的场景转为二维的图像。更形象地说，就是为创建的三维场景拍摄照片或者录制动画。

1. 时间输出

时间输出用来选择要渲染的帧。“渲染设置”窗口下“公用”选项卡中“公用参数”卷展栏下的“时间输出”组如图8-24所示。

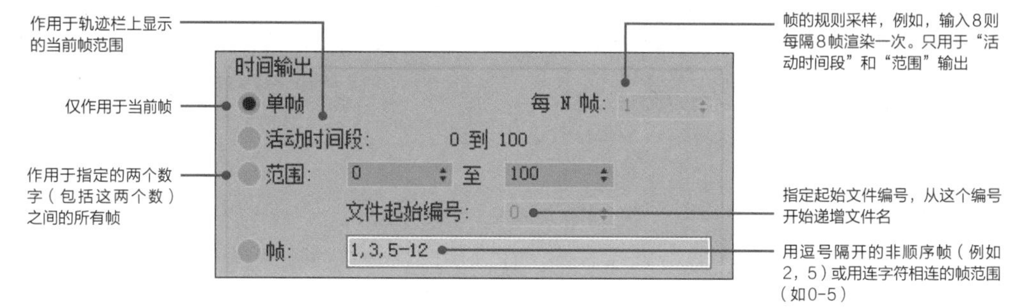

图8-24

2.渲染输出

在“渲染输出”组中可以设置是否将渲染完成的图像或动画自动存储到磁盘。“渲染设置”窗口下“公用”选项卡中“公用参数”卷展栏下的“渲染输出”组如图8-25所示。

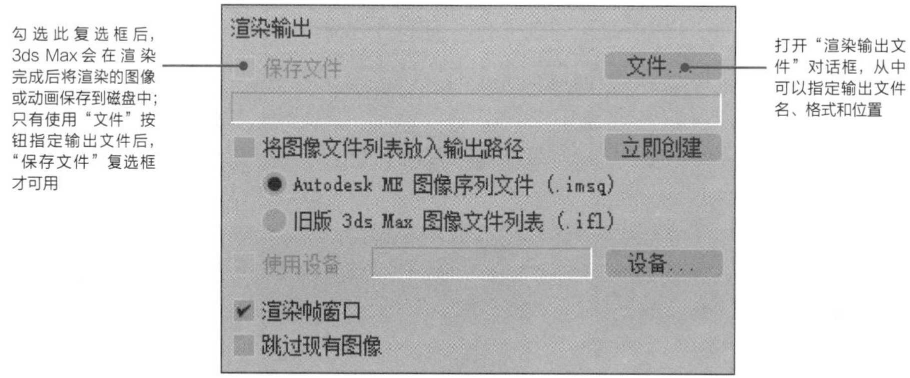

图8-25

如果要将多个帧渲染到静态图像文件中，则渲染器渲染每个单独的帧文件并在每个文件名后附加序号，此时可以通过设置“文件起始编号”进行控制。

3.“渲染输出文件”对话框

使用“渲染输出文件”对话框可以为渲染输出的文件指定名称，还可以决定要渲染的文件类型。根据选择的文件类型，还可以设置一些选项，如压缩、颜色深度和质量，如图8-26所示。

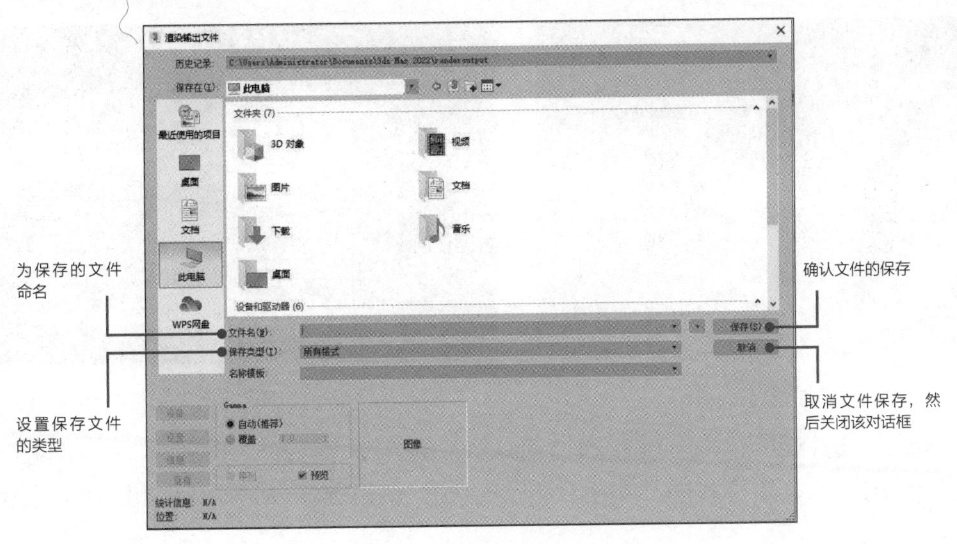

图8-26

8.2.5 案例应用——制作家具安装步骤展示动画

对于销售的一批办公桌，客户反馈难以看懂安装说明书，希望能够有更详细的安装教程。经理要求给客户提供一个详细的家具安装步骤展示动画。

解决方案：首先使用移动动画、缩放动画和消隐动画等制作安装步骤动画；然后将展示的动画渲染输出为AVI格式文件，将家具安装的详细步骤以动画的形式展示出来。

源 文 件：\Ch08\生长的家具.max。

案例应用——制作家具安装步骤展示动画

1．动画制作

步骤 1 打开“生长的家具.max”模型文件，如图8-27所示。

步骤 2 在主动画控件区域单击（时间配置）按钮。

步骤 3 在打开的“时间配置”对话框中设置“长度”为240。

步骤 4 单击“自动关键点”按钮，启动自动关键点，并将时间滑块拖到第240帧。

步骤 5 选择名为“step08”的模型，单击（设置关键点）按钮，在第240帧处设置一个关键点，再将时间滑块拖到第210帧，使用选择并移动工具沿z轴向上移出画面，如图8-28所示。

步骤 6 选择名为“step07”的模型，单击（设置关键点）按钮，在第210帧处设置一个关键点，再将时间滑块拖到第180帧，使用选择并移动工具沿z轴向上移出画面。

步骤 7 选择名为“step06”的模型，单击（设置关键点）按钮，在第180帧处设置一个关键点，再将时间滑块拖到第150帧，使用选择并移动工具沿z轴向上移出画面。

图8-27

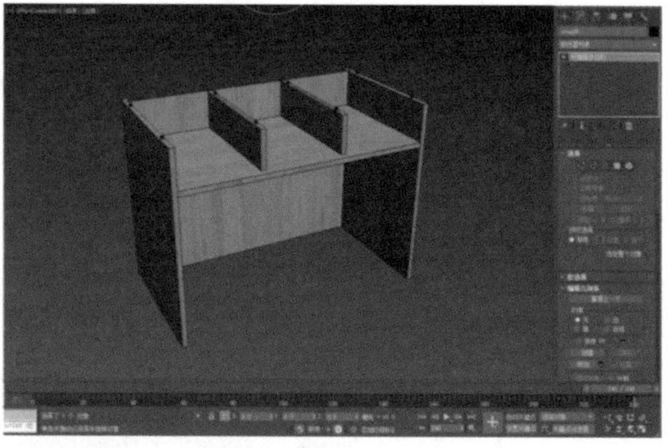

图8-28

步骤 8 选择名为“step05”的模型，单击 (设置关键点)按钮，在第150帧处设置一个关键点，再将时间滑块拖到第120帧，使用选择并移动工具沿z轴向上移出画面。

步骤 9 选择名为“step04”的模型，单击 (设置关键点)按钮，在第120帧处设置一个关键点，再将时间滑块拖到第90帧，使用选择并移动工具沿z轴向上移出画面。

步骤 10 选择名为“step03-1”的模型，单击 (设置关键点)按钮，在第90帧处设置一个关键点，再将时间滑块拖到第60帧，使用选择并移动工具沿x轴向左移动一段距离，效果如图8-29所示。

步骤 11 选择名为“step03-2”的模型，单击 (设置关键点)按钮，在第90帧处设置一个关键点，再将时间滑块拖到第60帧，使用选择并移动工具沿x轴向右移动一段距离，效果如图8-30所示。

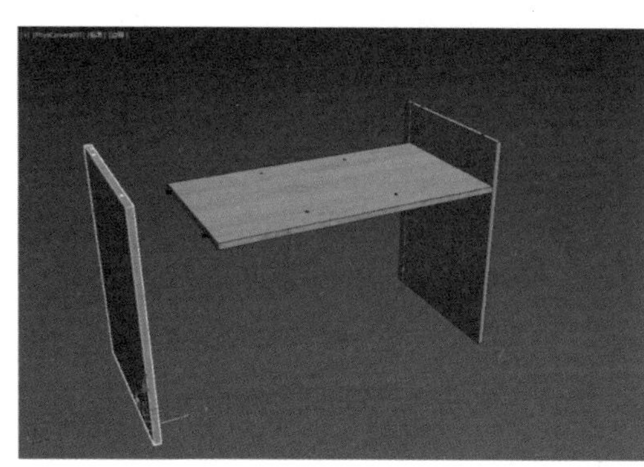

图8-29

图8-30

步骤 12 同时选择名为“step03-1”和“step03-2”的模型。

步骤 13 应用“切片”修改器。选择对象后，在“修改”面板的“修改器列表”中选择“切片”修改器。

步骤 14 在修改器堆栈上，高亮显示切片平面Gizmo。

步骤 15 移动切片平面Gizmo至当前模型顶部上方。

步骤 16 在“修改”面板中，修改切片类型，把“优化网格”(默认)修改为“移除正”，并勾选“封口”复选框。

步骤 17 将时间滑块拖到第0帧，移动切片平面Gizmo至当前模型的底部下方。

步骤 18 将时间滑块拖到第60帧，并选择名为“step02”的模型。

步骤 19 单击 (设置关键点)按钮，在第60帧处设置一个关键点，再将时间滑块拖到第30帧，右击 (选择并缩放)按钮，在打开的“移动变换输入”窗口中将

“X”“Y”“Z”的数值设置为0.0，如图8-31所示。

步骤 20 选择名为“step01”的模型，在第30帧处设置一个关键点，再将时间滑块拖到第0帧，右击（选择并缩放）按钮，在打开的“移动变换输入”窗口中将“X”“Y”“Z”的数值设置为0.0。

步骤 21 单击“自动关键点”按钮关闭自动关键点。

步骤 22 单击（播放）按钮可以观看制作的动画。

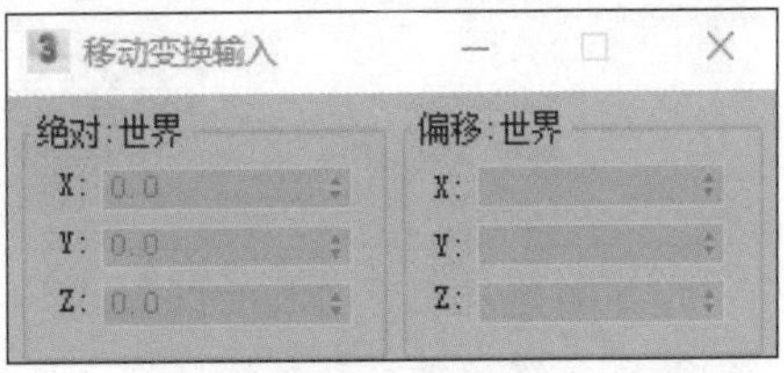

图8-31

2. 视频输出

步骤 1 打开“渲染设置”窗口，将“渲染器”设置为“V-Ray 5，update 2.1”；在“公用”选项卡的“时间输出”组中选择“活动时间段”单选按钮，如图8-32所示。

步骤 2 勾选“保存文件”复选框，如图8-33所示。

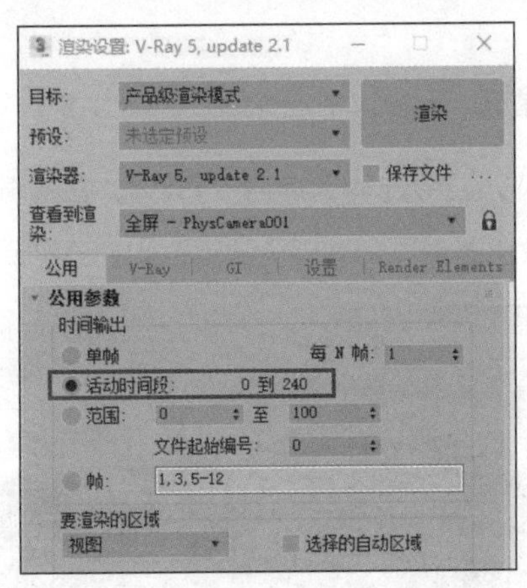

图8-32

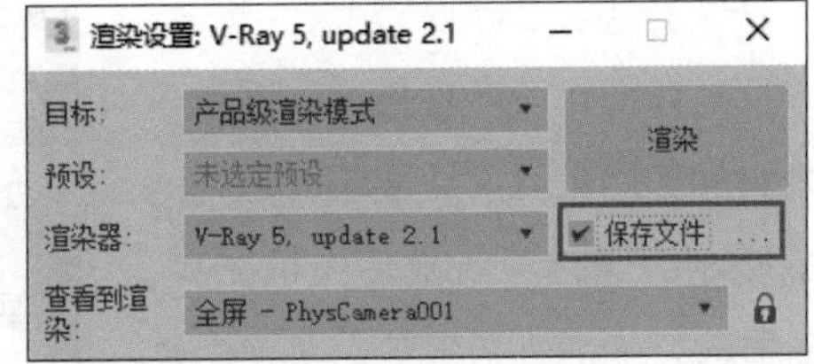

图8-33

步骤 3 在“渲染输出文件”对话框中选择保存路径为桌面，输入文件名，修改“保存类型”为“AVI文件（*.avi）”，如图8-34所示。

步骤 4 单击“保存”按钮后，在打开的“AVI文件压缩设置”对话框中进行相应设置，如图8-35所示。

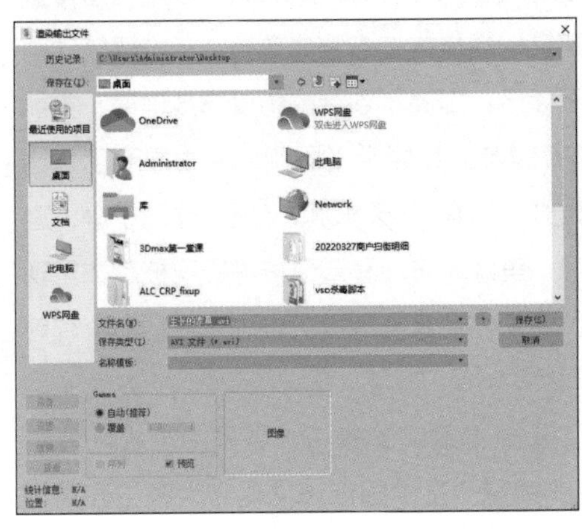

图8-34

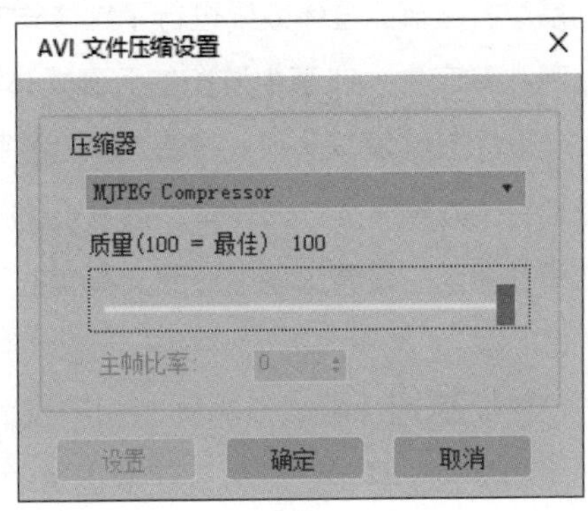

图8-35

步骤 5 渲染完成后，可以在桌面上找到制作完成的“生长的家具.avi”安装步骤动画视频。

8.3 建筑漫游动画的制作

1. 了解建筑漫游动画的概念；
2. 掌握路径约束动画的制作流程和穿行助手工具的应用技巧与方法；
3. 能将软件工具的使用方法应用到漫游动画的案例制作中。

知识导读

动画中的古建筑

国内三维建筑动画起步于20世纪90年代中期，至今已有20年多的历史。在建筑动画领域，最初引入三维动画的根本目的在于让观众能够更真切地感受建筑空间。三维动画广泛吸收了电影和动画的灯光、配音、特效及立体视觉等多项技术。通过可调镜头的应用，可实现建筑群之间的任意漫游、穿越、鸟瞰及人机交互，可彰显建筑物的恢宏气势，呈现建筑物周边环境的四季变化，同时融入动态的人物和动物，还能够烘托气氛，体现生活气息，如图8-36所示。

图8-36

随着建筑动画及生长动画使用热度的增加，越来越多的文物保护工作开始运用三维建筑动画技术，从而使数字媒体技术成为沟通古今的“桥梁”。传统的二维建筑图片只能展示出古建筑的平面效果，无法展示出古建筑的立体构造与整体效果。三维建筑动画则是对古建筑的整体效果进行了立体式的动画展示，提高了展示的精度与准确度，更能让观赏者产生人在画中游览的沉浸式体验。2014年，纪录片《圆明园》中展示了长达35min的三维复原动画。随着荧幕上的画卷拉开，别有洞天、勤政亲贤、澹泊宁静、蓬岛瑶台、九州清晏、海晏堂、远瀛观、方外观、鱼跃鸢飞、慈云普护等景观被悉数呈现在观众面前。看着这些虚幻而又真实的画面，观众仿佛身临其境，走进了曾经那个辉煌的圆明园。

该动画短片中展示的圆明园不仅彰显了我国古建筑的华美，更是中国人民建筑艺术和文化的典范。它体现了我国劳动人民的智慧，是中国传统文化和大国工匠精神的最完美体现。同时，古建筑的数字化展示可使人们更加了解我国的近代历史，发人深省。

8.3.1 建筑漫游动画的概念

建筑漫游动画就是将“虚拟现实”技术应用在城市规划、建筑设计等领域。近几年，建筑漫游动画在国内外已经得到了越来越多的应用，其前所未有的人机交互性、真实建筑空间感、大面积三维地形仿真等特性，都是传统方式所无法比拟的。

在建筑漫游动画的应用中，人们能够在一个虚拟的三维环境中，通过动态交互的方式对未来的建筑或城区进行身临其境般的全方位审视：可以从任意角度、距离和精细程度观察场景；可以选择并自由切换多种运动模式，如行走、驾驶、飞翔等，并可以自由控制浏览的路线。而且，在漫游过程中，可以实现多种设计方案、多种环境效果的实时切换比较。建筑漫游动画能够给用户带来强烈、逼真的感官冲击和身临其境的体验，其效果图如图8-37所示。

图8-37

8.3.2 路径约束动画

在使用3ds Max制作运动动画时，我们需要使用路径约束动画对象的“行驶”轨迹。路径约束可以使动画对象沿着指定的轨迹运动，极大缩减了一帧帧去调而花费的时间。

1. 约束的概念

约束，就是将事物的变化限制在一个特定的范围内。将两个或多个对象绑定在一起后，使用“动画”|“约束”子菜单下的命令可以控制对象的位置、旋转或缩放。“动画”|“约束”子菜单，如图8-38所示。

2. 路径约束

使用路径约束可限制对象的移动，使其沿样条线移动或在多个样条线之间以平均间距进行移动。指定路径约束之后，就可以在“运动”面板的“路径参数”卷展栏中访问相应参数，如图8-39所示。

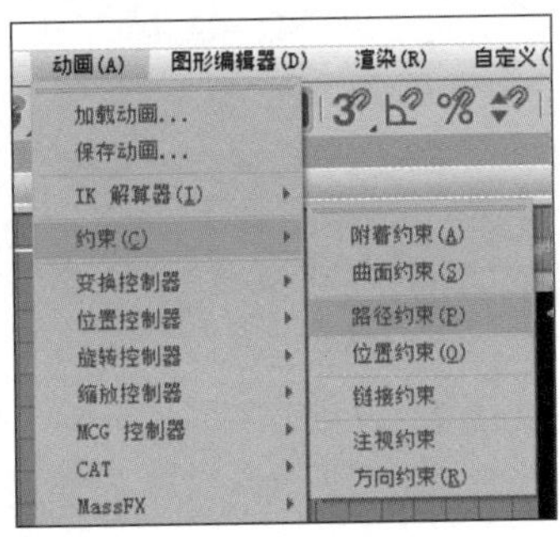

图8-38

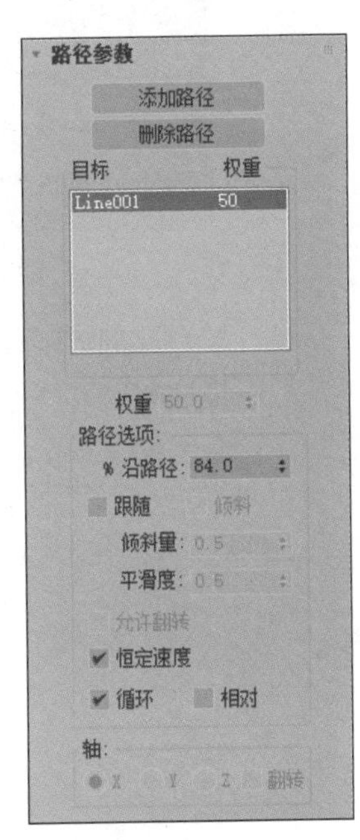

图8-39

8.3.3 穿行助手工具

使用穿行助手工具可以轻松地创建场景的预定义穿行动画，方法为：将摄影机放到路径上，然后设置其高度，旋转摄影机并预览。该工具位于“动画”菜单中。“穿行助手”窗口中包括5个卷展栏，分别是“主要控制”卷展栏、“渲染预览”卷展栏、“视口控制”卷展栏、“注视摄影机”卷展栏和“高级控制”卷展栏。

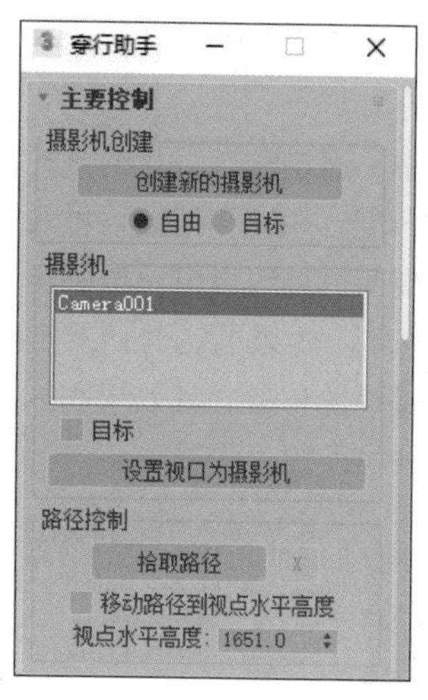

图8-40

图8-41

1. “主要控制”卷展栏

“主要控制”卷展栏用于创建摄影机并选择要跟随的路径，如图8-40所示。

2. “渲染预览”卷展栏

“渲染预览”卷展栏用于显示渲染穿行预览效果，如图8-41所示。

3. “视口控制”卷展栏

对于自由摄影机，“视口控制”卷展栏用于控制其头部移动，如图8-42所示。此卷展栏仅在创建或选择自由摄影机时显示。

4. “注视摄影机”卷展栏

对于目标摄影机，我们在“注视摄影机”卷展栏中可以选择注视对象，如图8-43所示。此卷展栏仅在创建或选择目标摄影机时显示。

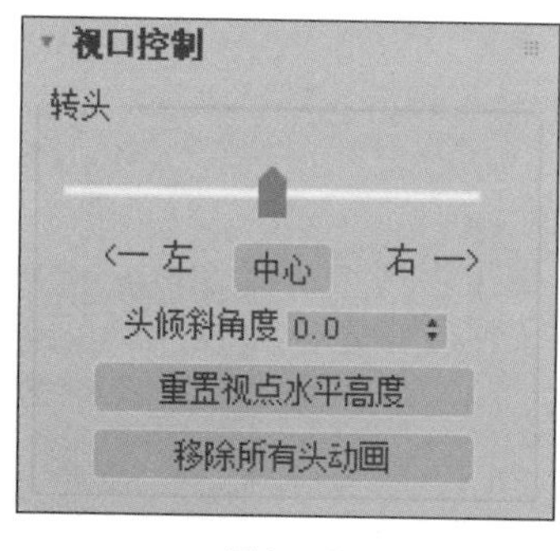

图8-42

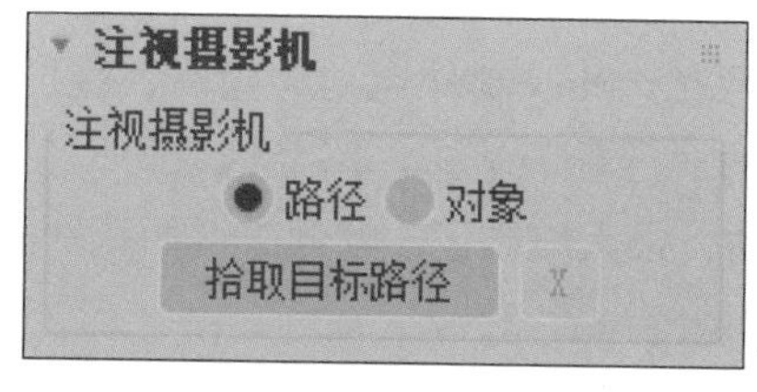

图8-43

5. “高级控制”卷展栏

“高级控制”卷展栏包含摄影机和路径的其他控件，如图8-44所示。

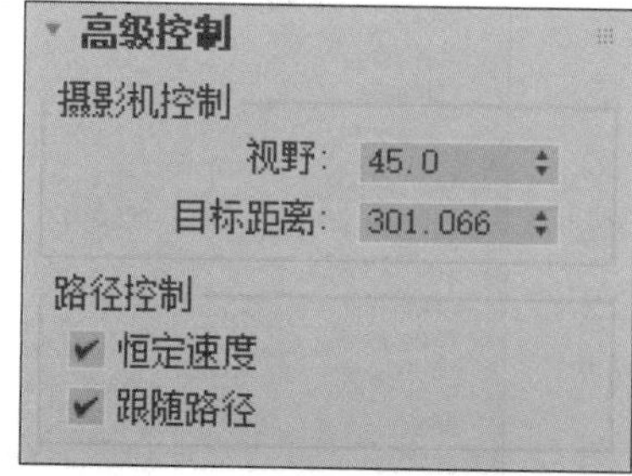

图8-44

8.3.4 案例应用——制作建筑漫游动画

经理说："客户对我们做的建筑投标方案比较满意，但有些结构关系和空间效果在效果图上体现得不是很清晰，能否想个办法，让客户看得非常清晰明了。"

解决方案：利用漫游动画技术制作一段建筑漫游展示动画，让客户能够跟随镜头，沉浸式地感受，最后将动画渲染输出为AVI格式视频文件。图8-45所示为建筑漫游视频截图。

源 文 件：\Ch08\漫游建筑.max。

案例应用——制作建筑漫游动画

图8-45

1．动画制作

步骤 1 打开"漫游建筑.max"模型文件，如图8-46所示。

步骤 2 在前视图中创建一个自由摄影机"Camera001"，把透视视图修改为摄影机视图，并且调整摄影机的位置，效果如图8-47所示。

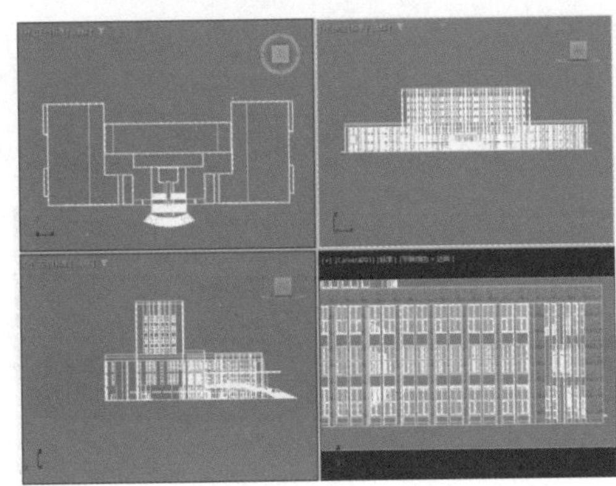

图8-46

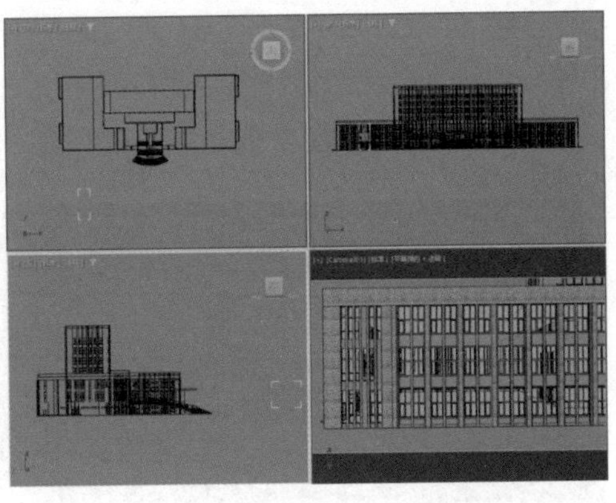

图8-47

步骤 3 单击"自动关键点"按扭启用自动关键点，拖动时间滑块到第100帧，运用平移摄影机工具，在顶视图中移动摄影机，效果如图8-48所示。

步骤 4 关闭自动关键帧，重新创建一个自由摄影机“Camera002”。

步骤 5 把左视图设置为“Camera002”的摄影机视图。

步骤 6 打开“穿行助手”窗口，选择“Camera002”摄影机，勾选“目标”复选框，如图8-49所示。

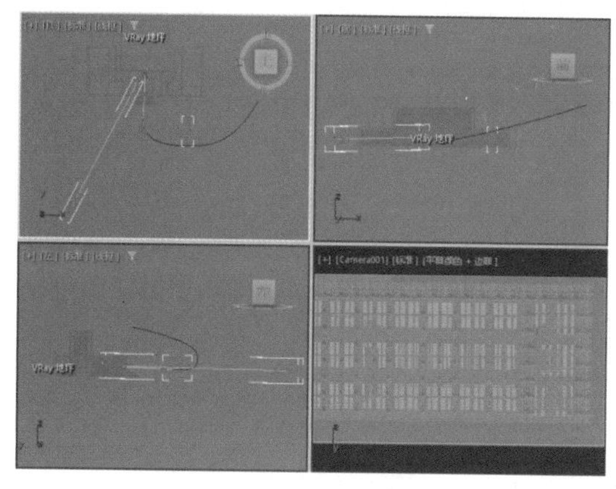

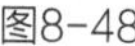

图8-48

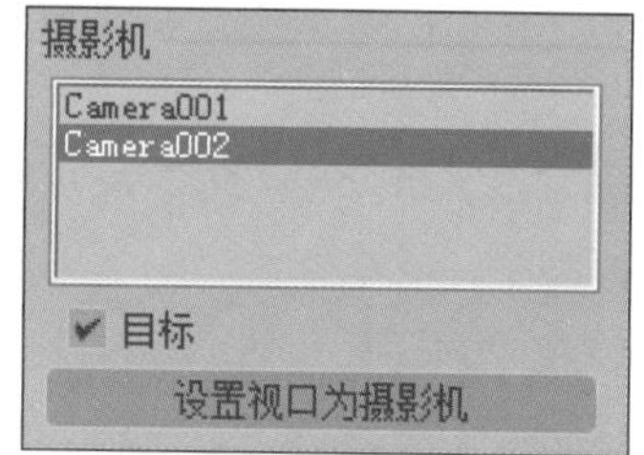

图8-49

步骤 7 在“穿行助手”窗口中单击“拾取路径”按钮，拾取场景中名为“漫游路径”的样条线。

步骤 8 选择“Camera002”摄影机的目标点，设置目标点的“X”与“Y”的坐标值为0.0，如图8-50所示。

图8-50

步骤 9 选择“Camera002”摄影机后单击鼠标右键，在弹出的快捷菜单中选择“克隆”命令，复制一个新摄影机“Camera003”，删除时间轴上的关键点，在“穿行助手”窗口中单击 X 按钮清除路径，如图8-51所示。

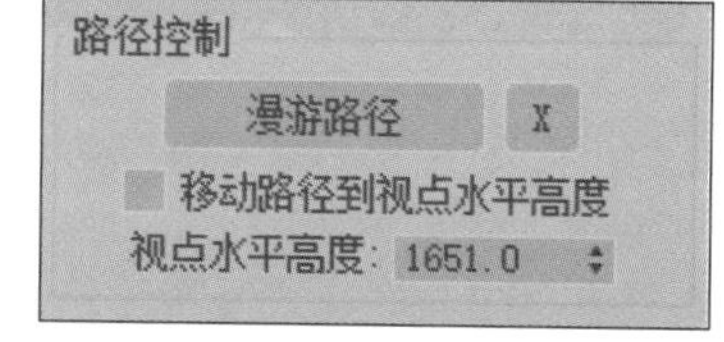

图8-51

步骤 10 把前视图设置为“Camera003”的摄影机视图。

步骤 11 单击“自动关键点”按钮启用自动关键点，拖动时间滑块到第100帧，运用平移摄影机工具，在顶视图中调整摄影机的位置，效果如图8-52所示。

步骤 12 单击 ▶（播放）按钮或 ⏸（停止）按钮可以播放或停止播放动画。

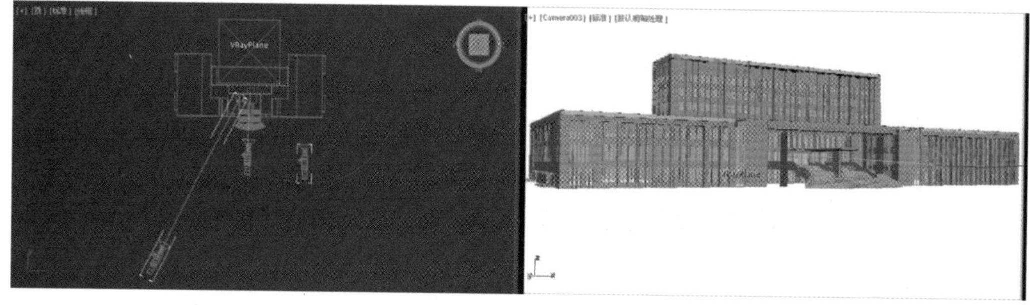

图8-52

2. 视频输出

步骤 1 打开“渲染设置”窗口，将“渲染器”设置为“V-Ray 5，update 2.1”，在“公用”选项卡的“时间输出”组中选择“活动时间段”单选按钮。

步骤 2 选择“渲染”|“批处理渲染”命令，打开“批处理渲染”窗口，如图8-53所示。

步骤 3 添加3个任务，修改3个任务的设置，如图8-54所示。

步骤 4 渲染完成后，我们可以在桌面上找到制作完成的建筑漫游视频。

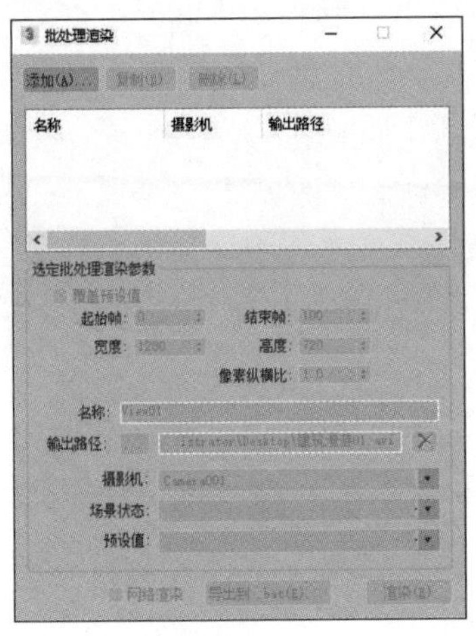

图8-53

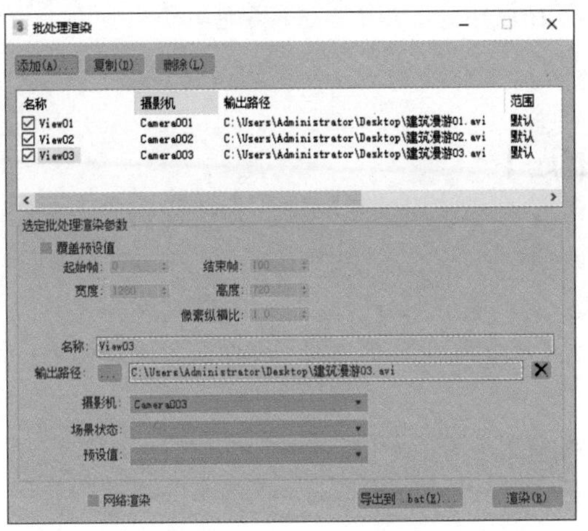

图8-54

知识延展

BIM动画是迎合时代发展而兴起的一种可营造沉浸式空间感受的动画形式。它是以三维图形为主，与物件导向、建筑学有关的计算机辅助设计，是建筑学、工程学及土木工程领域的新工具。在短视频越来越普及的时代，甲方甚至是设计者对作品呈现的要求都逐渐变得越来越高，原有的较为简单的平面展示会因为信息量不足、不便于观者直观理解而逐渐变得不能满足要求。

从效果展示的角度来看，效果漫游是对效果图的升级展示，场布漫游是对总平面图的升级展示，工序和工艺模拟是对施工方案和技术交底的升级展示。BIM动画更加贴近于真实场景的方案展示，能够更直观、更准确地表达设计者的作品。

本章总结

本章介绍了动画的概念、帧与时间的关系、生长动画的制作方法、路径动画的制作方法和穿行助手工具的应用等内容。我们期待通过案例的详解，能够帮助读者掌握制作旋转展示动画、家具安装步骤展示动画、建筑漫游动画的技巧，以便更好地适应当前三维虚拟现实展示的需求。

本章习题

【填空题】

1. 在 3ds Max 2022中，主动画控件位于______________底部的________________和______________之间。

2. 两个很重要的动画控件是______________和______________，位于主动画控件左侧的状态栏上，它们均可处于浮动或停靠状态。

3. 在使用3ds Max软件实现运动动画时，______________可以使动画对象沿着指定的轨迹进行运动。

【选择题】

1. 动画最常用的两种格式为每秒24帧（FPS）和每秒（　　）帧（NTSC）。

A.20　　B.30　　C.40　　D.50

2. 3ds Max测量时间时，内部精度为（　　）s。

A.1/3600　　B.1/2400　　C.1/1200　　D.1/4800

【简答题】

1. 简述工艺流程动画。

2. 简述建筑漫游动画。

【技能题】

1.制作钟摆的摆动效果。

操作引导如下。

（1）源文件：\Ch08\钟摆动画练习.max。

（2）制作一段30帧的钟摆动画。

（3）渲染输出为AVI格式文件。

2.制作室内效果漫游动画。

操作引导如下。

（1）源文件：\Ch08\室内效果漫游动画.max。

（2）制作播放速度为每秒24帧、总时长为3min的多相机漫游动画。

（3）渲染输出为AVI格式文件。